虚拟现实（VR）和增强现实（AR）

从内容应用到设计

U0248234

达人迷

for dummies

A Wiley Brand

著

【美】保罗·米利

（Paul Mealy）

译

李 鹰

for dummies

A Wiley Brand

人民邮电出版社

北 京

图书在版编目（CIP）数据

虚拟现实（VR）和增强现实（AR）：从内容应用到设计 /（美）保罗·米利（Paul Mealy）著；李鹰译. -- 北京：人民邮电出版社，2019.7（2023.2重印）
（达人迷）
ISBN 978-7-115-50820-1

Ⅰ. ①虚… Ⅱ. ①保… ②李… Ⅲ. ①虚拟现实 Ⅳ. ①TP391.98

中国版本图书馆CIP数据核字(2019)第026134号

版权声明

商标声明

◆ 著　[美] 保罗·米利（Paul Mealy）
译　李 鹰
责任编辑　李 强
责任印制　彭志环
◆ 人民邮电出版社出版发行　北京市丰台区成寿寺路 11 号
邮编　100164　电子邮件　315@ptpress.com.cn
网址　http://www.ptpress.com.cn
北京天宇星印刷厂印刷
◆ 开本：800×1000　1/16
印张：18.25　2019 年 7 月第 1 版
字数：343 千字　2023 年 2 月北京第 6 次印刷
著作权合同登记号　图字：01-2018-6932 号

定价：109.00 元

读者服务热线：(010) 81055493　印装质量热线：(010) 81055316
反盗版热线：(010) 81055315

作者介绍

Paul Mealy（保罗・米利）是一位技术领导者和传播者，在虚拟现实（VR）和增强现实 / 混合现实（AR/MR）等新兴技术领域工作。作为西雅图 POP 公司的互动项目主管，Paul 负责为互动研发团队设立课程，这个团队是一个由网络、移动、游戏、VR 和 AR 开发人员组成的跨国多学科创意工程师团队。

自 Kickstarter 发布 Oculus DK1 以来，Paul 一直在 VR、AR 和 MR 领域工作，也是从那时起忙于为很多《财富》500 强企业制作 VR/AR 体验。

献辞

感谢我的妻子，也是我最好的朋友 Kara，感谢她的支持和理解，也感谢她愿意听我反复唠叨各种技术细节，哪怕她后来并不感兴趣。感谢 Toshiko 和 Martha 总是在鼓舞我的斗志。

触摸天空，追逐梦想！

作者致谢

我要特别感谢责任编辑 Katie Mohr 帮我把这本书变为现实；感谢 Jim Minatel 帮我在正确的时间找到正确的联系人；感谢 Elizabeth Kuball 和 Faithe Wempen 两位编辑的专业指导，而且宽容我向他们提出的众多荒谬问题；还要感谢技术编辑 Russ Mullen 帮我在技术上把关。

还要感谢我的妈妈 Lynn Mealy，她帮我把一堆零散的想法变成了可以理解的东西；感谢所有愿意花时间接受我采访的人；感谢 VR/AR 行业的创作者们，他们的作品贯穿于本书中，他们的敬业精神使几年前还是梦想的东西已经成为现实。

最后，非常感谢我的家人和朋友以及 VR、AR 还有 MR 领域的每个人，感谢他们乐意分享他们的想法和意见。你们都是灵感的源泉。希望本书能激励读者走出去，创造出自己想象中的任何事物。

出版社致谢

责任编辑：Katie Mohr

项目编辑：Elizabeth Kuball

文字编辑：Elizabeth Kuball

技术编辑：Russ Mullen

产品编辑：Tamilmani Varadharaj

封面摄影：@@cw Petar Chernaev/iStockphoto

如果不是这些人在幕后付出艰辛和努力，本书不可能问世。

前言

大约在 25 年前，我曾经去过辛辛那提的森林博览会购物中心（Forest Fair Mall）。这家早已关闭的购物中心那时可是个“巨无霸”，其位于地下室的游乐场对 11 岁左右的孩子具有莫大的吸引力，要横穿整座商场才能到达。那里是孩子们的天堂：摩天轮、碰碰车、迷你高尔夫和激光枪对战等。

但是要说镇场之宝，还得是虚拟集团公司（Virtuality Group）研制的虚拟现实（VR）游戏机——Virtuality 1000。它不仅配备了头戴式立体显示器、外骨骼触摸手套和枪，还设有一组齐腰的环形装置用来捕捉玩家的动作。最厉害的是，它还是一款多人游戏，高能激光枪战让玩家欲罢不能。

父亲耐心地和我一起排队，给了我 10 美元让我去玩。终于排到队伍最前面的时候，我的心情激动到无法抑制。戴上头盔，闭上双眼，我对即将进入的虚拟世界充满期待。游戏将把我带到哪里？是郁郁葱葱的亚马孙热带雨林，还是闪闪发亮的未来大都市？那个时候，我的想象力显得那么的苍白无力。

就这样，准备好之后，我睁开了眼睛，发现……自己身处一个空旷的、四四方方的世界，里面的人物形象都是像素块。带着迷惑不解和无所适从，我环视了一下周边粗糙的环境，动作捕捉装置勉强可以跟上我的节奏。我被激光射中了（真的，方形的射线），可惜头盔显示器的分辨率太低，我甚至判断不出射手在哪个方位。很快我就被淘汰出局了，头盔也被人拿了下来。那不到两分钟的 VR 体验给我（还有父亲的钱包）留下的是深深的黯然。

时间快进到 2013 年，我居然在 VR 这个新技术领域找到了工作。整个行业全都在热烈地讨论着 VR 技术的“明日之星”——Oculus Rift 头戴式虚拟现实显示器（简称 DK1），这是一种通过众筹的方式推出的 VR 头显。虽然上一次 VR 体验给我留下的“伤疤”尚未痊愈，但我还是决心看一看大家热议的究竟是个什么东西。我把各种线缆理顺，连到我的计算机上，在颤抖中戴上头盔，在理想和现实的纠葛中做好了再次接受沉重打击的准备。

很意外，历史没有重演。Oculus Rift 极为精确地捕捉到了我头部的动作，视觉效果也让我叹服不已。我眼中的世界不再是模糊的方块，而是充满托斯卡纳风格的别墅，蝴蝶翩翩起舞，火焰熊熊燃烧，再把目光移向窗外……到处都有 3D 音效如影随形。一切都那么真实，而这还仅仅是演示场景，玩家什么都不用做（没有怪物、没有谜题），可我（还有我所有的演示对象）完全可以花上几个小时在别墅中漫步。这才是 VR，让你沉浸其中。

如果说这家众筹的创业公司除了设计出这幅简单的演示场景外还做了什么，那就是他们的头戴式虚拟现实显示器，这个头显带动了上千家公司的发展。就那么一下，消费级的 VR 装置走到了世人眼前。这项革命性的技术显然前途光明，几十万人涌入这个新行业，希望能在造就未来的过程中留下自己的足迹。

关于本书

“虚拟现实”（VR）以往不过是实验室的玩具或是高科技公司的试验品，如今已然走入大众的视野。虚拟现实，还有它的近亲“增强现实”（AR），很快被证明是新一代的颠覆性技术。它们的市场潜力有多大虽然众说纷纭，但很多人预测最迟到 2021 年，营收便可达 1 000 亿美元。

这个数字确实令人瞠目结舌，但别忘了，不管是 VR 还是 AR，当下都还是“婴儿”。不管是消费者还是内容设计人员，甚至包括那些只有三分钟热度的人们，在新技术全面普及之前，他们仍然有足够的时间去学习、去了解、去掌握其对生活的影响。

本书的内容将围绕 VR 和 AR 展开——源起何处，未来又将走向何方。目前，有关 VR 和 AR 的研究广泛而深入，很多《财富》500 强公司为此投入重金，展开了激烈的竞争，都希望自己的技术和产品能成为赢家。正因为如此，与其让本书的读者成为某个侧面的专家，我更愿意帮助他们充分了解新技术的方方面面，这样才能让他们带着自信走入 VR 和 AR 的世界并实现自己的梦想。我希望，新技术的无限潜力能够推动本书的读者去体验、去创造。

说起来，在我们近来的记忆里，还没有哪一项技术像 VR 和 AR 这样始终处于不断的演变之中。所以本书中提到的大都是仍处于早期阶段的技术，其中有些甚至在本书出版的时候都还没有向世人公布。当然，我会尽可能把篇幅放到已经有消费型产品的技术上，但无法保证不会涉及某些也许到本书出版的时候仍藏在“深闺”中的技术。在涉及各种硬 / 软件的时候，我会尽量小心地避免提到那些尚未面世的技术，讨论的重点还是消费者能够接触到的。

不管是 VR 还是 AR，目前，都有很多企业级的解决方案。但本书的重点是消费级产品，是大多数消费者能够接触到的产品。但是目前有很多 AR 装置本身就是面向企业的，所以有些地方还是需要稍微讲述一下。

最后需要说明，通俗易懂也是本书的目标之一。想深入了解这些技术的读者可以在“这叫技术支持”一栏上找到更多的技术类信息，没有这个想法的读者可以忽略这一栏。

对读者的设想

鉴于笔者对本书的读者一无所知，所以对他们的任何预设都是一件顽固不堪且愚不可及的事情。然而，我还是得冒险，对本书可能的读者类型做如下勾画。

本书中设想读者多多少少对 VR 和 AR 技术有所了解，他们可能在工作中反复听到过，在商场或购物中心也可能看到过其他人玩 VR 游戏，甚至也可能自己体验过。除此之外，他们也可能听说过苹果公司和谷歌公司进军 AR 领域的新设备（分别是 ARKit 和 ARCore），说不定还想知道怎样才能体验这些新技术。

本书中也设想读者愿意了解这些技术并对它们的未来走向感兴趣。无论是 VR 还是 AR，离大规模走近消费者那一天还很远。体验也好，产品也好，目前都充满着试验性质，不像计算机或手机那么成熟。但是，这也意味着读者可以看着它们犯错，看着它们成长，从而使成功的那一天更加振奋人心。

图标说明

书中工具栏的图标包含重要信息。

小贴士大用途

该图标表示帮助读者节约时间、金钱，或是改善体验效果。

记住比较好

该图标表示需要记住的信息或是观点的摘要。如果记不住读过的其他内容，可以只记这些。

不开玩笑！危险

该图标表示有风险、有缺陷或是需要注意的地方。

这叫技术支持

该图标标注本书更深入的技术细节，不感兴趣的读者可以忽略。

本书以外

本书配有一本免费的在线参考手册，对 VR 和 AR 的当前发展、使用实例和未来走向做了简短的解释和说明。只需访问达人迷官网，并在搜索框里输入 *Virtual & Augmented Reality For Dummies Cheat Sheet*（《达人迷：虚拟现实和增强现实·参考手册》）即可。

阅读提示

读者可以选择从自己感兴趣的任何章节开始读本书，然后在需要的时候再返回。但我建议初学者还是从第 1 章开始读，这样可以对书中的术语有一个基本的概念。只对 VR 和 AR 现阶段的实际运用感兴趣的读者可以先读第 4 章和第 5 章。想自行开发 VR 和 AR 内容的读者，建议从第 6 章开始。

VR 和 AR 常常被称为个人计算机、互联网和移动计算之后的"第四波"技术浪潮。前几波技术浪潮都给我们的生活带来了深刻的影响，我们已无法想象没有它们的世界会是什么样。"第四波"技术将如何像前三波技术那样改变我们的生活正是本书需要探讨的内容。若本书能够帮助读者充分理解 VR 和 AR，并使他们从中受益，我将深感欣慰。

目录

第一部分
入门

本部分内容包括：

了解虚拟现实和增强现实的术语、类型和历史；

认识虚拟现实和增强现实目前的形态规格和特点；

研究虚拟现实和增强现实的普及状况。

本章内容包括：

- 理解虚拟现实和增强现实的内涵；
- 解释相关术语；
- 回顾虚拟现实和增强现实的历史；
- 认识虚拟现实和增强现实的技术成熟度曲线以及“第四波”技术浪潮。

第1章 虚拟现实和增强现实的定义

“未来科技”，首先会让我们想到什么？科技在未来十年将如何影响我们的生活？与今日的影响又有何不同？

有人会说是无人驾驶电动汽车，可以快速自动地把乘客送到目的地。也有人会说是人工智能技术（AI，Artificial Intelligence），将人类从繁重的体力劳动中解放出来，从事更有挑战性的工作。

当然，在很多人的想象中，未来的人们可以创造属于自己的现实世界。他们可以坐在沙发上，戴上头显，好似身处数千英里（1 英里≈ 1.609 千米）外的足球场；也能戴上高科技眼镜与朋友全息影像聊天，仿佛面对面交谈；甚至还能创建整个虚拟房间，置身其中，启动环境模拟功能，犹如身临其境。

虽然普通人目前还无法体验这样的场景，但几乎所有人都能够预见人类的未来离不开虚拟现实（VR，Virtual Reality）和增强现实（AR，Augmented Reality），理由当然很充分。长期以来，无论是电影，还是图书，一直都在努力向我们推荐 VR 技术的前景：《头号玩家》中的绿洲、《黑客帝国》中的模拟真实世界，还有《星际迷航》中完全按真实场景重建的全息甲板。近年来，各类影视读物都开始呈现以往在魔术和想象中出现的场景。

说起来，VR 和 AR 的想法本身就是极不寻常的。凭头显在家里就可以畅游世界？体验任何事物？成为任何人？欣赏演唱会和体育比赛犹如亲临现场？飞越大海饱览异国风光？只用几分钟就可以跨越整个太阳系，从一颗行星直接穿越到另一颗？这是一直以来公众所了解到的 VR 和 AR。可惜直到现在，这一切依然缺少一个要素——现实。

然而，在过去的几年里，计算技术和制造技术的发展给 VR 和 AR 的前景带来了一线曙光。曾经只在科幻小说里存在的场景已经开始成为现实。关于那些奇迹般的新技术，科幻小说家 Arthur C. Clarke 曾经说过，“任何足够先进的技术都与魔法无异。”如果我们能够乘坐时光机回到中世纪，在农夫的眼中，我们手上的 iPhone 就是一个有图像的宝盒，而我们，是“巫师”。而今天，许多第一时间入手 VR 头显的高端玩家也常常声称他们的体验不亚于“魔法”。

由于 VR 和 AR 技术的出现，我们的工作、娱乐和交流方式将在未来十年内发生天翻地覆的变化。而这些技术，将从根本上改变我们社会的前进方向。但要想让这一切成为现实，我们需要创作者——梦想家、发明家以及所有能让“魔法”成真的人，来充分挖掘这些技术的潜力。

在深入探讨之前，先简单介绍 VR 和 AR。本章内容会帮助我们清楚 VR 和 AR 技术的不同类型，掌握基本的专业术语，方便接下来的分析讨论。同时简单回顾 VR 和 AR 技术的发展历程，明白我们是如何取得今天的成果的。最后将解释 Gartner 技术成熟度曲线（Gartner Hype Cycle）这个概念，有了这个概念，我们不仅能明白技术创新如何成长变化，还能明白该曲线如何应用于诸如 VR 和 AR 这样的新兴技术发展中。

虚拟现实和增强现实简介

“虚拟现实”通常被用作各种沉浸式体验的总称，包括许多相关的概念，如“增强现实”“混合现实”（MR，Mixed Reality）和“扩展现实”（XR，Extended Reality）。但本书提到的虚拟现实，通常指的是沉浸式计算机模拟现实，它创造了一个虚拟的现实环境。VR 环境通常与现实世界是隔离的，也就是说，它创造了一个全新的环境。虽然数字环境既可以基于真实的地点创建（如珠穆朗玛峰顶），又可以基于想象的地点设计（如水下城市亚特兰蒂斯），但它们依然存在于我们的现实世界之外。

用图 1-1 来举例说明。图 1-1 所示是 Wevr 公司开发的 VR 大作《蔚蓝》（*The Blu*）中 VR 场景的屏幕截图，在《蔚蓝》中，用户可以探索海底的珊瑚礁和大海深处的世界，还能与 80 英尺（1 英尺≈ 0.3048 米）长的鲸鱼亲密接触。

图1–1 《蔚蓝》VR 场景屏幕截图

“增强现实”则是一种观察现实世界的特殊方式（直接观察或通过摄像机之类的视像设备间接观察），利用计算机生成的内容（包括静态图像、音频和视频）“增强”现实世界的视觉效果。AR 与 VR 的不同之处在于 AR 是现实世界或现有场景的增强版（增加了新内容），而不是从头开始创建新场景。

根据严格的定义，在 AR 中，计算机生成的内容是叠加在真实内容之上的。但两个场景之间无法相互通信，也无法彼此做出反应。但 AR 的定义近年来也有所扩充，囊括了“混合现实”这一概念，“混合现实”的融合程度更高，在现实世界和数字世界之间可以实现互动。

记住比较好

本书提到“增强现实”这个概念时，通常将其作为包含“混合现实”在内的总括性术语使用。这两个术语通常也在业内作为同义词使用，当然，“混合现实”这一说法更能描述模拟和数字现实相结合的特点，受到更多青睐。

图 1-2 所示是当前最受欢迎的 AR 游戏之一《精灵宝可梦 GO》（*Pokémon Go*）中的场景，玩家可以在真实环境中看到精灵宝可梦的形象。

图1-2
用iPhone玩AR版《精灵宝可梦GO》

黄色细线

其实在过去的 20 年里已有数百万人每到周六和周日都会与 AR 有亲密接触，只不过他们很可能没有意识到。早在 1998 年，一家叫作 Sportvision 的公司就已推出了名为 1st & Ten 的系列节目，引入标志首攻位置的黄线，为普通的球迷们带来数字化的视觉体验，风靡一时。

为达到节目效果，Sportvision 创建了一座橄榄球场的虚拟 3D 模型。在捕捉游戏视频时，布置在真实世界的每一台摄像机将自己的位置、倾斜度、平移值和缩放值输送给功能强大的联网计算机。有了这些数据，计算机就可以精确地设定每一台摄像机在虚拟 3D 模型中的位置，并使用专门的图形程序在输入的视频数据中绘制线条。

当然，绘制过程的复杂程度远超你我的想象。如果绘制的线条仅仅是简单地叠加在源画面之上，那么每当运动员、裁判或球从被叠加的地方经过，无论是人还是物体，看起来都会像处于虚拟线条的“下面”。这种效果非常糟糕。

为了让绘制出来的线条看起来位于不同人和物的下方，软件会使用一号调色板（也就是球场调色板）处理应当嵌入球场之中的颜色，用二号调色板来处理应当处于线条之上的颜色。在源视频上绘制线条时，球场调色板的颜色会转换为黄色，让线条显示出来，而二号调色板的颜色不会变，这样就可以让人和物体呈现在线条之上。

这样的设计相当于把 AR 场景用壳包了起来——给真实环境（橄榄球场）增加了数字内容（黄线），这样就可以用更加自然的方式提高用户的观球体验。

虚拟现实和增强现实的其他类型

相对而言，VR 和 AR 目前都处于发展的初级阶段，因此，很难知道随着时间的流逝，哪些术语会被淘汰，哪些术语会被留存。虽然“虚拟现实”和“增强现实”这两个名词应该能留存下来，但我们还是应该多了解一些其他术语。

当玫瑰不叫作玫瑰……

我们可能会听到一些含义出现偏差的术语。有时是因为术语的含义发生了变化——确有此事，因为这些技术太不成熟，有待发展。但也有可能是品牌命名方面的原因。例如，微软公司发布了“Windows 混合现实”（Windows Mixed Reality）系列头显。但是不管从哪方面衡量，把它们称为 VR 头显都更为合适，因为它们仅仅支持封闭的虚拟环境，这一点与其他 VR 产品没什么不同。大家以为微软打算给自家现有的 VR 头显增加 AR 交互功能，但现在这种命名办法显然会让消费者感到困惑。

只要我们理解了本章中出现的概念，就能够根据产品的实际特点，而非促销手段，来正确认识市场上的产品。

混合现实

混合现实可以让我们在观察现实世界的同时把计算机生成的内容整合进去，而且这些内容可以与现实世界互动。当然，也可以创建完全数字化的环境与现实世界中的东西互联。这种方式使 MR 有时像 VR，有时又像 AR。

在基于 AR 的 MR 中，数字世界的事物不再生硬地置于现实世界之上，而是表现为现实世界的一部分。虚拟物体看起来好像存在于现实空间中，人们甚至可以与一些虚拟物体进行互动，就像它们真的存在一样。例如，我们可以将一枚虚拟火箭置于咖啡桌上，看着它发射升空，也可以让虚拟足球在现实世界的墙壁和地板上弹跳。

苹果公司的 ARKit 和谷歌公司的 ARCore 虽然叫作 AR，但实际上介于 AR 和 MR 之间，这也说明在业内确实存在命名偏差的现象。虽然它们都是把数字影像层投射到真实世界中，但也具备扫描现实环境和物体表面追踪的能力。而用户也因此能够将虚拟物体放置在现实世界中，把虚拟阴影投射到真实世界的物体上，还可以根据现实世界的照明条件调整虚拟物体的亮度等——所有这一切都更偏向于 MR。

微软的 HoloLens（如图 1-3 所示）也是基于 AR 技术的 MR 头显，能够扫描真实环境并同虚拟物体融合在一起。微软的 Meta 2 也采用了这项技术，比苹果公司和谷歌公司目前基于平板电脑的产品更进一步。Meta 2 能把数字环境投射到半透明的面罩上，使我们的双手能够与数字物体进行互动，简直像真的一样。

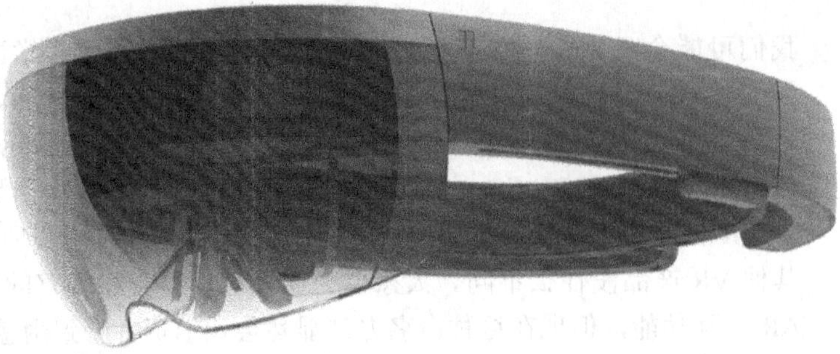

图1-3 微软的 HoloLens 头显

经微软授权使用。

在其他一些 MR 实例中，虽然我们可能只看得到完全数字化的环境，看不到现实世界，但数字环境与我们周围的真实世界的确密不可分。在虚拟世界中，真实世界的桌子或椅子可能会显示为岩石或树木，办公室墙壁也可能看起来像布满苔藓的洞穴内壁。这就是基于 VR 技术的 MR，有时也叫作“增强虚境”。

记住比较好

按照严格的定义，AR 是不与增强后的数字世界互动的，而 MR 可以。但这些曾经严格区分的定义现在也越来越模糊。通常情况下，“混合现实”和“增强现实”可以作为同义词使用。随着时间的流逝，它们的内涵也可能会改变或延伸。在本书中，除非特别注明，否则这两个术语含义相同。

增强虚境

还有一个尚未在业内得到太多关注的术语，叫作“增强虚境”（AV，Augmented Virtuality），有时也称“融合现实”（MR，Merged Reality），本质上正好与典型的 AR 相反。AR 通常是指在作为主体的真实世界中增加数字物体，AV 则是以数字环境为主体，在其中融入真实物体。举例说明，录制真实世界的流媒体视频并放置到虚拟空间内，叫作 AV；给真实物体创建 3D 数字模型，也叫作 AV。

图 1-4 所示是英特尔公司的“合金计划”（Project Alloy）中的 AV 效果屏幕截图，但这个计划已经被撤销了。英特尔使用 3D 摄像头将真实世界物体（如手）的交互式图像导入其虚拟环境中。

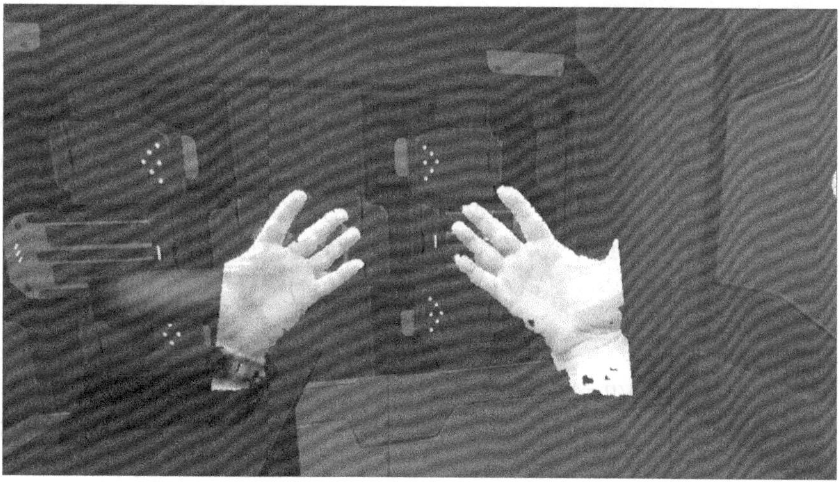

图1–4
“合金计划”的AV效果截图

扩展现实

扩展现实（XR）是到目前为止提过的所有技术（包括 VR、AR 和 AV）的总称。

这里我们要引入一个叫作“虚实度”（Virtuality Continuum）的概念，它是用来衡量某项技术的真实或虚拟程度的标尺。标尺的一端意味着完全虚拟，另一端意味着完全真实，而处于中间范围的，都可以称作 XR。

图 1-5 所示是各个术语在标尺中的位置，这把标尺是科研人员 Paul Milgram 在 20 世纪 90 年代发明的。记住，尽管 MR 和 AR 按照定义在图中是分开的，但实际上通常被人们当作同义词来表达图中 MR 所涵盖的范围。

图1–5 Paul Milgram 发明的“虚实度”标尺

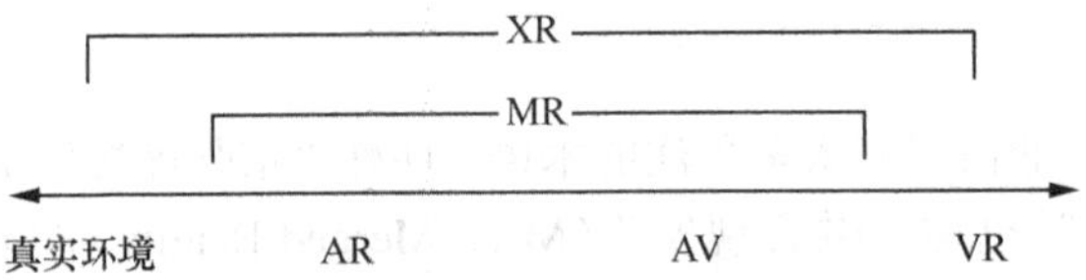

本书主要关注两个术语——虚拟现实和增强现实——及其涵盖的技术领域。而这两个术语也覆盖了大多数的应用场景。虚拟现实，指任何绝大部分或全部场景都是数字内容的软硬件系统。增强现实，则指任何添加数字或虚拟内容的真实或现实场景（这些内容可能与真实环境互动，也可能不互动）。

简单回顾

1935 年，美国科幻作家斯坦利·温鲍姆（Stanley G. Weinbaum）撰写的短篇小说《皮格马利翁的眼镜》（Pygmalion’s Spectacles）讲述了一位教授的故事。这位教授发明了一种眼镜，能让使用者开启一段“电影之旅，同步体验视觉、听觉、味觉、嗅觉和触觉……故事的主角就是你，你可以对影子（人物）说话，他们也会回答。并非身处荧幕之中，这完完全全是你的故事，你就在故事当中。”温鲍姆创作这个故事的时候，人类不仅没有计算机，连电视机都没有。如果温鲍姆穿越时空来到现在，看到他对 VR 的预言与如今的技术如此接近，他可能会惊呆了。

不管是 VR 还是 AR，都有着极为丰富多彩的历史，这远远不是本书能够完全展现的。但从整体上了解这些技术的前身，有助于理解它们未来的发展方向。

虚拟现实之父

一位名叫 Morton Heilig 的电影摄影师被认为是“虚拟现实之父”，他在 1955 年设想了一种“未来电影院”，能够给观众带来多重感官体验。Heilig 发明的 Sensorama（如图 1-6 所示）是一台能带来感官体验的街机式机器，Heilig 还为此制作了许多短片。这台机器拥有许多现代 VR 头显普遍具备的功能，如立体 3D 显示器、立体声扬声器以及通过用户座椅的振动实现的触觉反馈。

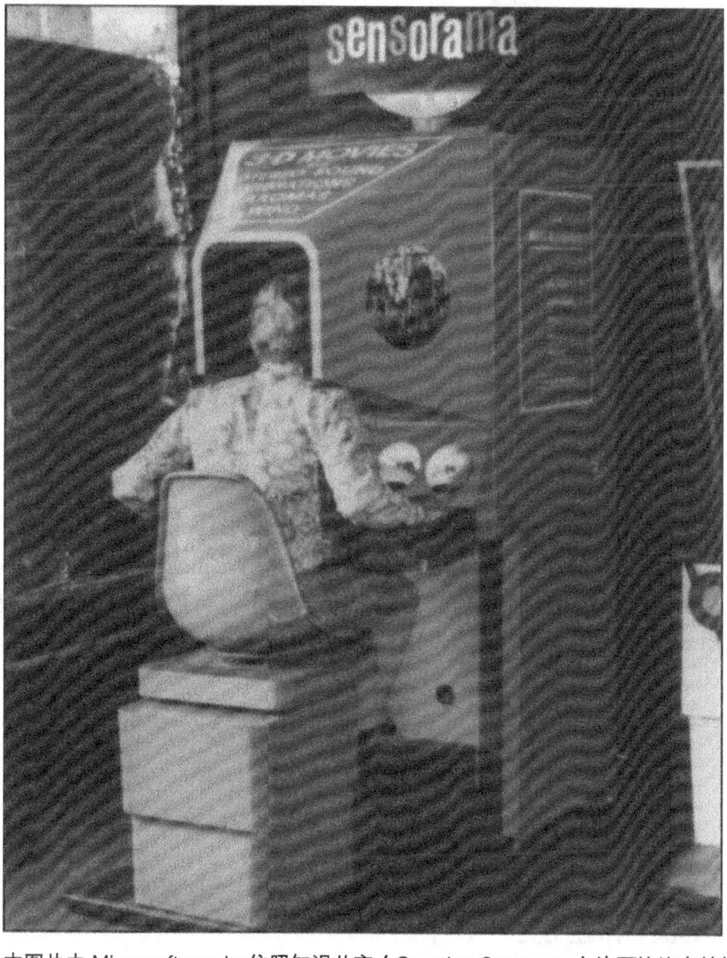

图1–6
Sensorama

本图片由 Minecraftpsycho依照知识共享（Creative Commons）许可协议友情提供。

发明 Sensorama 后不久，Heilig 又为其研制的 Telesphere Mask 注册了专利，这是史上第一款具备 3D 立体视觉效果和立体声音效果的头戴式显示器（HMD，

Head-Mounted Display）。这种（相对）小型的 HMD 更接近今天的消费级 VR 头显，外形不再像 Sensorama 那般笨重。图 1-7 中显示的专利图像与现在市面上能买到的许多头显惊人地相似。

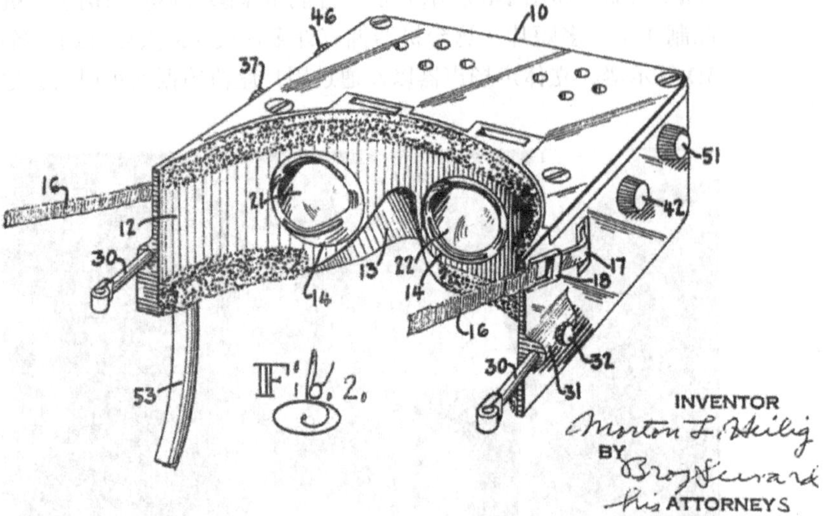

图1–7 Telesphere Mask专利图

增强现实名称的由来

1990 年，波音公司每架飞机的组装都需要使用大量不灵便的印制电路板提供接线说明，计算机技术研究部门的员工 Tom Caudell 授命为这个系统设计一个替代方案。Caudell 和他的同事 David Mizell 为装配工人设计了一种头显，可以将电缆的位置叠加在显示屏上，然后投射到可重复使用的多功能板子上。这样就不必为每架飞机定制不同的电路板，因为工人在显示屏上就可以看到不同的接线说明。他们为这项技术创造出了“增强现实”这个术语。

工业级 AR

Tom Caudell 和 David Mizell 不仅创造了“增强现实”这个术语，还拉开了 AR 技术在工业中应用的序幕。

工业制造在不久的将来也会成为扩大 AR 应用最重要的领域之一。开发消费级 AR 应用程序是有很多复杂情况的（目标用户和运行环境都难以弄清楚），而这些情况在工业制造领域的严苛环境中很容易规范，甚至可以直接排除。制造商可以开发有针对性的软硬件，帮助提高员工的培训速度和工作效率，访问数据也更轻松，还能够避免错误。这一切的好处是显而易见的，企业的赢利大为改观，使 AR 在工业环境中的应用成为绝配。

虚拟现实的早期失利

电子游戏公司世嘉（Sega）曾推出了备受欢迎的“创世纪”经典游戏机——Sega Genesis，该公司在 1993 年国际消费电子展（CES）上宣布推出适用于 Sega Genesis 的 Sega VR 头显。世嘉原本打算在 1993 年秋季以 200 美元的价格销售 Sega VR，当时这个价格还是很公道的。可惜，产品在研发过程当中遇到了很大的困难，最终未能面世。时任世嘉首席执行官的 Tom Kalinske 表示，由于测试人员患上了严重的头痛和晕动症，导致 Sega VR 头显的研发被搁置——这是消费级游戏 VR 的首次大胆尝试，但很不幸地失败了。

与此同时，游戏业的另一家巨擘任天堂也决定发布其 VR 游戏机——Virtual Boy，这也是第一款能够显示 3D 立体图像的便携式游戏机。借助 Virtual Boy，任天堂希望跳出传统的 2D 平面游戏领域，焕发更多创造力，用独家发明的新技术巩固任天堂的声誉。研发方面的问题同样困扰着 Virtual Boy。据说，由于彩色 LCD 显示屏在初期测试中存在图像闪烁问题，导致任天堂最终发布的 Virtual Boy 只能继续采用红色 LED 显示屏。此外，按照最初的设计，Virtual Boy 本来是一种带有跟踪功能的头戴式系统，但由于担心晕动症问题和儿童患弱视的风险，任天堂将头戴式系统改成了桌面式。上市之后，差评如潮。Virtual Boy 未达到其销售目标，不到一年就从市场上消失了。

失败，远不止这些，还有很多尝试研发大众消费级 VR 设备的努力也失败了。VR 不得不回到实验室和科学界，发展推后了几十年。

虚拟现实的突破

2010 年，一位名叫 Palmer Luckey 的科技创业家对市场上现有的 VR 头显很不满意。昂贵、沉重、视域（用户可以看到的全部区域）很小、延迟（用户动作在显示设备上得以成功反馈的时间差）很高，用户体验差到了极点。

为解决这些问题，Luckey 设计了一系列 HMD 原型，专注实现低成本、低延迟、大视域和高舒适度。他的第六代产品被命名为 Oculus Rift，并在项目众筹网站 Kickstarter 上以 Rift Development Kit 1（DK1）之名推出，如图 1-8 所示。

图1–8 The Oculus Rift Development Kit 1 (DK1)

本图片由 Sebastian Stabinger依照知识共享（Creative Commons）许可协议友情提供。

Kickstarter 网上的众筹取得了巨大的成功，共筹集了 240 万美元，几乎是原定目标的 980%。更重要的是，这次众筹活动把消费市场对 VR 的兴趣提升到历史最高水平。

增强现实成为主流

AR 的普及速度非常惊人，谁都没料到手机会在其中起到这么大的作用。AR 本来与 VR 差不多，都被发明出来几十年了，依然是藏在深闺无人识。但随着近年来 VR 的兴起，人们的兴趣也开始慢慢增加。微软、Meta 和 Magic Leap 等公司新开发的产品虽已点亮了希望的曙光，但是离大范围普及还是遥遥无期，也没有谁知道什么时候那一天才会来临。

转折点出现在 2017 年。那一年，AR 在大众视野中终于开始大爆发；苹果公司和谷歌公司都发布了自己的 AR 产品，分别支持 iOS 和 Android 系统。尽管两家公司都没有公布确切的数字，但它们曾经估计到 2017 年年底，拥有支持 ARKit 或 ARCore 设备的用户数量超过 2.5 亿。已经默默无闻许久的 AR，突然迎来了市场的春天，庞大的消费者数量刺激着软件公司竞相为这个市场创造内容。举例说明：AR 游戏；将 3D 物体放置在真实房间里帮助进行室内装饰设计的应用程序；将规划路线或重要地标覆盖到真实世界之上的地图应用程序；还有仅需把手机摄像头对准外语标牌就能自动翻译的应用程序。

第四波浪潮

科技的创新和改良在呈线性发展态势时，极少发生大规模的技术革命。因为技术革命往往是一波一波地爆发。没有人能够预测到波次的大小和速度，也没人能够预测到新技术颠覆社会的程度和方式。

人们通常认为 VR 和 AR 就是刚刚开始的第四波技术革命（前三波分别是个人计算机、互联网和移动设备）。浪潮的波峰一旦形成，就可以塑造人类的未来。如果能认识到我们在浪潮中位于何处，如果能清楚我们要怎样才能在浪潮中发挥最大的作用，我们也能一起塑造未来。

由于能改变生活体验的技术创新真的很少，因此，很难预测这些浪潮到底会带来什么。但是，如果我们好好研究前三波技术浪潮及其发展进程，还是可以想象一下“第四波”技术浪潮的画面的。

我们从前几波浪潮中收获到的最大感悟也许是：就消费人群的普及速度而言，每一波技术浪潮都比上一波更短。互联网的普及比个人计算机快，手机比互联网更快。根据目前的大多数预测，VR 最迟应该会在 2022 年普及，AR 则稍晚几年（2025 年左右）。专家预测 VR 和 AR 届时将会完全融入我们的日常生活，缺少了它们就会像如今生活中没有手机和互联网一样难以想象。

评估技术成熟度曲线

其他技术浪潮在消费人群中得到大规模普及之前，同样经历了各种高峰和低谷。一家专门从事信息技术研究的公司 Gartner 曾提出“Gartner 技术成熟度曲线”（Gartner Hype Cycle）这个术语，用来描述一项技术从诞生到成熟的过程。Gartner 技术成熟度曲线可以帮助我们预测技术是如何随着时间的推移稳定下来（或淘汰）的。互联网（与互联网泡沫破灭）和 2007 年之前的移动设备都经历过类似（即使不是“完全相似”）的周期。

首先是“创新促动期”（Innovation Trigger）。在完成早期的概念验证并得到媒体的关注之后，“创新促动期”激发了人们对新技术的兴趣。

接下来便是“过高期望的峰值”（Peak of Inflated Expectations）。在初期的成绩和媒体热炒的刺激下，公司的野心开始膨胀，脱离了技术可以支撑的基础。

然后进入“泡沫化的低谷期”（Trough of Disillusionment）。在这个阶段，人们对技术的兴趣开始减少，因为当初设想出来并被媒体热炒的美好前景根本无法实现。“低谷期”是技术发展的艰难时期，在这个阶段，有些技术可能会泯灭，永远实现不了最初的承诺。

随后，那些熬过“低谷期”的技术进入“稳步爬升的光明期”（Slope of Enlightenment）。这时第二代和第三代产品开始出现，人们终于明白技术究竟是怎么回事，也清楚了它的用法。大范围普及即将启动，那些凭借创意和执行力顺利度过“低谷期”的先觉者往往在这个时候得到回报。

最后是“实质生产的高峰期”（Plateau of Productivity）。在这个阶段，大范围普及真正开始，能够在整个周期的暴风雨中幸存下来的公司终于开始因自己当初的远见而赢利。

明白 VR 和 AR 在整个周期中所处的位置，我们才好下决心到底应该如何涉足这两个领域。我们的公司现在有没有必要投入它们的怀抱？或者说如果黄金时期尚未到来，那要不要再多等几年？

Gartner 声称，VR 才刚刚走出“低谷期”，并于 2017 年年底进入“光明期”，应该会在 2 ～ 5 年内实现大范围普及。而 AR，在 Gartner 看来正处于“低谷期”，离大范围普及保守估计还有 5 ～ 10 年。

记住比较好

虽然 AR 目前处于“低谷期”听起来不太理想，但这是技术发展的必经之路。在得到消费者认可之前，创新技术需要花费大量的时间和精力清楚自身的定位，弄明白自身在生活中的用途。制造商也需要弄清楚新技术能解决哪些问题，不能解决哪些问题。而这需要大量的尝试，离不开无数次的失败。

作为大众消费品而言，目前的 AR 正处于青春期。制造商和开发人员需要时间来确定产品的形态规格、功能用途和技术路线。在这些问题解决之前就将技术推向市场，往往会导致更多的问题，任何新技术的制造商（包括 VR 和 AR）都应该警惕这一点。

此外，Gartner 在苹果公司的 ARKit 发布后不到一个月就公布了这份针对 VR 和 AR 的“技术成熟度曲线”报告，比谷歌公司发布其 ARCore 早了整整一个月。可以说，正是 ARKit 和 ARCore 惊人的安装基数推动了 VR 和 AR 技术的主流应用。当然，这让人感觉有点不真实。安装基数并不等同于主流应用（尽管这确实是一个很大的难题）。

只有当对技术的使用变得毫无障碍且最终用户几乎感觉不到阻碍，或者当使用这个技术成为像打开网络浏览器，或是查收手机上的电子邮件，抑或是给朋友发短信一样的第二天性时，这个技术才能真正称得上是主流应用。无论是 VR 还是 AR，都还没有达到这种无处不在的水平，但两者都很有希望大踏步前进。与前几波技术浪潮一样，VR 和 AR 的道路是曲折的，但前景是光明的。

不管怎么说，现在是时候开始接触这些技术了，无论是简单地研究它们的用途，还是购入设备进行体验，甚至是为 VR 和 AR 创作内容，都可以。

本章内容包括：

- 回顾虚拟现实的不同形态规格；
- 比较现有虚拟现实硬件产品的特点；
- 研究虚拟现实控制系统的在售类型；
- 探索虚拟现实存在的部分问题；
- 评估虚拟现实的普及率。

第2章 虚拟现实的现状

随着虚拟现实（VR）技术的不断演进，拥抱 VR 的时刻已经来临，令人兴奋，也带点狂热，但先别急，我们还是应该评估一下 VR 的发展方向，这很重要。人类是不是已经开始大范围普及 VR 技术？这项技术会不会在未来一两年内掀起"第四波"技术变革浪潮的高潮？还是与一些反对人士暗示的情况一样，VR 目前所处的阶段只不过是整个 VR 发展周期的另一场失败，潮起潮落，浮浮沉沉，然后再度陷入"低谷期"并徘徊十年之久？

很多专家认为 VR 将在 2021—2023 年间实现主流应用。到那时，VR 头显可能已经发展到第三代或第四代，2018 年的许多问题都将不复存在。

本章就让我们来看一看 VR 技术的现状，当然，是指写这本书的时候。目前，市面上正在发售的主要是第一代设备，当然也有很多第二代（或者算 1.5 代）产品已发布。了解 VR 的现状有助于我们对这项技术的发展方向做出自己的预测，并能够判断在 VR 的整个发展周期中，目前我们处于哪个阶段。

市售产品的形态规格

大多数 VR 硬件制造商的产品外形看起来都很相似，通常都是头显 / 集成音频 / 运动控制器的组合。这种外形可能确实是体验 VR 的最佳基础配置，但也可以说是缺乏创新，也就是说，面向大众的消费级产品其实并没有太多的选择，也许再过几年，VR 产品的形态规格会发生根本改变。虽然不同公司设计出来的外观和给人的感觉不同，但现在的大多数 VR 产品都是头显造型。

为了在某种程度上优化本书的结构，笔者把大部分笔墨都放在具有最大用户群体的消费级头显上面。在现阶段，也就是指 Oculus Rift、HTC Vive、Windows Mixed Reality、Samsung Gear VR、PlayStation VR 以及 Google Daydream 和 Google Cardboard。它们都是目前用户群体最广泛的第一代消费级 VR 头显，当然，这个名单未来肯定会改变。但即使有其他产品出现，也应该与此处提到的标准差不多。许多即将推出的第二代设备（见第 4 章）也可以按照相同的标准进行评价。除上述产品之外，也有必要熟悉一下各种硬件产品的不同思路、优点和缺点，这样当市场上出现新产品时，我们才会具备鉴别能力。

对消费级 VR 而言，HTC Vive 和 Oculus Rift 目前牢牢占据着市场的高端位置。它们也毫无疑问给我们带来了迄今为止最身临其境的体验。当然，这样的体验耗资不菲——无论是装置本身还是驱动装置所需的独立硬件。

微软新上市的 Windows Mixed Reality 与 Vive 和 Rift 属于同一档次的产品。但是不要被它的名字欺骗了。此处的 Windows Mixed Reality 仅仅是微软为其 VR 头显起的名字，与未来有可能将 VR 和 AR 融合在一起的“混合现实”（Mixed Reality）这个术语目前并无任何关系。至于这些产品以后会不会既可以直接当作 VR 装置用，又可以通过摄像头导入周围环境的图像从而当作 AR 装置使用，这很可能正是微软的努力方向，只不过目前依然是“镜中花、水中月”而已。

记住比较好

其实 Windows Mixed Reality 并不是一个硬件品牌，相反，它是一个平台，囊括了硬件供应商在设计制造自己的 Windows Mixed Reality 头显时可以遵循的规范（本章后面将讨论的 Google Cardboard 也按类似的方式运作）。从个人角度举例说明，我们可以把 HTC Vive 或 Oculus Rift 看作是 Apple，因为每个制造商都会生产、销售自己的硬件设备，掌控一切。而微软只需要掌控 Windows Mixed Reality 的软件标准，它不一定会自己生产硬件。其他制造商可以研发自己的头显，冠以 Windows Mixed Reality 的名称对外发售，只要它们符合微软的标准或规范。但从技术上讲，微软开发的 AR 头显 Microsoft HoloLens（微软确实生产了）也从属于 Windows Mixed Reality 平台。有点混乱，是不是？在本章（包括整本书）中，当我们提到 Windows Mixed Reality 时，通常是指沉浸式 VR 头显的产品线。而提到 Microsoft HoloLens 时，是指该产品本身。

为了便于评价，如果没有一台真正的 Windows Mixed Reality VR 头显可以作为参照，那么将不同的东西拿来进行对比是很困难的。比如，同样都是研发

Windows Mixed Reality 头显，宏碁和惠普公司采用的基本规格就有可能不一样。也就是说，大多数 Windows Mixed Reality VR 头显的规格通常都会尽量定位高端。

游戏机厂商索尼通过旗下的 PlayStation VR 涉足 VR 领域。PlayStation VR 不需要依托计算机运行，但需要索尼的 PlayStation 游戏机。虽然 PlayStation VR 因其易用性、价位和游戏选择方式倍受好评，但也有很多缺陷，如房间规模的体验不佳、控制器灵活度稍显不足，以及与之前提到的高端产品相比目镜的分辨率太低。

表 2-1 对市售的一些桌面型 VR 头显进行了对比。为了让对比更合理，高端的“桌面型”和低端的“移动型”VR 产品采用了不同的表格。“桌面型”产品需要外接设备，通常是计算机或游戏机；而“移动型”产品只需要手机之类的移动设备就可以（移动设备信息将在本章的表 2-2 中提供）。当然，这并不意味着其中一种一定比另一种更好。实际上两者各有优劣，比如，只要买得到，我们就要那种最震撼或是最具沉浸感的体验，那么毫无疑问，“桌面型”VR 产品更合适。但如果我们觉得画面的真实度不是太大的问题，只是不能总在一个地方静止不动，那么“移动型”更能满足需求。

表2-1 “桌面型”VR头显对比

	HTC Vive	Oculus Rift	Windows Mixed Reality	PlayStation VR
平台	Windows 或 Mac	Windows	Windows	PlayStation 4
体验模式	固定式或房间式	固定式或房间式	固定式或房间式	固定式
视域	110°	110°	可变（100°）	100°
目镜分辨率（单眼）	1 080×1 200 OLED	1 080×1 200 OLED	可变（1 440×1 440 LCD）	1 080×960 OLED
重量	1.2 磅（约 0.54 kg）	1.4 磅（约 0.64 kg）	可变（0.375 磅，约 0.17 kg）	1.3 磅（约 0.59 kg）
刷新率	90 Hz	90 Hz	可变（60～90 Hz）	90～120 Hz
控制器	双动摇杆	双动手柄	双动手柄，带内置式外侦型跟踪功能	PlayStation 双动手柄

表2-2 “移动型”VR头显对比

	Samsung Gear VR	Google Daydream	Google Cardboard
平台	Android	Android	Android，iOS
体验模式	固定式	固定式	固定式
视域	101°	90°	可变（90°）

续表

	Samsung Gear VR	Google Daydream	Google Cardboard
分辨率	1 440×1 280 Super AMOLED	可变（最高 1 440×1 280 AMOLED）	可变
重量	0.76 磅（约 0.34 kg，不含手机）	0.49 磅（约 0.22 kg，不含手机）	可变（0.2 磅，约 90 g，不含手机）
刷新率	60 Hz	可变（最低 60 Hz）	可变
控制器	触摸板，单动手柄	单动手柄	单按键

记住比较好

虽然这些参与评价的硬件尚属于初代产品，但情况很快就会改变，记住这一点很重要。将要发布的第二代设备（见第 4 章）中一些高端产品不再需要外部硬件，而且即使做不到这一点，也至少可以实现无线连接。用户同机器“断开连接”将是 VR 向易用性目标迈出的重要一步。

Windows Mixed Reality 体系下的头显有很多不同的版本，具有不同的规格。在此介绍相当受欢迎的宏碁 AH101 Mixed Reality 的规格。

小贴士大用途

关于“固定式体验模式”有多种不同的表达方式——站着、坐着、静止、桌子范围内……它们都是同一个意思，即在体验 VR 的过程中，在直接空间内不可以随便移动。

这叫技术支持

OLED 指有机发光二极管。OLED 具有显示绝对黑色和极亮白色的能力，在对比度和功耗方面通常优于 LCD。

第一代消费级 VR 设备的性能和功能都比较弱，都是移动型 VR 设备，如 Google Daydream 和 Samsung Gear VR。使用这些设备只需要相对廉价的头显和兼容的高端 Android 智能手机就够了，这也是新手猎奇的入门级选择。

第一代消费级 VR 头显的低端产品是手机驱动型装置，如 Google Cardboard，谷歌给它起这个名字（意思是“硬纸板”）正是因为其原型机只不过是特别设计的一组透镜加上硬纸板做的手机托架而已。Google Cardboard 仅仅凭着便宜的零件和用户自己的移动设备就创造出一副 VR 装置。任何稍微新一点的移动设备，无论是 iOS 还是 Android，都可以运行这副装置所需的 Google Cardboard 软件。然而，Google Cardboard 太业余了，无法给用户带来能与专用 VR 装置相媲美的体验效果。

与 Windows Mixed Reality 一样，Google Cardboard 也不都是谷歌制造的。谷歌网站免费提供了 Cardboard 的技术规范。生产 Google Cardboard 兼容产品的厂

商有 Mattel 的 View-Master VR 和 DodoCase 的 SMARTvr。所有兼容产品都使用了类似的技术，也提供相差无已的支持。

小贴士大用途

不要被名字骗了，并非所有的 Google Cardboard 设备都是用硬纸板制成的。虽然有很多 Google Cardboard 产品确实是用硬纸板制成的，但也有一些厂商，如 Homido Grab 和 View-Master VR，选用了更坚固的材料。这些产品通常会打上"兼容 Google Cardboard Google Cardboard 认证"的标签，这意味着它们符合谷歌制定的 Google Cardboard 规范。

表 2-2 所示是市售部分"移动型"VR 头显的对比。为"移动型"VR 产品制定简单合适的规格很困难，因为每副 VR 头显都可以支持多种移动设备，所以根本无法用同一种规格来规范它们。

搞清楚这些一般类别之后，我们再来看看到目前为止提到过的各种 VR 头显的总销量和市场范围。由于没有哪家公司会大肆张扬自己的真实销售数字，所以表 2-3 中的数字源自 Statista 截至 2017 年 11 月的预测报告。在 Statista 的表中，Google Cardboard 的数字明显高于其他产品。这是因为报告只有两年的数据，而 Cardboard 在此之前早就活跃在市场上了。根据谷歌自己的报告，截至 2017 年 2 月，Cardboard 的全球出货量已突破 1 000 万。

表2-3　VR头显销量

设备	销量
HTC Vive	135 万
Oculus Rift	110 万
Sony PlayStation VR	335 万
Samsung Gear VR	820 万
Google Daydream	235 万
Google Cardboard	超过 1 000 万

令人惊讶的是，Google Cardboard 的低质量体验似乎并没有为普及率带来负面影响。在 VR 头显的市场竞争中，Google Cardboard 显然已经成为赢家。三星的 Gear VR 在中端市场表现强劲，Google Daydream 和 PlayStation VR 的销量也还不错，但与 Google Cardboard 和 Gear VR 相比，它们的普及率还是不占优势。HTC Vive 和 Oculus Rift 则牢牢占据着高端市场。

消费者常常更倾向于通过廉价的选择（如 Cardboard）涉猎 VR 领域，这一点丝毫不会让人震惊。对于不了解的技术，消费者在做出购买决定之前显然更为谨慎，只有那些最前卫的买家才会选择更昂贵、更高端的 VR 设备。

但是，这些销售数字对 VR 的未来究竟意味着什么，值得我们思考。虽然数字看上去都还不错，但与游戏主机之类的其他技术的普及率比起来还是有很大的差距。我们来对比一下，PlayStation 4（玩转 PlayStation VR 所必需的游戏主机）在开售后 24 小时内销量就达 100 万台。

此外，鉴于低端和高端 VR 头显的销量之间目前存在极大的差距，我们应该考虑一下这种情况，即在通过低端产品首次体验 VR 的消费者中，最终会有多少人升级为高端设备的用户。“移动型”VR 产品的销量会不会真正地吃掉这一代高端 VR 产品的销售额，并在无意中对未来的 VR 销量构成危害？

可以预见的是，低端 VR 头显给广大用户带来的体验当然也是低端的。Cardboard 有一个崇高的目标（通过获取尽可能多的用户，将 VR 体验平民化），但这样的销售策略也可能使用户认为，他们在 Cardboard 中获得的体验完全代表着当前 VR 的技术水平，而这可就大错特错了。即使像 Daydream 和 Gear VR 这样的中端产品，也提供不了 Vive 或 Rift 同等水平的沉浸感。本章后面将深入探讨这个潜在问题。

专注“功能”

除了价格和装置设计，不同厂商对于产品如何实现 VR 体验，也有许多不同的做法。接下来将介绍 VR 最重要的一些功能。

房间式和固定式的不同体验

房间式 VR 允许用户在游戏区域内随意移动，他们在真实空间中的动作会被捕捉并导入数字环境中。要实现这一点，第一代 VR 产品需要配备额外的设备来监控用户在 3D 空间中的动作，如红外感应器或摄像头。想在水下漫步，与鱼群共泳吗？想在虚拟宇宙飞船的甲板上，边爬边追你的机器狗吗？想四处走走，一点一点地探索 *Michelangelo's David* 雕塑作品的 3D 模型吗？只要我们身处的空间够大，就可以在房间式的 VR 体验中做到这一切。

记住比较好

第一代 VR 产品大都需要外部设备来提供房间式的 VR 体验，但在许多具备内置式外侦型跟踪功能的第二代设备上，这种情况正在迅速发生变化。本章后面将进行讨论。

而另一头的固定式 VR 也恰如其名，在体验过程中，用户要在同一个位置保持的姿势基本不变，无论是坐着还是站着。目前，较高端的 VR 设备（如 Vive、Rift 和 Windows Mixed Reality）已可实现房间式的体验，而基于移动设备的低端产品则不行。

由于用户的动作经捕捉后可以导入身处的数字环境，因此，房间式的 VR 体验比固定式的更加身临其境。如果用户想在虚拟世界中穿过某个房间，只需在真实世界穿过相应的房间即可。如果想在虚拟世界中钻到桌子下面去，也只需在真实世界中蹲下来，然后钻进去。在固定式的 VR 体验中，做同样的动作需要借助操纵杆或类似的硬件才行，这会使用户体验中断，导致沉浸感大大弱化。在真实世界里，我们靠在实际空间中的移动来感受“真实”；而在 VR 世界里，要实现同等程度的“真实”感还有很长的路要走。

不开玩笑！危险

房间式的 VR 也不是没有自己的缺点。如果用户希望在漫游虚拟世界时不会碰到真实世界中的障碍，那么就需要在真实世界里划定足够大的空间给 VR 用。尽管开发人员在解决空间不足问题时有很多技巧，但对于大多数用户来说，拥有专用于 VR 空间的整个房间是不切实际的（见第 7 章）。

为了标出真实世界中存在的障碍，防止用户撞上门或墙，房间式数字体验也需要设置相应的屏障，在虚拟世界中划定真实世界中的界限。

图 2-1 说明了 HTC Vive 目前解决这个问题的思路。当用户过于靠近真实世界中的障碍（需要在设置虚拟房间的时候定义）时，虚线绘成的“全息墙”会向用户发出障碍物警告。这个解决方案并不完美，但考虑到在 VR 世界里移动所面临的巨大挑战，这一代 VR 头显能做到这一点，已经很好了。也许再过几代，VR 头显就能够自动检测真实世界中的障碍，并在虚拟世界中把它们标记出来。

其实，房间式的 VR 体验往往存在这种情况，用户需要移动的距离远远超过真实空间所能容纳的范围。而在固定式的 VR 体验中，这个问题很容易解决。由于用户不能随意移动，所以，要么把整个体验过程设计成在一个固定的地方，要么就采用不同的运动方法来代替（如使用控制器来移动游戏中的角色）。房间式 VR 还有一系列其他问题。用户在虚拟世界是可以到处跑的，可是距离要受真实空间的限制。有些玩家拥有 20 英尺（约 6.1 m）的真实空间用于 VR 世界中的行走。而有些玩家的活动区域就局促多了，也许只有 7 英尺（约 2.1 m）。

VR 的开发人员现在面临着艰难的选择，究竟应该如何做才能满足用户在两个世界中的活动需求？如果用户需要稍微突破一下在真实空间中设定的边界会发生什么事？如果想出去逛逛呢？如果想跑得很远呢？

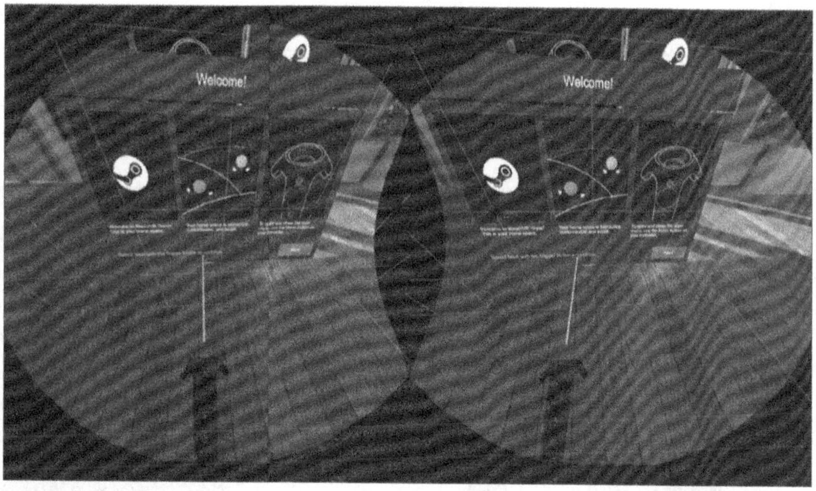

图2-1
HTC Vive的
“全息墙”
边界

若是用户只是从房间的这头走到那头拿东西，在房间式的 VR 环境里，只需简单地朝那个东西走过去。但如果要走很远的距离，问题就来了。面对这些情况，开发人员就得清楚，什么时候应该让用户在真实空间中朝近处物体移动，什么时候应该帮助他们够得着更远处的东西。这些问题其实最终都会解决的，只不过 VR 目前还处于发展的相对早期阶段，如何才能解决好这些问题，开发人员仍在探索（见第 7 章）。

内置式外侦型跟踪技术

目前，只有高端的消费级头显能提供房间式的 VR 体验。这些高端设备通常需要通过线缆与计算机连接，这样当用户在房间范围内移动时，很容易踩到线缆，看起来很笨拙。线缆问题一般包含两个方面：头显内部的显示屏需要接线；跟踪装置在真实空间中的运动轨迹同样需要接线。

厂商们一直致力于解决第一个问题，所以许多第二代 VR 产品已经采用了无线方案。与此同时，包括 Display Link 和 TPCast 在内的多家公司也在研究如何用无线方式将视频流传输到头显。

至于跟踪问题，Vive 和 Rift 目前的外置式内侦型跟踪技术（Outside-in Tracking）有很大的局限性，不管是头显还是控制器，都需要通过外部设备来完成跟踪。它们需要在用户的移动范围周围放置其他硬件（Rift 称为“感应器”，Vive 称为“灯塔”）。这些感应器与头显本身是分开的。只有将它们放置在虚拟房间的周围，才能在 3D 空间中极为精确地跟踪用户的头显和控制器，但这样一来，用户就只能在感应器的有效范围内移动。一旦超出这个范围，跟踪就会失败。

图 2-2 所示是第一代 HTC Vive 的设置界面，要求用户在跟踪范围的四周安装“灯塔”。然后拖动控制器沿着可用的活动区域（必须在灯塔的侦测范围内）四周划定“可玩”区。这个步骤就是为了设定用户可移动的范围。第一代房间式 VR 头显大都采用了类似的方式解决这个问题。

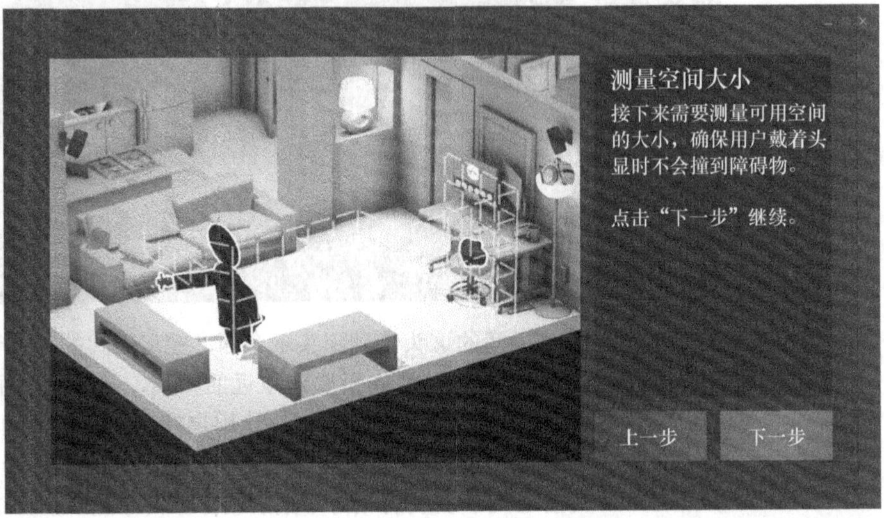

测量空间大小
接下来需要测量可用空间的大小，确保用户戴着头显时不会撞到障碍物。
点击“下一步”继续。
上一步
下一步

图2–2 HTC Vive“房间”的设置

相比之下，内置式外侦型跟踪技术（Inside-out Tracking）的做法是将感应装置设在头显的内部，取消了外部感应器。这种技术依靠头显分析处理从真实环境采集到的纵深和加速度数据，协调用户在 VR 环境中的动作。Windows Mixed Reality 目前使用的就是内置式外侦型跟踪技术。

不开玩笑！危险

内置式外侦型跟踪技术始终是虚拟现实世界的神器，无须外部感应器意味着用户的移动范围不再受限于某个小区域。但是，就像任何一种技术选择一样，这需要付出代价。目前，内置式外侦型跟踪技术除了不够精确以外，还有其他一些缺点，例如，控制器如果移动到超出头显控制范围太远的地方就会掉线。当然，厂商们正在集中资源解决这些问题，许多第二代头显已开始使用这种技术来跟踪用户的动作。只不过有了这种技术并不意味着“可玩”区的概念成为历史。对用户而言，还是需要用某种方法来设定自己的活动区。我们要明白这样一件事，取消外置式感应器已经是下一代 VR 技术的一大飞跃。

在第一代 VR 头显中，即使是高端产品也大都需要连接计算机或外部感应器，但厂商们正在想方设法解决这些问题。像 VOID 这样的公司已经有了自己的创新解决方案，从中可以一窥完全独立的 VR 头显可以带来什么样的体验。这家公司的研究重点是“定位”，按他们自己的说法，他们为用户提供的是“超现实”（Hyper-reality），意思就是用户能以某种现实世界中的方式与虚拟世界中的事物互动。

这种黑科技的关键是 VOID 公司研发的背包式 VR 系统。有了背包、头显和虚拟枪，VOID 的系统就有能力绘制出相当于整个仓库那么大的真实空间，然后用虚拟要素逐一覆盖。无限可能因此诞生。比如，VOID 可以把现实世界普普通通的一扇门绘制成沾满黏液、爬着葡萄藤的虚拟门；一个毫不起眼的灰色盒子也可以变成一盏古老的油灯，照亮玩家在虚拟世界中的道路。

VOID 目前这种背包模式在大众消费领域可能不会成功。对广大消费者来说，这东西既麻烦又昂贵，用起来也太复杂了。但是，VOID 研发的定位技术效果非常棒，从中我们也可以了解，一旦 VR 从线缆的束缚中解放出来，能爆发出何等惊人的沉浸体验。

Vive 和 Rift 似乎都在准备推出无线头显。另外，HTC Vive Focus（已经在中国发布）和 Oculus 即将推出的 Santa Cruz，其开发人员套件都采用了内置式外侦型跟踪技术。

触觉反馈

“触觉反馈”（Haptic feedback）能向终端用户提供触觉方面的感受，目前已有多款 VR 控制器内置触觉反馈功能。Xbox One 的控制器、HTC Vive 的摇杆和 Oculus Touch 的控制器都有颤动或振动模式可以选择，为用户提供与故事情节有关的触觉信息：你正在捡起一件物品；你正在按按钮；你关上了一道门。

但是这些控制器能提供的反馈相当有限。与手机收到消息提示发出的振动差不多。尽管有一点反馈总比一点反馈都没有要好些，但业界还是需要大幅度提高触觉反馈的水平，在虚拟世界内真正实现对现实世界的模拟。也确实有多家公司正在研究解决 VR 中的触觉问题。

Go Touch VR 研发了一种触控系统，可以戴在一根甚至数根手指上，在虚拟世界中模拟出真实的触感。说起来这只不过是一种绑在手指末端并用不同大小的力量按压指尖的装置。但 Go Touch VR 宣称它拥有惊人的逼真度，就像真的拿起某个东西一样。

包括 Tactical Haptics 在内的另外一些公司也正在设法解决控制器内的触觉反馈问题。它们研发的 Reactive Grip 控制器，表层内置了一套滑块，据说能够模拟出触碰真实物体时感觉到的摩擦力。在网球击中球拍那一瞬间，你会在手柄上感觉到球拍向下的冲击力；移动重物时，你会感觉到比移动轻的东西更大的阻力；画画时，你会体会到画笔在纸或画布上移动时的拖曳感。Tactical Haptics声称，与市面上大多数只能实现振动的同类产品比起来，他们的作品可以更精确地模拟上述场景。

在VR触觉领域走得更远的是HaptX和bHaptics等公司，它们研发了全套触觉手套、背心、衣服和外骨骼。

bHaptics目前还在研究无线的TactSuit（战术套装）。这套装具包含触觉面具、触觉背心和触觉袖子。振动元件由偏心旋转质量振动电机驱动，分布在面部、背心正反面还有袖内。根据bHaptics的说法，这套装具可以给用户带来更细腻的沉浸式体验，“感受”爆炸的冲击力、武器的后坐力，还有胸部被击打时的碰撞力。

HaptX也是努力把VR触觉反馈做到最极致的公司之一，主要工作是研制各种智能纺织品，能让用户感觉到物体的质地、温度和形状。目前，HaptX正在做的是一种触觉手套的原型，能够将虚拟世界中的触觉在现实中逼真地反馈出来。市场上的大多数触觉反馈硬件只能够简单地振动，而HaptX能做到的远远不止这些。该公司发明了一种纺织品，通过嵌入式微流体空气管道刺激终端用户的皮肤，可以实现力反馈效果。

HaptX公司声称自家的技术比那些只能振动的设备带来的体验要出色得多。结合VR的视觉效果，能让用户体验到更为彻底的真实感。HaptX公司那种能覆盖全身的触觉反馈技术，才是真正的VR。图2-3所示是HaptX公司最新的VR手套原型。

图2-3 HaptX VR手套

HaptX公司友情提供。

音频

为了尽可能完美地模拟现实，只考虑视觉和触觉是不够的。嗅觉和味觉的模拟的普及（也许真的很幸运）离大规模消费者恐怕还早得很，但 3D 音频已经面世了。听觉对于创造逼真的体验极为重要。如果音视频协调得好，则能为用户带来存在感和空间感，有助于建立“就在现场”的感觉。在整个 VR 体验过程中，能让人判断方位的音视频信号对用户至关重要。

人类的听觉本身就是三维的，我们能辨别 3D 空间中声音的方向，能判断自己距离声源大概有多远，等等。模拟出这样的效果对用户来说很重要，要让用户感觉就像在现实世界中听声音一样。3D 音频的模拟已经存在相当一段时间了，而且实用性没有任何问题。随着 VR 的兴起，3D 音频技术找到了可以推动自己（也推动 VR）进一步发展的新战场。

目前的大多数头显（即使是 Google Cardboard 这样的低端设备）也都支持空间音频（译注：Spatial Audio 指全方位的声音信息）。人类的耳朵位于头部相对的两侧，空间音频很清楚这一点，也因此对声音做出了恰当的调整。来自右侧的声音将延迟到达用户的左耳（因为声波传播到远端那只耳朵所花的时间要稍微多一点）。在空间音频发明之前，应用程序只能简单地在左扬声器播放左侧的声音，右边亦然，两者之间交叉淡入淡出。

标准的立体声录音有两个不同的音频信号通道，用两台间隔开的麦克风录制。这种录制方法制造出的空间感很松散，声音会在两个声道之间滑动。“双声道”（Binaural）录音技术，指使用能模拟人类头部形状的特制麦克风创建的两个声道的录音。这种技术可以通过耳机实现极为逼真的回放效果。利用双声道录音技术来制作 VR 中的现场音频，可以为终端用户带来非常真实的体验。

小贴士大用途

不要忘了，不管是空间音频还是双声道录音，都有一个缺陷：体验其 3D 效果离不开耳机。对于大多数 VR 头显而言，配备耳机是很正常的事，虽然这并不意味着没有它就卖不出去，但在评价一副 VR 头显的好坏时，买家肯定会把有没有耳机考虑进去。

关于控制器

虚拟体验的用户早就发现，虽然视觉效果非常重要，但如果没有与之相匹配的信号输入手段，体验的品质就会迅速下滑。本来用户完全沉浸在 VR 体验的视觉效果中一切都挺好的，一旦他们试图移动手脚，然后发现这些动作在虚拟世界中没有反映出来，沉浸感立马就会崩溃。

“虚拟现实体验仅有视觉是不完整的”，Oculus Rift 的创始人 Palmer Luckey 对维格科技网（*The Verge*，美国一家科技类新闻网站，其母公司是 Vox Media）说。“玩家绝对需要一套完全融合的输入输出系统，这样无论是观察虚拟世界，还是与之互动，都会有自然而然的感觉。”

以下是我们在深入了解 VR 世界时会见到的各种输入设备及其特点。有些很简单，有些极复杂。但每一种都对虚拟世界中究竟该如何实现互动做出了截然不同的尝试。有时候，最简单的输入就可以带来最棒的体验，如通过注视来触发动作。有时候，没有什么比一只活灵活现的“数字”能带来更好的沉浸感。

切换按钮

切换按钮非常简单，没什么必要专门提到它。可它是目前最畅销的 VR 头显 Google Cardboard 的独一无二的输入手段（仅基于撰写本书时售出的设备数量）。

它就是一个简单的开关，用户几乎连学都不用学就可以上手（将它们指向自身所在的位置可能除外），咔嗒一声，动作开始。

一体式触摸板

一些硬件制造商，如三星（在 Gear VR 上），通过在头显侧面加装一块完整的触摸板，把一体式硬件按钮的想法向前推进了一步。图 2-4 显示了三星用于触碰、滑动和单击的一体式触摸板（1），以及一体式“主页”按钮（2）和“返回”按钮（3）。

与简单的切换按钮相比，触摸板可实现更好的互动效果。触摸板使用户可以根据需要水平或垂直滑动，点取道具、调节音量和退出。如果用户一时找不到设备的运动控制器，触摸板还可以当作备用控制方法使用。

但是一体式控制解决方案有一个缺点，需要以某种方式与设备建立通信。例如，采用一体式硬件控制方式的移动 VR 头显可能需要通过 micro-USB 或类似接口与移动设备连接。此外，由于触摸板可能无法以自然的方式融入虚拟世界（模拟虚拟世界中的控制器），因此，会大大降低用户体验的真实感。

图2-4 Samsung Gear VR的一体式触摸板

Oculus 友情提供。

注视控制

注视控制可以用于任何一种 VR 应用程序，也是 VR 互动很常见的手段，尤其是那种让用户多以被动方式互动的应用程序。（可以试想一下，通过持续注视某控制器一定时间实现触发是什么情景，使用触摸板或运动控制器主动触发又是什么情景。）像查看视频或照片类的应用程序一样（用户与内容打交道的方式偏于被动），正是注视控制技术的应用范例。

当然，注视控制技术的应用领域不仅仅是被动式互动。“注视”与其他互动手段（如硬件按钮或控制器）结合，也常常在 VR 环境中用于触发互动。随着眼动跟踪技术（本章稍后讨论）越来越流行，注视控制可能会发挥更大的作用。

记住比较好

注视控制器对用户注视的方向实施监控，通常内置十字线（或光标）和计时器。要选取某个道具或触发某项操作，用户只需注视一定的秒数。注视控制也可以与其他输入方法结合使用，以实现更深层次的互动。

VR 中的十字线（也叫“瞄准线”）可以是任何形式的图案，用来标示用户的注视对象。在不含眼球追踪功能的头显中，十字线通常就是用户视域的中心。在大多数情况下，十字线就是一个简单的点或十字准星，层级位于所有元素之上，用户无论做什么选择，都很容易看见。在头显中集成更复杂的眼动跟踪技术成为主流之前，这种位于视域中心的十字线给我们带来了一种简单的解决方案。

图 2-5 所示是 VR 十字线的一个样例。十字线帮助用户知道自己在虚拟环境中究竟在盯着什么。

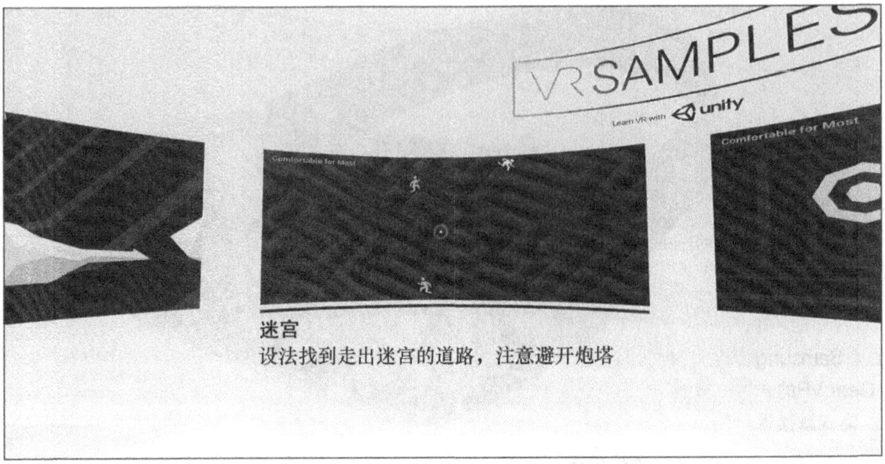

图2-5
VR 中正在使用的十字线

键盘和鼠标

有些 VR 头显在互动时使用了非标准的特制键盘和鼠标，但这种方法是有问题的，因为玩家根本无法在装置内部看到键盘。即便是打字最快的人，在看不到键盘（哪怕只有一眼）的时候，也会束手无策。

鼠标同样如此。在标准的 2D 数字世界中，如台式计算机，鼠标一直都是“浏览周边环境”的标准工具。但在 3D 世界里，应该用头显的“注视”功能来控制用户的视界。在一些早期的应用中，鼠标和注视控制系统都可以改变用户的视线，这样的设置可能会造成冲突，因为鼠标拖动的视线完全有可能与注视控制系统相反。

尽管有些 VR 应用程序支持使用键盘和鼠标，但随着一体式输入解决方案成为主流，这两种输入方法都已经过时了。当然，这些新型一体式解决方案也有自己的问题。如果键盘不再作为主输入设备，那么如何将长格式文本输入应用程序？

为了解决这个问题，人们又提出了很多不同类型的控制方法。罗技研制了一种尚处于概念验证阶段的 VR 配件，能让 HTC Vive 的用户在虚拟世界里看到真实键盘的影像。它将一种跟踪装置连接到键盘上，然后在 VR 空间中建立起键盘的 3D 模型，叠加在真实键盘所处的位置上，这种解决办法很有意思，也确实能够帮助玩家录入文字。

全数字的文字录入办法其实也有。Jonathan Ravasz 的“敲打式键盘”（Punch Keyboard）是一种联想输入式键盘，用户可以使用运动控制器作为鼓槌，敲打就是录入。图 2-6 所示为正在使用的敲打式键盘。但未来 VR 应用程序的开发人员还是得找到更好的文本输入方法并形成标准，不然很难实现大规模普及。

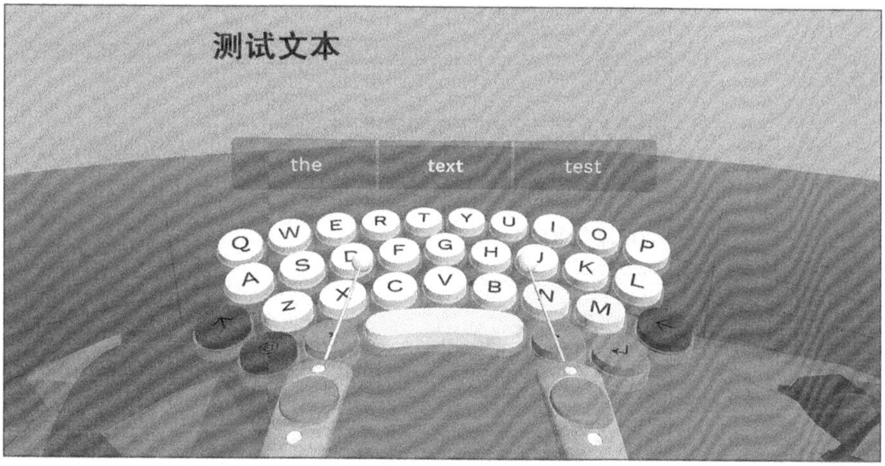

图2-6 Jonathan Ravasz 的“敲打式键盘”

标准游戏手柄

许多头显和控制器都支持标准游戏手柄或电玩控制器，这也是许多游戏玩家熟悉的输入解决方案。最初的 Oculus Rift 甚至附带了一个 Xbox One 控制手柄，对于它，玩家已经熟悉到不能再熟悉的程度了（如图 2-7 所示）。

图2-7 Xbox One 控制手柄

微软授权使用。

但是，把游戏手柄作为输入手段用于 VR，融合度感觉也不比其他的办法高。只不过对于众多同时也是游戏玩家的 VR 用户来说，手柄实在是太熟悉了，而且也是脱离键盘和鼠标的良好开端。大多数 VR 头显也不再依赖标准游戏手柄作为主要输入方法，它们更喜欢采用融合度更高的运动控制器。

小贴士大用途

标准游戏手柄最主要的问题就是难以融入虚拟世界。在真实世界中使用游戏手柄的感觉和在虚拟世界有着很大的差异，大到可以把用户从 VR 的沉浸感中拎出来再狠狠地砸到地上。这也很可能是大多数头显宁可自行研发融合度更高的运动控制器的原因。

运动控制器

在 2D 的 PC 游戏时代，运动控制器曾被当成某种噱头，如今已成为 VR 互动的行业标准设备。几乎所有的大型头显厂商都发布了与自家装置兼容的整套运动控制器。

图 2-8 所示是一对 Oculus Touch 运动控制器，也是 Oculus Rift 最新的配套装备。HTC 和 Microsoft 也有类似的产品，都属于没有线缆牵绊的运动控制器。

图2-8 一对Oculus Touch运动控制器

Oculus 友情提供。

在理想情况下，终端用户应该是近乎感觉不到控制器存在的。然而之前我们介绍过这么多输入手段，没有哪一个能让用户在无意识的状态下就可以把动作做了：我正在按动头显的侧按钮；我正在寻找 / 轻按键盘上的 W 键。而运动控制器沿着解决这个问题的方向迈出了一步。运动控制器在 VR 体验的过程中是看得见的，而且感觉像是手的自然伸展。许多高端 VR 控制器甚至具备“6 自由度”的移动能力，能带来更深入的沉浸感。

这叫技术支持

“6 自由度”（6DoF，Six Degrees of Freedom）指某个物体在三维空间中随意移动的能力。在 VR 领域，这个术语一般是指前后、上下、左右各个方向的移动能力，而且这个移动能力既包括方向上的（旋转），又包括位置上的（平移）。“6 自由度”使得控制器可以在 VR 空间中对自身在真实空间中的位置和旋转角度实现逼真的跟踪。

不仅仅是高端产品，就连第一代的中端移动型头显（Gear VR 和 Daydream）同样有自己的运动控制器。当然，与高端系列相比，它们的运动控制器并不算什么，通常就是一些具有不同功能的单个控制器（触摸板、音量控制、后退 / 主页按钮等）而已。由于控制器在虚拟世界中以某种形式才能看得见，所以用户可以“看到”他的手在现实世界中的动作。与高端产品不同，中端的运动控制器通常只具备“3 自由度”的运动能力（只能追踪他们在虚拟世界中的旋转角度）。

图 2-9 所示是使用 Samsung Gear VR 控制器时用户在 VR 中看到的内容。真实设备的虚拟形象使用户能够在 VR 中确定道具的位置。

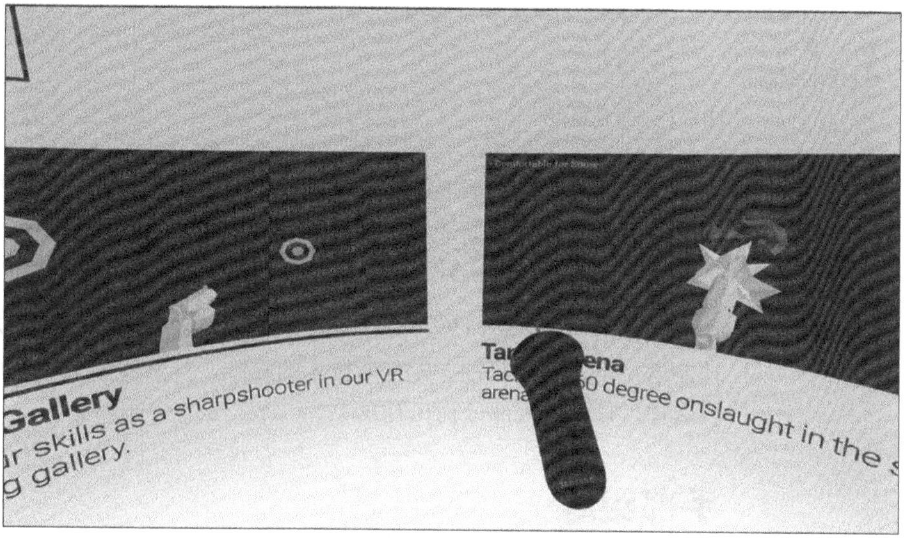

图2-9 Samsung Gear VR 控制器

不开玩笑！危险

Gear VR 和 Daydream 控制器的动作捕捉能力虽然明显胜过移动型设备，但与高端无线头显的精确度相比还是有着天壤之别的。而且如果未配双运动控制器（可以双手操作），有时会给人一种加强版电视遥控器的感觉。

当然，就算这些中端产品的控制器不如高端系列复杂，只能简单地用单手控制，但也可以给用户带来比前面那些办法更好的 VR 体验。能够在虚拟空间中“看到”控制器并能跟踪其在真实空间中的移动轨迹，不仅是让用户在虚拟世界中获得沉浸感的一大步，还是将用户在真实世界的动作导入虚拟空间的一大步。

高端的头显（如 Rift、Vive 和 Windows Mixed Reality）配备的无线运动控制器都是一对。虽然不同的运动控制器之间有一些细微的差别（以 Vive“魔杖”上的触摸板跟 Oculus Touch 的模拟操纵杆相比，如图 2-10 所示），但它们总体上还是有很多相似的特点。

图2-10 一对HTC Vive“魔杖”运动控制器

HTC Vive 友情提供。

这些成对的高端控制器能够实现极为精确（亚毫米级）的物体探测能力。当我们低头的时候可以看到控制器和身体一起移动，实现这种效果是让 VR 体验真正身临其境的又一个关键。

接下来，很多 VR 应用程序开始将运动控制器作为唯一的主输入设备了。运动控制器似乎已成为目前 VR 互动技术的标准。虽然实际上还有很多其他方法可以选择，只不过大部分仍在开发中。

手部跟踪

手部跟踪技术的意思是，在无须给双手佩戴额外硬件的情况下，使头显能够捕捉用户的手部动作。很多人认为手部跟踪将是运动控制器之后的下一代技术。

也有很多公司正在研究如何将手部跟踪技术应用于各种 VR 技术中，而且这种技术在 AR 领域的步伐明显要迈得快一些。Leap Motion 等公司多年来一直在广泛开展手部跟踪技术的研究，不管是不是用于 VR。Leap Motion 公司的第一代手部跟踪控制器诞生于 2012 年，用于 2D 屏幕。VR 的兴起同样激起了这家公司的兴趣，它们的技术在 VR 互动领域显然大有可为。

运动控制器在 VR 世界中看到的形象通常是控制器、“魔杖”、虚拟“假”手或类似的造型，而手部跟踪技术可以将手的形象直接带入虚拟空间。在现实世界捏紧手指头，在虚拟世界也会捏紧手指头；在现实世界竖起大拇指，在虚拟世界也会竖起大拇指；在现实世界比出“V”字手势，在虚拟世界也会比出“V”字手势。能够在 VR 世界看到自己的手（实际上经过了数字处理），甚至连每一根手指的动作都能看清楚，的确是一种颇有些迷幻色彩的体验。那种感觉，就像是我们有了一具新的躯体。我们可能会在 VR 中一直盯着自己的手看，一会儿张开手掌，一会儿握紧拳头，只是为了观察自己在虚拟世界的手如何做同样的事情。

不开玩笑！危险

手部跟踪技术的视觉效果的确惊人，但也有缺点。与运动控制器不同，手部跟踪在虚拟空间中的互动能力在某种程度上是有限的。运动控制器可以实现很多种硬件互动。它的各种硬件（如按钮、触控板、触发器等）都可以触发虚拟世界中的不同事件，仅凭手部跟踪技术可实现不了这么多功能。利用手部跟踪作为主要互动方法的应用程序可能需要解决多种场景下的输入问题。如果只靠手部来输入，那么工作量会很大。

手部跟踪技术的另一个缺点是，尽管跟踪过程本身令人印象深刻，但它缺乏用户在现实世界互动时所具备的那种触觉反馈。比如，在现实世界拾取一个盒子是有触觉反馈的，而在 VR 中，仅仅依靠手部跟踪技术是不会有触觉反馈的，这会让许多用户感到不舒适。

在不久的将来，在标准的消费级 VR 体验中，手部跟踪技术可能会继续排在运动控制器之后，让后者继续发挥最重要的作用，然而迟早有一天，手部跟踪技术会在 VR 世界找到自己的位置。这种体验太特别了，一定会有一种办法让它在数字世界发挥作用。

眼动跟踪

2016 年，一家名为 FOVE 的公司发布了第一款具有内置眼动跟踪功能的 VR 头显。Facebook、苹果和谷歌公司也都为自己的各种 VR 和 AR 硬件设备大肆收购从事眼动跟踪研究的大小创业公司，这充分说明眼动跟踪的确是一个值得关注的领域。

眼动跟踪有可能为用户带来更直观的 VR 体验。市售的第一代头显（FOVE 的这一类型除外）大都只能判断用户头部朝哪个方向转，判断不了用户是不是真的朝那个方向看。

如本章前面所述，大多数头显使用位于用户视野中间的十字线来告知用户那就是视线的焦点。然而在现实世界，人们的视线焦点并不一定正好在自己脸部的正前方。即使是看着眼睛正前方的计算机屏幕，我们的视线也经常在屏幕的底部和顶部之间扫来扫去，这样才能对各种菜单做出选择，视线偶尔甚至会落到键盘或鼠标上，而此时我们的头部有可能分毫未动。

这叫技术支持

眼动跟踪的另一个好处是能够给应用程序增加焦点渲染（Foveated Rendering）功能。焦点渲染的意思是，只有用户直接注视的区域才会进行完整渲染，其他区域在渲染时会降低图像质量。当前的头显自始至终都在完整渲染全部可视区域，因为它们不“知道”用户实际上在盯着什么看。而焦点渲染技术一次只完整渲染一小块区域。这就降低了渲染复杂 VR 环境所需的工作量，从而使低功率计算机或移动设备能够营造复杂的体验效果，使 VR 能够走近更多的人。

图 2-11 所示是焦点渲染工作原理示意。视线集中在哪里，哪里就会保持全分辨率的渲染精度。另外，在全分辨率的焦点区和低分辨率的边缘区之间还有一个过渡区。

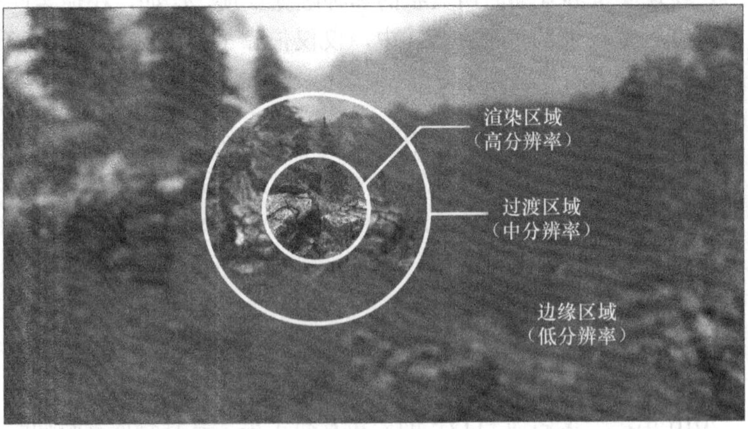

图2-11
焦点渲染工作原理示意

与 FOVE 潜心研究自家头显的眼动跟踪技术不同，Tobii 和 7invensun 等厂商的研发重点是能给市售 VR 设备增加焦点渲染功能的配套硬件。

各大头显制造商普遍对其下一代产品是否计划添加眼动跟踪功能缄口不言，由此可以看出，给装置装上眼动跟踪的翅膀可能需要一代甚至两代的时间，但这件事情绝对值得持续关注。

更多

语音控制作为 VR 的一种互动方式，可能会获得更深层次的使用。不仅 Windows Mixed Reality 已支持语音命令，大多数内置麦克风的头显也支持语音识别。此外，语音识别和会话用户界面（UI，User Interface）也是目前除 VR/AR 之外能吸引大量开发力量和资金的领域之一。语音识别确实不是第一代 VR 头显的关注领域，但作为一种自然的输入方法，不久的将来它可能会得到长足的发展。

在硬件方面，输入方法从来都不缺乏创新。在一些专业领域，出现了大量用于 VR 输入的新选择，包括枪式控制器、脚踏式控制器（如 3D Rudder 或 SprintR）以及供 VR 中行走或跑步的多功能平台（如图 2-12 所示的 Virtuix Omni 跑步机）。

图2-12 Virtuix Omni 跑步机用于 VR中的行进

Virtuix 友情提供。

很多控制器方案都可以在街机或其他一次性装置中找到商机。关键是要找出哪些外设会成为 VR 世界的下一个顶梁柱，而哪些最终会被淘汰。

VR 控制技术的发展确实势如破竹，而且必将如日中天，不然我们也没必要在这里讨论它的前景。理由很充分：从来没有人“真正”在 VR 世界找到过模拟现实世界的“方法”。也许是因为人类对现实的感知太复杂了，所以永远都不会有真正的方法能够把我们与现实世界的互动完全模拟出来。也许 VR 会让我们清楚，我们“希望”用什么输入方法来融入现实世界。

至少现在，当然也包括不久的将来，VR 要想尽可能多地模拟各种互动，还是需要围绕注视和运动控制器这两种技术展开。但以后呢，谁知道？

目前存在的问题

虽然消费级 VR 产品已变得越来越轻量、廉价和精致，但仍有很多技术障碍需要克服，之后才能真正发掘出大众消费市场的潜力。幸运的是，过去几年里人们对 VR 与日俱增的兴趣吸引了大量的投资，所以这些问题一定会很快得到解决。下面的内容是 VR 目前面临的主要问题，同时也给出了一些公司的解决方案。

模拟器晕动病

早期的 HMD 用户普遍对其引发的晕动病（也叫“运动眩晕”）怨声载道。仅此一个问题就足以毁掉早期的大众消费级 VR 产品，如 Sega VR 和任天堂的 Virtual Boy，而且这个问题至今仍困扰着头显的制造商。

晕动病是由于内耳前庭感觉到的运动和眼睛看到的信号之间的不一致带来的。因为当人脑感觉到这些信号不同步时，会假定身体出状况了，要么是中毒，要么是疾病。这个时候，大脑会让身体做出头痛、头晕、迷失方向感和恶心的反应。使用 VR 头显会诱发这种根本没做任何运动的晕动病，研究人员称它为模拟器晕动病。

有很多办法可以对抗模拟器晕动病，包括一些非常规办法。美国普渡大学（Purdue University）计算机图形技术系一项研究表明，为每个 VR 应用程序添加“虚拟鼻子”有助于提高用户的稳定感。Virtualis LLC 公司正在研究如何把“虚拟鼻子”商业化，还给它起了个名字“Nasum Virtualis”。把“虚拟鼻子”嵌入到用户的视域中作为固定的视觉参照点，能对 VR 晕动病起到缓解作用。其实我们在生活中是能看到自己的鼻子的，只不过常常没意识到而已。同样，根据 Virtualis 的研究，大多数用户甚至也没注意到 VR 中的“虚拟鼻子”，但他们的晕动病严重程度下降了 13.5%，花在模拟器上的时间也有所增加。

图 2-13 所示是“虚拟鼻子”在 VR 世界中的样子。

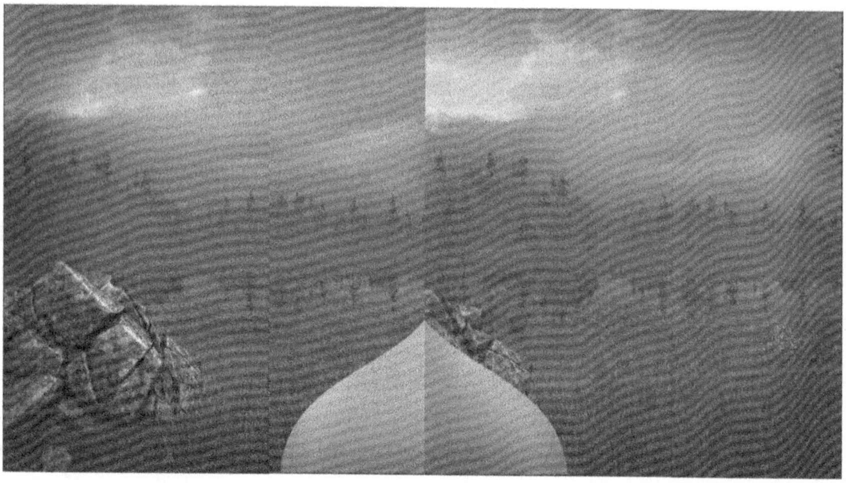

图2-13 利用“虚拟鼻子”预防模拟器晕动病

其实，解决模拟器晕动病最有效的方法是将头显响应用户动作的延时降至最低。在现实世界中，我们的头部运动和对周边环境的视觉反应之间是没有延迟的，所以，在头显中重现那种无延迟感至关重要。

随着 VR 用户数量在低性能移动型设备上的暴增，让头显显示尽可能高的 FPS（Frames Per Second）比以往任何时候都更加重要。这样做可以使头显中的视觉效果与用户的动作保持同步。

以下是在开发或使用 VR 应用程序时防止模拟器晕动病的一些其他建议。

- **确保已调整好头显。**如果在使用头显时虚拟世界看起来很模糊，那么很可能需要调整头显。大多数头显都允许用户调整松紧度和眼距，以消除模糊。在开始 VR 体验之前，请确保装置已调好。
- **坐下来。**对有些人来说，坐下来的稳定感有助于他们克服晕动病。
- **保持文字清晰易读。**在 VR 世界遇到小字不要去读，也不要写，如果一定要用文字来表达，越短越好（每次就几个词最好）。
- **不要做出其不意的动作。**编写程序的过程中不要无缘无故地移动摄像机。除非用户自己移动或触发互动的时候，否则不要让用户感觉到动作。

- **不要加速**。移动虚拟世界的摄像机是有可能不引起晕动病的，前提是动作一定要稳。如果一定要让用户移动，避免加速或减速。
- **永远跟随用户的动作**。请勿逆着用户的动作方向操作摄像机，跟踪用户的时候也请保持跟随头部位置。用户的视域必须一直随着头部动作走。
- **不要使用固定视图的内容**。固定视图的内容指那种不会因视图变化而变化的内容，如屏幕中央的弹窗通知或是平视显示器（HUD，Heads-up Display），这在 2D 游戏中相当普遍。但固定视图确实与 VR“水土不服”，因为在现实世界根本没这东西，所以无法让用户习惯。

随着设备的性能越来越强，那种因低 FPS 带来的模拟器晕动病理论上会越来越少。设备的性能越强，就越能保证在视觉和动作两方面让虚拟世界与现实世界同步，从而减少模拟器晕动病的主要成因。

然而，虽然现代计算机的运算能力远远超过了那些老掉牙的机器，可软件往往比 20 年前的游戏运行得还慢，那是因为硬件越强大，我们想从它们身上获得的就越多——更好的视觉效果！屏幕上更多的东西！更大的视域！更多的特效！了解模拟器晕动病的潜在原因应该有助于我们解决这些问题。

纱窗效应

戴上老款的 VR 头显（或者在售的手机型 VR 产品）近看屏幕上的图像。根据不同的分辨率，我们会注意到画面的像素点之间有某种“线”存在。小朋友会发现，离老式电视机太近的时候也会看到同样的东西。这种现象被称为“纱窗效应”（Screen-door Effect），这与隔着一道纱门看世界很像。如今的电视机分辨率超高，这个问题早已不复存在，结果它在一些 VR 头显上重现了。

图 2-14 所示是 VR 中的“纱窗效应”，看上去非常夸张（实际的“纱窗效应”是以像素为单位发生的，此处未显示）。当用户的脸部离显示屏很近时，会发现像素之间存在着明显的网格。

这种效应在分辨率较低的显示屏中尤其明显，如本来就不是用作 VR 设备的老款头显和一些智能手机，因为用于 VR 的屏幕与鼻子只有几英寸（1 英寸≈2.54 厘米）的距离，同时显示的内容还会被光学镜头放大。

为了解决这个问题，人们提出了各种各样的建议，例如，LG 建议在屏幕和镜头之间放置“光漫射器”，尽管大多数人都认为真正的解决方案是更高分辨率的显示屏。就像电视一样，高清显示屏应该能减少“纱窗效应”，但是这需要更强大的处理能力。与模拟器晕动病一样，硬件越强大，产生这种效应的可能性就越小。“纱窗效应”可能会在下一代或下一代的下一代 VR 头显中成为历史。

图2-14 VR中的“纱窗效应”

虚拟现实中的移动

在 VR 的数字环境中移动依然是一个问题。像 Vive 和 Rift 这样的高端头显，可以让用户在房间大小的空间里实现动作捕捉，但也仅限于这么大。要想得到更好的效果，要么需要应用程序内置某种运动机制，要么需要配备大多数消费者负担不起的专用硬件（如前文“关于控制器”所述）。

VR 中的远距离移动很可能会成为始终伴随应用程序开发人员的逻辑问题。即使采用了前面列出的解决方案，用户在 VR 世界的移动若是与身体的动作不同步，也会引发某些用户的模拟器晕动病。即使确实存在全向跑步机可以跟踪每个用户的运动，也会有很多人并不愿意走那么长的路，况且身体不太健全的玩家根本不可能长距离步行。移动，是硬件和软件开发人员需要合作解决的问题。目前已经有了一些办法。本书将在第 7 章讨论一些解决 VR 运动问题的潜在办法。

对健康的影响

健康风险可能是 VR 最大的未知问题。Oculus Rift 的健康和安全指南是不建议孕妇和老人使用的，身体太疲倦或患有心脏病的人也最好不要用，否则很有可能会遭遇严重的晕眩或黑视，病情也可能突然发作，真的很吓人！ VR 对健康的长期影响也存在很大的未知数。目前，关于长期使用 VR 头显会对视力和大脑造成何种影响，尚未进行彻底的研究。

初步的研究结果通常表明，大多数对健康的不良影响是短期的，问题不大。然而，随着用户在 VR 空间中的驻留时间越来越长，需要从各方面进一步研究 VR 的长期影响。

与此同时，VR 制造商似乎对此持谨慎态度。正如英国人类和人因工程学特许研究所（Chartered Institute of Ergonomics and Human Factors）所长 Sarah Sharples 在接受《卫报》采访时说："VR 绝对有可能存在负面影响。虽然保持小心谨慎是最重要的事情，但也不能让它阻碍我们发掘这项技术的巨大潜力"。

市场的蚕食

最后，让我们来看看整个 VR 市场。"移动型" VR 产品（特别是最便宜的 Google Cardboard）比高端头显的市场占有率要高很多（见表 2-3）。也许理由很充分。对于消费者来说，购买低端移动型 VR 产品只需要 20 美元，比购买高端系列要少花数百美元。

可想而知，低端产品只能提供低端的体验。用户可能瞧不上低端 VR 系统，觉得它们比玩具强不了多少，甚至认为它们代表着目前的 VR 技术水平。如果真是这样的认知，那么离真相就真的是太远了。从长远来看，低端产品的普及会不会损害 VR 的普及，蚕食掉整个市场的份额？

低端产品的销售数字可能会使一些公司突然警惕起来。许多厂商似乎打算在下一代 VR 产品上力推分级策略，为不同的消费者提供从低端到高端的不同体验。例如，Oculus 的联合创始人 Nate Mitchell 在接受"科技博客网"（Ars Technica）采访时声称，Oculus 的下一代消费级头显将实行"三级策略"，低端的 Oculus Go 单机于 2018 年发布，紧接着发布中端的 Oculus Santa Cruz。同时，高端的 HTC Vive Pro 也已经发布，单机版的 HTC Vive Focus（在中国发布）更多地关注中端市场。有关针对即将推出的新型设备各细分市场的更深入讨论，请参阅第 4 章。

从长远来看，可能会有足够广泛的市场基础来支撑 VR 的层级细分。随着下一代头显的出现，静观哪些厂商能在最大程度上赢得消费者的青睐，是一件很有趣的事情。而在不久的将来，中端的移动型 VR 设备可能会迎来增长，而外置式的高端产品则专注迎合高端玩家的需要。高端玩家虽然人数不多，但愿意花更多的钱来享受 VR 所能提供的最佳体验。

评估普及率

像 Gartner Research 这样的研究机构普遍预测，VR 的大规模普及将在 2020—2023 年实现。根据本章已探讨过的关于 VR 硬件的发展现状、特点和存在的问题，上述预测应该是很可靠的——当然，首先要让即将推出的第二代消费级硬件的大规模普及成为现实。

头显的普及率，特别是 Google Cardboard 和 Gear VR 等中低端产品的普及率，是表明公众是否已准备好试水 VR 的关键指标。各大厂商仍在想方设法弄清楚公众到底想要什么样的头显，现在第一代产品已经给了它们足够的数据用来研究和决策。

今天的消费者还只买得到第一代的大众消费级 VR 头显。一些公司（如 Oculus、谷歌和 HTC）已公布了下一代头显的计划，而还有一些公司（如微软）才刚刚把它们的第一代产品投入 VR 市场（就微软而言，Windows Mixed Reality 是在 2017 年秋末推出的）。

虽然很多第一代头显都具备令人印象深刻的沉浸式体验，但很明显，在第一代产品中，没有哪家厂商完全弄清楚最适合大众消费市场的 VR 设备到底是什么。伴随着每一次发布的头显版本和开发的每一个 VR 应用程序，人们收获了越来越多的知识，厂家也终于能够调整它们的路线图，致力于打造真正伟大的（商业中也可行）VR 设备。

Facebook 首席执行官马克·扎克伯格最近宣布了“让 10 亿人进入虚拟现实”的目标。这是一个让人难以置信的宏伟目标。作为对比，大多数人认为无处不在的互联网在全球拥有 32 亿用户。要让 VR 的用户数量接近这个水平，需要大规模普及。

当然，不管是厂商还是消费者，都乐见 VR 的成功。接下来的几年将是 VR 大发展的关键时期。随着人们努力推动 VR 在消费市场的普及，这个时期可能会让我们看清未来 VR 的增长模式。当头显的制造商能够完全根据消费者的承受能力和喜好定制产品时，扎克伯格宣布的目标应该就不再遥不可及了。

本章内容包括：

- 回顾增强现实的不同形态规格；
- 了解增强现实用户体验的不同类型；
- 探索增强现实存在的部分问题。

第3章 增强现实的现状

增强现实（AR）近年来的发展势头很好。由于虚拟现实（VR）有着极为丰富多彩的发展史，所以公众可能大都认为 AR 已经落后于 VR。无论是 AR 的概念更难以理解，还是 VR 技术让人觉得“更性感”，在消费者的心目中，AR 总是扮演 VR 的配角。

从 2013—2017 年夏天，这个现象最为显著。在这段时间里，VR 眼镜再度强势进入公众视野，AR 重新退居二线。

但是，2017 年秋天发生了一件有趣的事情。苹果公司和谷歌公司分别公布了 ARKit 和 ARCore，使开发人员更容易为 iOS 和 Android 平台编写 AR 应用程序。这个消息影响很大，因为它立即使 AR 兼容设备的数量增加到近 5 亿（iOS 和 Android 兼容设备的安装基数）。虽然并不是每个 iOS 或 Android 移动设备的用户都会使用 AR 应用，但是那些想试试的人确实不再需要购买额外的硬件就能实现。

图 3-1 所示是未来几年 ARKit 和 ARCore 设备的预计增长率，源于 ARtillry Intelligence 的预测。

Artillry 预测，到 2020 年将有近 42 亿台手持式 AR 设备进入消费者的口袋，这是一个巨大的市场，增长的数字令人难以置信。预计苹果将率先推出移动型 AR 游戏，谷歌和 Android 随后会迎头赶上并超越 iOS，因为 Android 设备的换机周期将在未来几年内出现。

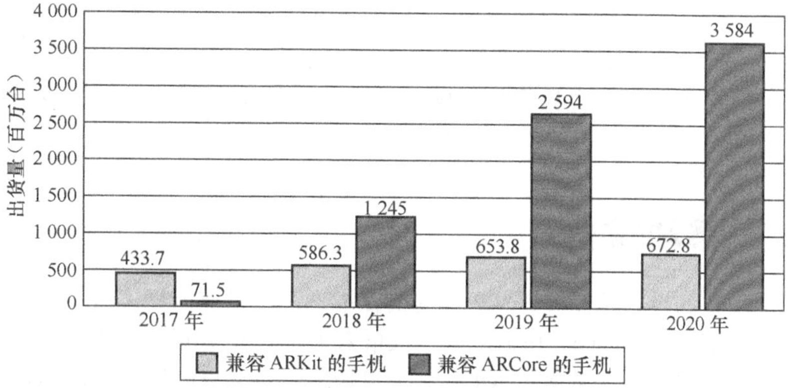

图3-1 ARCore和ARKit的安装基数

AR 与 VR 既有相同的传统特征，也有类似的新问题。与 Google Cardboard 让 VR 走近大众很相似，ARKit 和 ARCore 也让 AR 的大名得到了消费者的认可。然而，与高端的可穿戴设备（如微软的 HoloLens、Meta 2 或 Magic Leap）相比，无论是 ARKit 还是 ARCore，都不算什么。

也许最有趣的事情是研究人员会把 AR 的普及率放在多高的位置上。Gartner 机构根据自己的“Gartner 技术成熟度曲线”宣称 VR 已处于“爬坡期”，并判断 VR将在2～5年（2020—2023年）内实现大范围普及。这家研究机构同时声称，AR 目前处于“低谷期”，保守估计要 5 ～ 10 年（2023—2028 年）后才会实现大范围普及。

本章将介绍目前市场上的一些消费级 AR 设备，帮助读者自行判断什么时候这项技术才会在消费者人群中大范围普及。本章还将简要介绍 AR 在度过发展的“低谷期”，以及向“爬坡期”进发的过程中必须克服的一些困难。

市售产品的形态规格

VR 产品的样子大都趋于统一（一般都是覆盖头部或眼睛，带有耳机和一对控制器的头显），AR 则大不一样，各大厂商仍在努力探索最适合它的形态和规格。现在 AR 产品的外形花样繁多，有眼镜、有头显、有大型的平板电脑，也有小型的手机，甚至还有投影仪和平视显示器（HUD）。

如果说所有这些外形都适合用来玩 AR，还真是完全可能的。但也有可能这些都不是最好的，真正“最适合”AR 的外形也许另有他选（是什么呢？会不会是 AR 穿戴式接触，只有时间能证明最终的答案）。但此时此刻，我们可以评价一下市场上那些十分受欢迎的产品。

由于形态规格的多样性，AR 体验无法像第 2 章中的 VR 头显那样清晰地分为高、中、低三档。目前，不同形态规格的产品，其 AR 体验有着很大的差异，每种都有适合自己的市场。接下来，我们将了解 AR 产品最常见的形态规格，以及它们各自的用途和消费人群。

移动设备

移动设备可以算是 AR 体验的低端产品，目前占据了 AR 市场的最大份额。其实像 Snapchat、Instagram、Yelp 和 Pokémon Go 这样的很多应用在有些地方为玩家提供了基本的 AR 体验，尽管大多数用户可能没有意识到这一点。每当你在 Snapchat 上给自己的照片添加兔子耳朵或是发现皮卡丘在公园里跳来跳去时，实际上你正在手机上使用原始形式的 AR。图 3-2 所示是 Instagram 上发布的利用数字叠加增强后的用户视频（真实世界）。

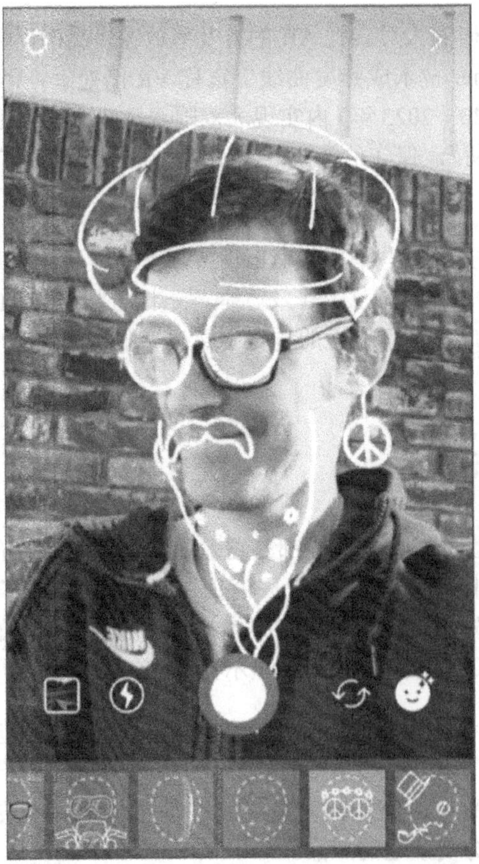

图3–2
AR用于
Instagram

虽然在移动设备上早就可以构建 AR 体验场景，但 ARKit 和 ARCore 的发布无疑使开发人员更容易做到这一点。ARKit 和 ARCore 分别是用于为 iOS 和 Android 构建基于 AR 的应用程序的基础开发包。它们具有相似的功能集，主要用途是让开发人员可以简单地把数字影像放置在用户环境中，而这些图像要让最终用户觉得看起来很“真实”。这些功能包括“平面检测”（在空间中正确放置物体）和“环境光照度估算”（检测现实世界的光照度并使开发人员可以在数字影像上模拟出同样的光照效果）。

记住比较好

ARKit 和 ARCore 不是硬件设备，而是开发人员用来为特定硬件编写应用程序的软件开发包。这两种开发包虽然需要与 iOS 和 Android 设备互动，但都不是硬件本身，当然，这是一件好事。这样我们可以使用现有的移动设备来体验苹果公司和谷歌公司的 AR 世界，而不必另外购买设备，前提是自己的设备要符合 ARCore 或 ARKit 的最低技术要求。

AR头显

移动设备是很多 AR 用户的初体验，当然，是最低端的那种，而且这种尴尬的境地是由移动设备自身的外形和规格所决定的。用户需要一直握住设备，使之捕获现实世界的图像，这样增强的数字内容才能叠加在上面。而现有移动设备的外形尺寸远小于用户的整个视野，所以视窗就只有屏幕大小。

头显可以为 AR 应用程序带来更加身临其境的用户体验，如 Microsoft HoloLens、Meta 2 和 Magic Leap。接下来我们会发现 AR 头显的第一个小问题——想想与 VR 比起来，头显有多落后。这 3 款设备可能是所有 AR 头显中名气最大的，但没有一款真正成为大众消费品。HoloLens 虽已上市，但它只对企业销售，不面向消费者。Meta 2（如图 3-3 所示）也已上市，但仅作为开发人员工具包使用，不是完整版。至于 Magic Leap，虽然这个产品本身亮点颇多，开发团队和投资人所做的工作也令人印象深刻，但截至本书撰写时，其 Creator 版本仍未发布给开发人员（尽管 Magic Leap 宣布的发布日期为 2018 年）。

大多数 AR 头显都设计成大号的头戴或头盔式的外形，前面装有半透明的观察镜，如图 3-3 所示。头显会将数字内容叠加在从现实世界捕捉到的图像上，然后再把合成的图像投射到观察镜的表面上。Magic Leap One 的工作方式略有不同，图像是通过目镜（一对）和光场一起显示给用户的。有些头显（如 HoloLens）则是一体机，以牺牲处理能力为代价提供更大的移动自由度。也有一些头显（如 Meta 2）需要连接到处理能力强大的计算机上，但是不能随意移动。Magic Leap One 的原理介于两者之间，需要连接 Lightpack（一种小型可穿戴计算机）为其 Lightwear 目镜提供运算能力。

图3–3
用户通过手势在Meta 2的数字影像中导航

Meta友情提供。

Windows Mixed Reality 可能是一个很有趣的例外。凭借在 VR 和 AR 领域的实力，微软似乎坚信 VR 和 AR 最终会融合在一起。与 HoloLens 和 Meta 2 不一样，根据设计，目前的 Windows Mixed Reality 不是把图像投射到半透明的观察镜上，而是采用前向摄像头，这应该是一种直通式的设计。但是，这个功能并未成形。在撰写本书时，Windows Mixed Reality 仍然只能作为 VR 设备使用，没有 AR 功能。虽然按照微软的命名方式和功能定位，Windows Mixed Reality 应该不仅仅是单纯的 VR 设备，但只有时间才能证明最终的结果。

表 3-1 是三大 AR 头显的对比。从表中可以看出，在撰写本书时，还没有任何关于 Magic Leap 最终的外形的可信资料，相比之下，微软和 Meta 的产品就成熟多了。

表3-1　头戴式AR装置对比

	Microsoft HoloLens	Meta 2	Magic Leap
平台	Windows	专用系统	Lumin（专用系统）
是否一体式	是（无线）	否（以有线方式接入 PC）	需要连接 Lightpack 计算机
视场	未知（35°）	90°	未知
分辨率	1 268×720	2 560×1 440	未知
重量	1.2 磅（约 0.54 kg）	1.1 磅（约 0.5 kg）	未知
刷新率	60 Hz	60 Hz	未知

续表

	Microsoft HoloLens	Meta 2	Magic Leap
互动模式	手势、语音、点击	手势、位置跟踪感应、传统输入（鼠标）	控制器（手持式“6 自由度”控制器），其他

记住比较好

虽然这一代 AR 头显能给我们带来目前最好的 AR 体验，但它们仍然都是临时解决方案。没有人能百分之百地肯定 AR 最终的模样。最终结果有可能是混合型头显（如微软心目中的 Windows Mixed Reality），也可能是 AR 眼镜这样的形式。

AR眼镜

在不久的将来，体验 AR 的最佳方式可能就是一副简单的眼镜。现在的 HoloLens 和 Meta 2 更像一个巨大的面罩，不能算是 AR 眼镜。Magic Leap One 要接近些，但目镜还是太大了。谷歌眼镜（Google Glass）和最近发布的英特尔 Vaunt 才算得上是 AR 眼镜，知名度很高。但严格来说，它们比可穿戴式 HUD 也只是稍微好些。它们的视场太小，图像处理性能薄弱，也缺乏将数字内容“放置”在真实环境中的能力，而且分辨率极为有限，互动性也不足。图 3-4 描绘了用户使用谷歌眼镜通过滑动侧面的触摸板来浏览眼前显示的内容。

图3-4
谷歌眼镜
Explorer版

本图片由Loic Le Meur依照知识共享（Creative Commons）许可协议友情提供。

记住比较好

尽管像谷歌眼镜这样的 HUD 很有趣，但没人把它们当成真正的 AR 设备。随着 ARKit 的发布，再加上苹果公司首席执行官蒂姆·库克盛赞 AR 代表着技术的未来，人们普遍猜测苹果公司计划推出自己的 AR 眼镜。当然这有待苹果公司的确认。而目前，只有移动设备和少数 AR 头显上有 AR 的内容。

关于控制器

AR 和 MR 控制器与 VR 控制器存在的问题大相径庭。大多数 VR 头显会完全遮住用户的外部视线，而 AR 要么具备视频输入功能，要么配备的是半透明观察镜，所以能够看见周围的世界。这使传统的头显存在的一些问题变得简单。用户看得见现实世界，就不会没头没脑地摸索现实世界中的物体。

但另一方面，这种“增强”的视觉效果也会令其他一些技术问题变得更加复杂。用户看得见现实世界，那么使用控制器与看起来存在于现实世界中的数字影像进行互动就会很诡异。这就要求开发人员另想办法让我们的双手同这些数字对象互动。

以下内容介绍了一些与 AR 中的物体互动的方法。

触摸

触摸主要用于移动设备上的 AR 互动。由于 AR 在一些很流行的 App（如移动设备上的 Snapchat）中的广泛使用，因而迅速进入了大众视野。然而这些设备（如智能手机）其实并不是专门为 AR 设计的，所以也存在着一些问题。

在 AR 应用中如何使用移动设备实现信号输入就是其中之一。用户习惯于通过一系列敲击、滑动或类似动作来实现屏幕内容的导航，但这样的动作远不足以满足 AR 世界导航和控制的需求。

另外，移动设备又不可能增加新的硬件，因此，也无法直接采用那些新的互动方式。所以，互动必须立足于现有的移动设备。显然，这是应用程序开发人员需要解决的问题。大多数开发人员采用的对策是利用移动设备既有的互动方式加上注视控制（后面进行介绍），例如，用户可以将视线中心的光标或十字线移到 3D 空间中的数字影像上，单击屏幕选中，然后就可以拖动了。

根据苹果设备用户界面手册的建议，图 3-5 说明了开发人员如何指导用户在现实世界与数字影像互动。在这个例子中，虚拟物体被放置在现实世界。在图 3-5 的左侧窗格中，注意地毯周围的角标，表示正在进行平面（平坦表面）检测；中间的窗格显示的是地毯上的焦点方块（实线勾画的长方形），表示用户已经可以触摸屏幕了，同时还显示了利用触摸动作放置物体的目标位置。在用户放置好物体后，焦点方块消失，只留下已放置在“真实”世界中的虚拟对象，如图 3-5 右侧最终的图像所示。

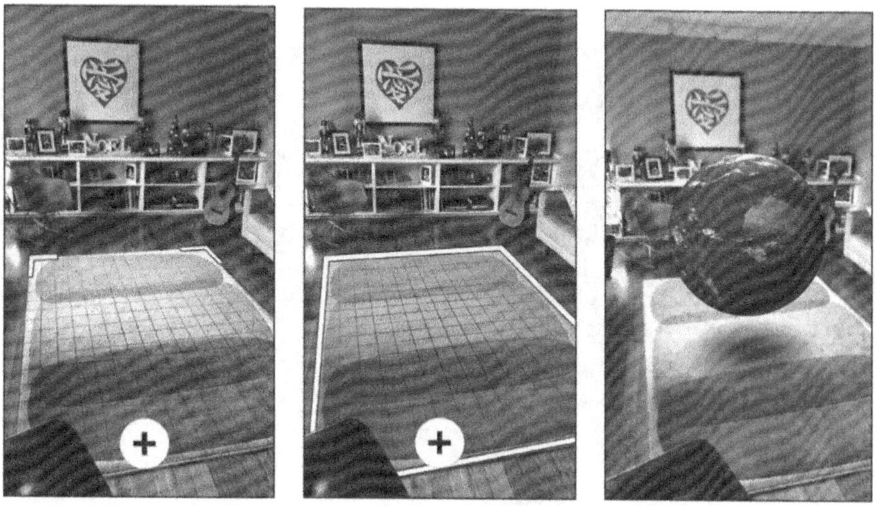

图3–5
通过触摸将虚拟物体放置于移动型AR中

注视

与 VR 一样，注视控制是 AR 互动的常见方式，而且通常与其他互动方式（如手势或控制器点击）结合使用。通过让头部（或设备）环顾四周构建出用户的当前动作，然后根据用户注视的目标触发互动。

移动设备上的注视控制功能通常会有一张跟随用户视线的网格，这有助于看清数字影像在现实世界中的目标位置。图 3-6 所示是 Android 系统的类似处理方案。虚拟网格叠加在真实场景之上，用户可以清楚地看到 Android 机器人的形象。

一些基于头显的 AR 应用内含位于用户视线中心的瞄准线（光标或十字线），方便用户确定互动对象，这样应用程序就能知道用户的注意力焦点在哪里。如果应用程序需要用户把注意力放在某个重要目标上，也可以在场景中予以提示。

注视控制技术在今天的 AR 中相当好用，但要把注视控制和眼动跟踪功能结合起来用，才能焕发出它们应有的光彩。目前，不管是 VR 还是 AR，“注视”都需要用户转动整个头部，而即将面世的眼动跟踪技术有望让这个动作更加自然。在现实世界中，当我们注视某个东西时，很少会转动整个头部并把它放在视线的中心。实际上，只有当转动眼睛仍满足不了我们的需要时，我们才会考虑转动头部。有了眼动跟踪技术，AR 头显要考虑的问题就不仅仅是头部的动作了，还包括眼睛的动作。期待当眼动跟踪技术成为主流的那一天，注视跟踪的使用能够带来 AR 的爆发式增长。

图3-6
ARCore网格跟随用户视线

键盘和鼠标

随着我们在完全数字化的天空中放飞，利用未来的控制输入方法塑造我们的数字世界，我们很容易想象出一个完全脱离键盘和鼠标的未来。

然而现实情况是，使用键盘或鼠标依然是目前最好的输入方法。现有的 AR 产品显然考虑到了这一点，例如，Meta 2 就接受键盘和鼠标输入。而且，虽然 Meta 2 的设计师认为随着手部跟踪技术的发展，对鼠标的依赖会逐渐减少，但在诸如长文本输入这样的情况下，键盘仍是在可预见的未来最简便的输入方法。当然，随着语音控制技术的兴起（后面进行讨论），也许对键盘输入的需求也会减少。

语音

会话用户界面（UI），或者说使用我们熟悉的语言从事人机交流，是发展最快的新兴技术之一。无论是亚马逊的 Alexa、谷歌的 Home，还是苹果的 Siri，会话 UI 与人工智能相结合，很快在人类社会中找到了一席之地。

语音和语言成为 VR 和 AR 的输入控制方法是水到渠成的事，因为语音是一种自然的交流方式，与传统的硬件控制方法相比，它具有非常小的学习曲线。要知道学习一门新技能是有难度的，学会控制 AR 应用程序亦然。人们使用语音就是为了克服学习过程中的困难，努力使人机交流变得更加自然。

Magic Leap 曾经演示过其 AR 设备的语音控制功能，谷歌公司和苹果公司也都在自己的移动设备中内置了自己开发的数字助理，微软甚至已在自己的 AR 头显中全面使用语音命令。不管是 HoloLens 还是 Windows Mixed Reality，核心互动方式都是语音。

为了推动 AR 语音互动标准的建立，微软开发了一套语音指令用于常规控制（如选择、开始、传送、返回等），还允许开发人员使用自定义音频输入指令来构建自己的语音控件。最重要的是，这套指令还有听写功能，用户能够通过语音实现文本输入，不再依赖一直让 VR 和 AR 应用“头疼不已”的数字键盘。

尽管语音可能永远不会成为 AR 应用唯一的输入方法，但是对于大多数 AR 设备而言，它肯定会在不久的将来发挥巨大作用。

手部跟踪

AR 与 VR 有一个很大的区别，前者能让用户看到周围的环境，包括我们用来与周围世界进行身体互动的最常用工具：双手。看得见双手，在 AR 中实现手部跟踪就比在 VR 中容易得多，问题也更少。

利用手部跟踪技术，有些 AR 头显把手势输入作为核心体验的一部分。对大多数 VR 产品而言，手部跟踪技术虽然有用，但不是必需，相比之下，它在 AR 领域绝对是首选项。想想鼠标对传统二维屏幕的重要性，手部跟踪技术在 AR 世界的地位绝对不比它差。Meta 2 和 HoloLens 各自都有一系列标准化手势实现与数字影像的互动。

图 3-7 所示是 Meta 2 的手部跟踪技术和正在用双手做抓握动作的用户。

无独有偶，一些公司（如瑞典的 ManoMotion）也在研究如何将手势分析和识别技术深度纳入 AR 的世界。ManoMotion 的名气主要来自于它们对移动型 AR 的支持，在它们的帮助下，开发人员可以在移动应用中使用手势这种更“自然”的互动方法，久旱甘霖，莫过于此。

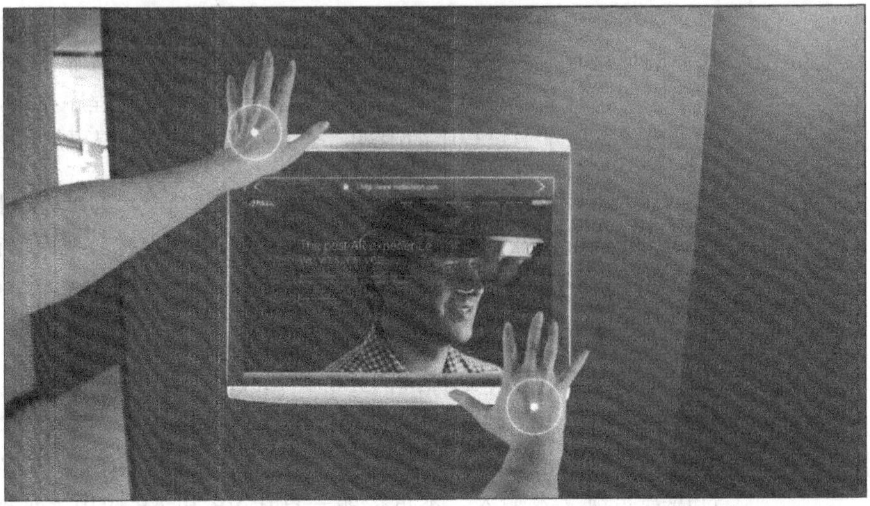

图3–7
Meta 2手势

不开玩笑！危险

大多数 AR 头显都面临着一个大问题，一旦双手移到互动跟踪区以外，就无法跟踪了。当然，这个区域通常是指头显或移动设备的视线范围。换句话说就是通过手势、手部动作或其他类似方式进行的任何互动，一般都需要将双手直接放在视线前方，并非不允许用手。但在现实生活中，确实在做很多事情的时候根本不需要把手放在眼前（想想触摸屏打字、使用鼠标、操作电子游戏手柄，还有驾驶汽车等）。虽然也有办法可以在视线以外跟踪用户的手部动作，但需要额外的硬件，而且可能会影响手部跟踪的连贯度。但是，视线以外的手部动作跟踪问题，还是留给未来的 AR 头显解决吧！

运动控制器

即使微软 HoloLens 这样的低端头显也配有非常简单的外围设备，如 HoloLens Clicker（如图 3-8 所示），这是一款让用户能够以最小的手部动作进行单击和滚动的设备，避免了在空中做单击手势，那很不舒适。

像 Clicker 这样的简单控制器，主要用来弥合无须硬件的自然控制方式（如语音和手势）与全功能的运动控制器之间的差异。Clicker 通常与注视控制功能一起使用，可以让用户进行简单的互动，例如，先注视某个数字影像，单击选中（或者按住后滚动），然后向上或向下翻转 Clicker。Clicker 确实解决了手部跟踪技术存在的一些问题。单击选取，随心所欲，无须将手放在头显的视线内。

还有一些高端一点的设备，如微软目前用于 Windows Mixed Reality 的运动控制器和 Magic Leap 的“6 自由度”控制头显。AR 版的运动控制器与 VR 版的非常相似，都在尽力模仿手部和手势的自然动作。

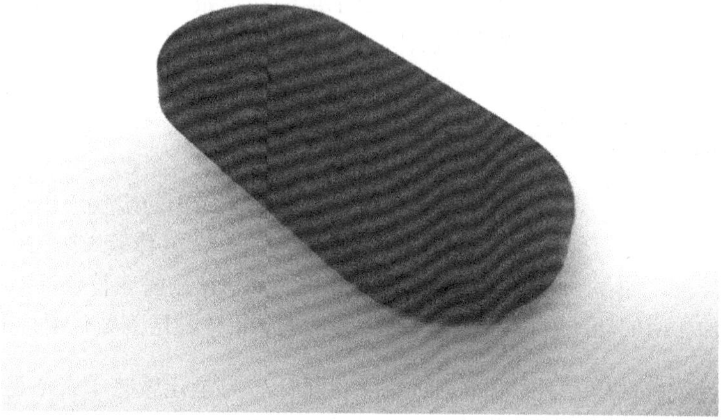

图3-8
HoloLens
Clicker

在 AR 中使用运动控制器可以实现某些仅靠手势无法做到的功能，例如，给数字影像的选择和移动添加更多选项。

总体而言，AR 目前可用的控制器少于 VR。VR 在消费领域已走在前面，AR 要迎头赶上还得努力，但我们还是能看到一些成果。AR 的专注点是现实世界和虚拟世界的融合，最关键的是要在两者之间建立连贯的关系。建立这种关系意味着在硬件解决方案上要遵从“少即是多”的理念，选择最自然的互动方式（手部跟踪、语音输入）。

很可能用不了太久，AR 用户就会发现自己可以通过触摸、注视、语音和手部跟踪等各种方式与 AR 世界中的数字影像互动。

目前存在的问题

长期以来，AR 看起来一直被 VR 的光芒所掩盖。公众一直想象着可以畅游与现实世界彻底分离的虚拟世界，而不仅仅是现实世界的“增强版”。而从另一角度看，在工业制造等企业级领域，AR 早就有了许多实际应用。慢慢地，随着用户在工作中对它越来越熟悉，很有可能引爆家用消费级 AR 市场。

在第 1 章提到过，Gartner 预测 VR 将在 2020—2023 年实现大范围普及，而 AR 会稍晚几年。

这意味着我们可能要到十年后才能迎来 AR 的大规模普及，而且这个结论看起来很合乎逻辑。但不管是 VR 还是 AR，都有亟待解决的技术问题。虽然 AR 面临的问题大都与 VR 一样，但也有自己独有的问题，包括计算机视觉技术如何检测真实物体、如何把透明显示屏的外形做得更独特（如果不使用摄像机作为媒介）、如何放置数字物体，以及在现实世界中如何锁定数字影像等。

造型和第一印象

全面唤醒公众的兴趣是 AR 迄今为止为赶上 VR 的步伐迈出的最重要一步，事实上这也可能是它必须应对的最大问题之一。要体验 VR，用户必须另行购买外设，如昂贵的头显和配套的计算机。而 AR 只需在符合标准的移动设备中增加相应的功能就可以立即将某种形式的 AR 体验送到数亿用户的手中。

当然，这样的 AR 体验远远称不上优质。为了让这些本来不是专门用于 AR 的设备能够体验 AR 世界，苹果公司和谷歌公司的工程师做了大量卓越的工作，大多数消费者往往也只能靠移动设备来完成自己的 AR 初体验。

俗话说，人永远不会有第二次机会给别人留下第一印象。如果用户在移动设备上得到的 AR 体验很差劲，他们可能会以为所有 AR 的水平都与移动设备一样，从而彻底告别对 AR 的尝试。然后，他们可能会错过那些更棒的 AR 产品。

成本和供货

解决“第一印象”问题的方法其实是它自身的问题。虽然 AR 头显和 AR 眼镜大都正处于研发阶段，但截至本书撰写时，还是有少数几种可以买到，只不过大部分都是针对企业的“开发者版”，总的来说，还没有准备推向公众消费市场。

此外，与有很多廉价头显可以用的 VR 相比，要想得到 AR 头显和眼镜往往要花费数千美元，除了那些狂热的追“新”族和技术拥趸，没有多少人承受得起。这种成本差异也解释了为什么 AR 的大范围普及估计会比 VR 晚几年。

如图 3-9 所示，“技术普及周期”描述了新产品和技术被公众接纳的过程。AR（特别是 AR 头显）在很大程度上仍处于整个普及周期的早期阶段，也就是“创新期”（Innovators）。对任何一项技术而言，顺利脱离“普及前期”（Early Adopters）的困境，跨越鸿沟进入“大规模普及前期”（Early Majority）都是巨大的挑战。

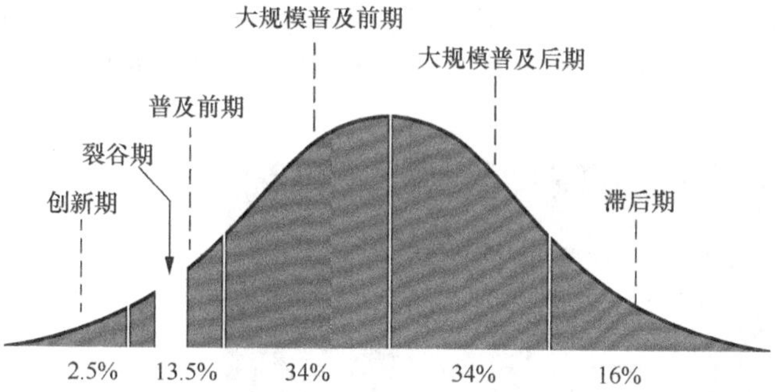

图3-9
“技术普及周期”图

认识用途

没有卓越的软件，即使是最优秀的硬件也毫无意义。公众对 AR 的前景似乎很感兴趣，但很多人并不十分清楚自己会用它来做什么。VR 深受公众的追捧，是因为其置身于完全虚拟世界这样的场景，在大众媒体上炒作得相当火热。相比之下，AR 就颇有些“养在深闺无人识”的感觉，所以公众很难想象它到底有什么用处。

这显然是个“先有鸡还是先有蛋”的问题。消费者不够多，开发人员就不会为硬件编写配套的软件；配套软件太少，消费者就不会为硬件买单。用户需要有充分的理由才会愿意掏腰包。

看样子得依靠少数很有事业心的程序员编写一些“必备”应用程序，才能鼓励消费者下手。虽然这条路走起来不会太容易，但为 AR 创作出第一个“杀手级应用程序”的人必将获得丰厚的回报。

其实在 AR“擅长”的领域，已经有很多应用程序。本书将在第 11 章讨论 AR 目前的一些应用实例，并在第 16 章介绍一些现在可以用支持 AR 的移动设备下载的有趣软件。

跟踪

AR 最主要的特点是能够将虚拟物体放置在三维的真实世界中。利用真实世界的标记跟踪指示物体的位置是非常简单的，而 AR 的终极目标是实现无标记跟踪。

图 3-10 所示是在 AR 中使用“标记”（Marker）的示例。在 AR 中，需要将专门设计的“标记”放置在真实世界的空间中，摄像机或计算机视觉系统才能定位。在该示例中，桌上有一张打印有二维码的纸条，AR 软件会把立方体造型

的数字影像叠加在它上面。让计算机视觉系统跟踪AR中的“标记”是非常可靠的，这比无标记跟踪简单多了。因为计算机只需要识别“标记”。

图3-10
“标记”在AR中的应用

这叫技术支持

计算机视觉，是我们在讨论AR时常常听到的一个术语。计算机视觉是一个非常广泛的研究领域，但在AR的背景下，它通常用来描述计算机如何通过数字图像或视频来理解它所看到的环境。

计算机视觉处理无“标记”AR在技术上是很困难的，因为这需要理解现实世界3D空间的复杂性。我们的大脑可以轻松地区分看到的墙壁、窗户和门，但在计算机的“眼中”这些都是像素，没有哪个像素比其他的更有意义。计算机视觉，正是一门研究计算机如何看待一堆聚在一起的像素并理解其含义的技术。以一张表格的图像为例，计算机视觉程序不仅需要把它识别为一堆像素的集合，还要将它识别为处于3D空间中有高度、宽度和深度的物体。

但是，即使系统有能力处理无“标记”AR，也可能会出现延迟。虽然有些AR设备在环境处理方面比其他的设备都快（HoloLens在这方面表现得非常好），但大多数还是在某种程度上深受跟踪延迟（延时）的困扰。无论是改变移动设备的位置，还是快速改变头部的位置，我们都会看到身处真实空间的数字影像的移位效果，即使我们手上拿的是市面上最好的设备，也同样如此。而在现实世界中，如果我们转过头来发现椅子发生位移或是在地板上滑行，我们会认为房子在闹鬼。这样的问题在今天的 AR 体验中依然很常见。

如何让跟踪不出错是 AR 面临的最大挑战之一。在用户眼中，真实空间中的数字影像一定得稳定才行，而要实现这一点，还有很长的路要走。期望下一代设备能够优先解决跟踪问题，在现有技术的基础上实现突破。

视场

视场（FOV，Field Of View）指可以容纳数字影像的空间。以移动型 AR 为例，此处的视场就是指设备屏幕可视区域的尺寸。设备屏幕就是我们进入 AR 世界的窗口，如果眼睛离窗口太远，我们就只看得见现实世界，看不见里面的数字影像。

记住比较好

在目前一些 AR 头显或眼镜上，虚拟世界的视场通常仅占观察镜或眼镜面积很小的一部分，不是整个可视区域。这样的效果就与隔着小窗或门上的派信口看世界差不多。

图 3-11 展示了有限视场在头显中的工作情况。是不是与隔着派信口看世界差不多，数字影像仅在标记为“数字影像可见”的区域中出现。任何处于“数字影像不可见”区域的数字影像都会被切掉。我们可以看到，窄视场的头显很难拥有大视场那种水平的沉浸感。

图3–11
窄视场示例

作者是Breather，照片曾在Unsplash上发表。

显然，大的视场优于小的场景。如果影像因窗口太小在视场中被切成两半，那种体验一定极差。Meta 2 在市售 AR 头显当中拥有最大的视场，号称有 90°，但与肉眼的视场（垂直约 135°，水平约 200°）比起来还差得远。

改进 AR 的视场表现是下一代 AR 硬件要实现的飞跃。而且微软已经宣布找到了一种方法，可以将下一代 HoloLens 的视场扩大两倍以上，这将是 HoloLens 的重大突破，会使用户的抱怨少很多。

视觉效果

与 VR 一样，目前的 AR 头显同样很难满足消费者早已习惯的高分辨率需求。

另外，现在的 AR 设备在遮挡（指某个物体挡住另一个物体）的问题上也处理得不好。在 AR 中，遮挡问题通常是指真实物体挡住虚拟物体。在《精灵宝可梦 Go》等移动 App 中就有这个问题：有时候，我们能创建非常逼真的场景，让超音蝠在地面上空盘旋；但有时候，杰尼龟看上去就像是有一半身子陷在墙内。这种视觉效果是 AR 对遮挡的错误处理造成的。如果正确处理，那么 AR 可以准确而逼真地反映出虚拟物体与真实物体的位置关系，无论它们谁在前谁在后，也无论是全身还是半身。只要想得到，没有做不到。

目前，HoloLens 和 Meta 2 的遮挡处理水平还可以，而根据 Magic Leap 的演示视频来看，它的遮挡处理水平应该相当高（由于在撰写本书时 Magic Leap 仍未发布，因此，很难预测成品究竟能否达到演示视频中的高度）。

图 3-12 是一张反映 Magic Leap 遮挡问题的屏幕截图，源自一个早期的演示视频。

机器人的数字影像被桌面和桌腿遮住，效果天衣无缝。如果这种图像保真度和遮挡处理水平能够被 Magic Leap 复制到大众消费级产品上，将是 AR 的巨大进步。看起来这似乎也没什么，但回想前面提到过的无“标记”跟踪难题。为了把机器人放到桌腿后面，模拟软件必须真正明白 3D 空间是什么，而不仅仅是看到一堆像素的事。软件需要观察整个场景，要能计算出哪些属于前景，哪些属于背景，还要清楚数字影像应该放在哪里才合适。软件需要了解“桌下”的含义，并知道桌子的哪些部分在空间中比其他部分更远。这可不容易实现。

要想给广大消费者带来优质的 AR 体验，解决动态条件下的遮挡问题极为重要。

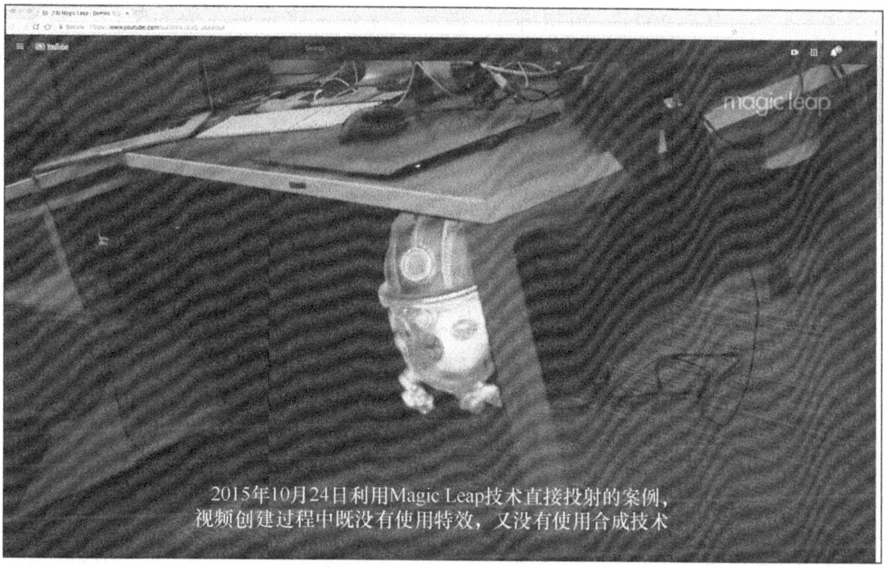
magic leap
2015年10月24日利用Magic Leap技术直接投射的案例，
视频创建过程中既没有使用特效，又没有使用合成技术

图3-12 Magic Leap的演示视频

评估普及率

如果仅仅根据安装基数（有设备可以用来体验VR或AR的用户数量）评估市场，我们可能会认为 AR 的普及率远远高于 VR。

一旦我们根据 ARKit 和 ARCore 的安装数量来评估，就会发现上面的数字大大缩水。移动设备上的 AR 虽然也是一项巨大的技术成就，但感觉总有点像主菜的开胃菜，“主菜”应该是功能强大、价格合理而且可以穿戴的 AR。高保真度 AR 的大范围普及距离我们可能还有几年的时间。

技术，特别是满足大众消费群体需求的技术，完全取决于取舍。厂家必须综合考虑材料、性能、外形规格、尺寸和成本。由于科幻小说的描写，消费者相信他们应该能够戴上一副时尚又低调的眼镜前往未来的 AR 世界。然而，我们并没有走到那一步。

记住比较好

AR 现阶段的主战场除了移动设备和平视显示器（HUD），就只有低分辨率和小视场的头显了，又笨又重，既满足不了消费者的期冀，又没法让他们习惯。但也有公司投入巨资研发各种极薄的透明光学器件，相信只需要 5 年，AR 产品的外观和视觉效果就会大放异彩。

考虑到AR技术目前的局限，Gartner Research预测AR的大范围普及需要5～10

年（2023—2028 年）。当然，比尔·盖茨也在他的著作《未来之路》（*The Road Ahead*）中宣称："我们总是高估未来两年世界将发生的变化，而低估未来十年将发生的变化。"从技术发展的角度来看，十年就是永恒。

在了解 VR 和 AR 各自的优势之后，不难想象应该可以将 VR 和 AR 合并到一个设备中，功能可以切换，这样就不用花两份钱了。也许从 Windows Mixed Reality 身上，我们可以一窥未来的模样——全包围的 AR 头显，同时具备影像穿透功能可以用 AR 体验。但未来也可能就在 HoloLens、Meta 和 Magic Leap 投射出的透明图像当中。说不定能得益于 VR 的发展，AR 大范围普及的时间也能从 10 年以上缩短到 5 年。在此期间，我们就只有移动型 AR 这道开胃菜可以吃了，因为可穿戴 AR 还在锅里煮着呢。

第二部分 产品

本部分内容包括：

研究用于体验虚拟现实和增强现实的各种市售硬件产品；

探索近期即将推出的虚拟现实和增强现实新品。

本章内容包括：

了解在售的消费级虚拟现实头显；

认识即将发布的新品；

对比两代产品的异同。

第4章 虚拟现实产品调查

尽管虚拟现实（VR）这个市场还很年轻，但已有大量的产品供消费者挑选。顾客的选择非常多，既有依托手机就能玩的入门级产品，又有需要连接功能强大的外部计算机的高端产品。所以也没有什么简单的方法可以让我们把所有的选择放在一起对比，然后找出满足特定消费需求的最佳选择。仅仅是弄清楚现在能买到什么、接下来有哪些新品上市、什么时候入手最合适，都足矣让人困惑不已。

本章会介绍 2018 年初可以买到的第一代 VR 头显都有哪些，同时也介绍一些已发布的第二代产品。最后，在对比完两代产品之后，提醒大家一些需要注意的事项。

消费级虚拟现实产品调查

自 2013 年 Oculus Rift DK1 首次亮相以来，消费级头显经历了爆炸式增长。这是一个在消费端沉寂了几十年的领域，突然爆发的巨幅增长刺激着众多科技巨头竞相投入巨资推出自己的产品，希望能搭上这趟快车。

在撰写本书时，我们目前正处于两代 VR 产品之间的过渡期。第一代消费级 VR 头显早已上市，各大厂商正在筹划下一代产品。它们在观察硬件市场的各种趋势，在揣摩消费者的购买习惯。由于第一代产品已经在消费者心目中建立了质量和价位的基线，所以，要想获得成功，第二代产品的标准一定得超过第一代。

本章的内容就是一条基线，可以帮助我们正确评价下一代头显。如果你正打算在市场上购买 VR 头显，或者只是想对比一下两代产品的差异，这些内容都将有帮助。有关市售产品外形规格的更深入对比，请参阅第 2 章。

记住比较好

如果客户准备根据第一代产品（软硬件皆含）的普及程度来做购买决定，那么一定要清楚谁是市场的驱动者。价位较高的新技术、新产品发展（如 VR）通常都由追“新”族推动，这些人对我们的购买行为有没有指导意义，并不确定。

高端设备

目前的高端 VR 头显几乎全部依托外部计算机运行，能提供房间规模的 VR 体验，用户在真实空间中的移动可以在虚拟世界中反映出来。它们几乎全都配备成对的操控手柄，视场角（FOV）普遍很大，显示分辨率也超高，而且大多通过线缆与计算机互连。

高端产品全是头显，如 HTC Vive、Oculus Rift 和 Windows Mixed Reality，还有稍微差一点的 PlayStation VR。说后者稍微差一点是因为它并不像其他产品一样提供房间规模的 VR 体验，但还是比很多中端产品高级。

如果想要体验最棒的游戏、最好的图形和应用，那么所有的一切也需要最好的，因而必然需要一台高端的头显。于是更大的问题来了，我们是购买现在这一代产品，还是等下一代上市？要知道，下一代产品，不管是谁研发的，都会比现在这一代好得多。

图 4-1 所示是第一代 HTC Vive 及配套的操控手柄和“灯塔”感应器。

图4-1 HTC Vive及配套的操控手柄和“灯塔”感应器

HTC Vive友情提供。

中端设备

Google Daydream 和 Gear VR 是第一代中端头显的主要竞争对手。两款都需要用配置较高的 Android 设备才行，视场角比高端产品略微小一点，刷新率也略微低一点（每秒刷新的图像帧数少一点）。

配有具备"3 自由度"移动能力的操控手柄（单只）基本能够跟踪手柄在空间中的移动轨迹。此外，两款产品均不具备房间规模的体验，而且除头部的旋转和定位外，无法通过其他方式追踪用户的位置变化。

这叫技术支持

"3 自由度"（3DoF）是 VR 头显控制器的术语之一，表示控制器只能跟踪旋转方向的变化，而且控制器与头显的位置是相关联的。如果我们戴着 VR 头显走开，却把控制器丢在地板上，那么在 3D 空间内，控制器是不会留在原位不动的，而高端设备（如 HTC Vive 或 Oculus Rift）就不会这样。

如果只是想简单体验一下 VR，手上也有现成的 Android 设备，并且实在不愿意花血本入手高端设备，那么中端确实是涉猎 VR 世界很好的选择。因为中端硬件的选择虽然极为有限，但与之相关的应用有很多。

图 4-2 所示是第一代 Google Daydream 及其操控手柄。

图4-2 第一代 Google Daydream及其操控手柄

入门级设备

目前，VR 头显的入门级市场被 Google Cardboard 及其各种变体牢牢占据。Google Cardboard 全靠移动设备（如智能手机）驱动，这一点与中端产品一样。不同之处在于 Google Cardboard 支持的移动设备范围要广得多，也支持低端手机。

由于任何厂商都可以参考谷歌提供的 Cardboard 规格生产出 Google Cardboard 观察器，因此，生产的灵活性造就了产品形态的多样性。这些设备仅有的共同点是：靠单独的移动设备驱动，都有相似的镜头，与虚拟世界互动也几乎依靠装置上唯一的按钮。Google Cardboard 的互动能力太有限了，玩家简直就是 VR 世界一个纯粹的“观众”，消费体验远远不如中高端产品。

如果对 VR 根本没多少兴趣，也没有 Android 设备，更不愿掏腰包去获得更身临其境的体验，那么选择 Google Cardboard 吧，Google Cardboard 用来入门挺好的。Cardboard 非常廉价，所以买它的人多，当然也就别指望效果比得上中高端产品。在入门级产品中，硬件的选择就只有这一种。而且由于设备本身限制了能在 Google Cardboard 上运行的程序，所以内容的创作者们更愿意为中高端产品服务。

图 4-3 所示是美泰（Mattel，美国玩具制造商芭比娃娃的发明者）发布的 View-Master，是其经典玩具加装 Google Cardboard 后的版本。

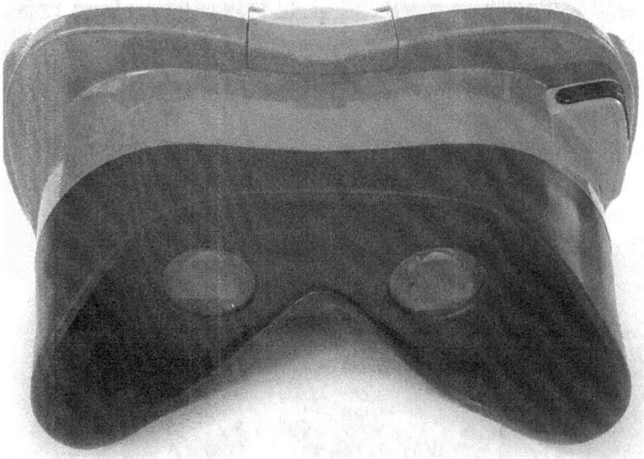

图4–3 美泰View–Master（Google Cardboard加强版）

记住比较好

任何类型的 VR 头显都有自己的市场。Cardboard 的功能也许弱了点，但在价格和供货方面很有竞争力，例如，为小学生建 VR 教室，用 Google Cardboard 一定比用高端设备合适。所以，就算 Google Cardboard 的沉浸感比不上高端产品，它也同样能够满足特定的消费需求。

即将面世的新品

我们现在可以利用第一代 VR 硬件的档次划分标准来认识一下新一代 VR 产品，

顺便进行一番对比。可以看出，与第一代一样，不同档次的第二代产品的体验效果大不一样，只不过新一代产品的品质在整体上超过了第一代。第一代的高端设备一定不如新一代的高端产品，但新一代的低端产品可能比第一代的中端都强。所以，新一代 VR 头显的前景非常光明。

不开玩笑！危险

目前，有很多公司已宣布会在不久的将来推出消费级 VR 头显。但是，从宣布到真正大规模普及之间，隔着一眼望不到边的大海。海上到处都是大大小小的公司，它们拼搏过，但并没有顺利驶出危险水域，产品最终还是夭折在大海中。而失败，通常并不是公司或产品本身的错。任何时候，从创意演变成产品都不是一件容易的事，艰难险阻，不一而足。无论是锐不可当的竞争对手，还是变幻无常的目标客户，诸多永远预料不到的问题，都足以把产品置于万劫不复之地。

本章讨论的头显主要是在 2018 年和 2019 年如期发布的产品。它们有些来自口碑极佳的老牌厂商，也有些来自首次涉足的新晋企业。至于它们推出的产品能否实现它们为之付出不懈努力的美好愿望，还有待观察。

HTC Vive Pro

Oculus Rift 和 HTC Vive 分别于 2016 年 3 月和 4 月发布了面向消费者的版本。看上去好像没过去多久，但在 VR 世界，这正如沧海桑田一般。因此，现在是更新换代的时候了。HTC 推出的新款 HTC Vive Pro，目标就是升级换代。

第一代 Vive 被广泛视作最值得购买的消费级 VR 设备之一，但新款并不是全新机型，HTC 只是力图解决粉丝对旧版 Vive 的一些抱怨。Vive Pro 将分辨率从 1 080×1 200 像素（单眼）提升至 1 440×1 600 像素（单眼）。无论怎么看，这都相当于从标清电视升级为高清电视。

与 Vive Pro 同样备受期待的另一款产品是全新的 Vive 无线适配器（Vive Wireless Adapter）。这款适配器将搭配旧版 Vive 使用，采用英特尔的 WiGig 技术，提供 60 GHz 频段的无线连接能力，具有更低的延迟和更好的性能。但请注意，与具备内置式外侦型跟踪功能的设备不同，Vive 仍然需要“灯塔”来跟踪用户的位移。旧版 Vive 因具备“6 自由度”跟踪能力（装置本身和操控手柄都是）被公认为消费市场上最优的产品之一。根据先期用户的反馈，新推出的无线适配器保留了这个功能——这一举措很重要。

这叫技术支持

“6 自由度”（6 DoF，Six Degrees of Freedom），指物体在三维空间中随意移动的能力。在 VR 领域，这个术语一般是指前后、上下、左右各个方向的移动能力，而且这个移动能力既包括方向上的（旋转），又包括位置上的（平移）。“6自由度”使VR世界中的动作更逼真，沉浸感更佳。这方面“3自由度”绝对比不上。

而这也是不同档次VR头显之间的主要区别之一。诸如HTC Vive之类的高端装置可以提供完整的“6自由度”移动能力，而大多数中低端产品是没有的。目前的中端产品，如谷歌公司的Daydream和三星的Gear VR，只拥有“3自由度”的移动能力，可以在3个方向上旋转（俯仰、摇摆和翻滚）。它们没有高端产品拥有的平移跟踪能力。

另外，HTC还在新款头显中配备了耳机（旧款Vive需要玩家自己配备耳机，这使大家怨声载道），新增了前置摄像头（不算现有的摄像头）。关于摄像头的用途，目前还没有权威的消息发布。但有传闻称是为了让Vive Pro拥有景深感知能力，可以用于AR，也有消息称是为了让Vive Pro与Windows Mixed Reality兼容。

与Vive一样，Vive Pro定位为高端产品。想想“企业级”“高端游戏体验”，还有“娱乐级用户”，这些名词都意味着什么。在那些对价格比较敏感的消费者眼中，Vive Pro实在是可望而不可即。所以，HTC显然是打算用这款产品在高端市场迎合那些喜欢挑战极限的玩家的。HTC Vive Pro于2018年4月开始发售。

HTC Vive Focus

Vive Focus是HTC推出的中端头显。由于这款产品已在中国发布，所以我们已经知道了它的详细功能特点（互联网就是这样，传播速度快）。

Vive Focus是一款一体式VR头显（无须连接外部计算机或移动设备），本身内置计算机，所以也称为“一体机”。Vive Focus也号称是世界上第一款支持“6自由度”跟踪功能的消费级一体机。

Vive Focus的内置摄像头拥有全范围的内置式外侦型跟踪技术。用户可以在真实世界中随意活动，动作在虚拟世界中可以被准确地捕捉到，无须配备外部跟踪设备。先期用户对Vive Focus的位置跟踪技术好评如潮，这对无线方案的大规模应用是个好消息。

Vive Focus由可充电电池供电，续航时间可达3小时。但它只有一个操控手柄，支持自身的“3自由度”跟踪，有点像现售中端产品配备的操控手柄。

Vive Focus目前在中国的售价约为630美元。与其他即将上市的产品相比，

Vive Focus 的价格偏高，定位与旧款 Vive 一样，针对的是高端市场。HTC Vive 中国地区总裁在接受著名创业家、技术顾问、AR/VR 开发者、博客写手 Antony Vitillo 的在线采访时表示："我们不想成为价格的引领者，也不希望出售价格只有 200 美元而功能极少的产品。我们认为每个戴上 Vive Focus 的人都应该对获得一流体验满怀期待。" Vive 并不担心竞争对手，如何让主流市场接受自己才是他的关注点。

Vive 表示，中国市场的销量将决定下一步会不会在全世界推广。先看看中国市场对 Vive Focus 的接受程度，再决定能不能在全球铺货，这样的策略还是很有说服力的。

Lenovo Mirage Solo

联想 Mirage Solo 与 HTC Vive Focus 很相似，也是一体式的头显，不需要外接计算机或移动设备即可运行。Mirage Solo 同样利用一对前向摄像头实现"6 自由度"的内置式外侦型位置跟踪。一体式设计可以让玩家在虚拟世界中摒弃线缆的牵绊，与在真实世界中一样活动自如。Mirage Solo 内建显示屏，配备"3 自由度"操控手柄，还利用谷歌的 WorldSense 技术实现位置跟踪功能，所以无须任何外部感应装置。另外，Mirage Solo 基于 Google Daydream 技术构建，可以利用谷歌现有的 Daydream 应用生态系统。

Mirage Solo 的价位一开始被定为 400 美元以上，但联想已经进行了调整，目标价应该会低于 400 美元。截至本书撰写之时，最终定价尚未公布。但很明显，像联想这样的公司都很关注休闲娱乐市场，应该会以这个市场为目标给出合适的价位。

Oculus Santa Cruz

Oculus Santa Cruz 早在 2016 年的 Oculus Connect 3 开发者大会上就已对外公布。Oculus Santa Cruz 将这款新产品定位为类似 Vive Focus 和 Mirage Solo 的中端产品。虽然它比目前的移动型产品，如 Gear VR 或即将推出的 Oculus Go（本章稍后讨论）拥有更好的 VR 体验，但与外接计算机的 Oculus Rift 比起来还差得远。Oculus 联合创始人 Nate Mitchell 向科技博客网站 Ars Technica 证实了这一点，Santa Cruz 被定位为 Oculus 的 VR 硬件三级战略的中端产品。

与 Vive Focus 和 Mirage Solo 一样，Santa Cruz 也是一款一体机，功能全内置，无须任何外部设备，也不用担心被线缆绊倒。Santa Cruz 据说也是利用内置式外侦型跟踪技术实现"6 自由度"的动作和位置跟踪能力。而且还做到了有线型头显依托外部感应器才能实现的功能：如果玩家过于靠近墙壁或其他现实世界中的障碍物，Santa Cruz 会在屏幕上显示出虚拟网格以示提醒。

根据设计，Santa Cruz 配有一对“6 自由度”的无线操控手柄，比只有“3 自由度”的其他中端产品都要先进，无论是这一代还是下一代。Santa Cruz 围绕边缘设计的4个阵列式摄像头可以在非常大的范围内跟踪操控手柄的位置。目前，一些采用内置式外侦型跟踪技术的头显，如果操控手柄离开装置的视线太远，就会导致跟踪目标丢失。为解决这个问题，Oculus Santa Cruz 在 Santa Cruz 上显然已经采取了措施。

与其他产品一样，Santa Cruz 也很关注音频的品质。Oculus Go 和 Santa Cruz 都不再配备耳机，转而采用新的立体空间音频系统，扬声器位于头显的侧面，这样，不仅佩戴装置的玩家能听到声音，房间里的其他人也能听到。而且虽然扬声器更方便，但喜欢戴耳机的人依然有一个 3.5 mm 音频插孔可以用。

表面上，Santa Cruz 是一款很有前途的设备，它目前最大的问题是最终的上市时间和规格。Oculus Santa Cruz 对此一直保持沉默，因此，本书在这里也无法列出最终的产品规格。Oculus Santa Cruz 原计划在 2018 年向开发人员供货，大部分人据此认为最终的硬件规格很快就能确定下来。参考前代产品的时间表，Santa Cruz 最快也要在 2019 年才能在市场上与消费者见面，当然，这事儿只有 Oculus Santa Cruz 自己知道。

记住比较好

目前，市场上大多数的 VR 头显都会让玩家在体验的过程中有一种孤独感，人们普遍认为音频效果正是其原因之一。它们要么自带耳机，要么需要另购。配备耳机能让玩家体验到身临其境的感觉，但同时也把他们与外部世界隔绝开来，既听不见，又看不见。但现在也有很多新款产品在耳机音频端口两侧配备扬声器。这样玩家就可以听到外界的声音，而旁边的人也能知道 VR 世界的内容。

Oculus Go

很明显，Oculus Go 一体机定位的目标人群不一样。无论是 Mirage Solo、Vive Focus，还是 Santa Cruz，都是介于桌面型和移动型之间的中端 VR 产品，而 Oculus Go 的目标是替代（同时提升）现有的移动型产品。

Oculus Go 一体式的设计无须移动设备就能运行，具备“3 自由度”的旋转和方向跟踪能力，但不能在虚拟空间中前后移动，所以更适合坐着或静止状态下的 VR 体验。

尽管 Oculus Go 不具备 Mirage Solo 和 Vive Focus 的一些功能（尤其是“6 自由度”

跟踪），但较低的价位（约 200 美元）足以吸引入门级的玩家，也就是那些本来考虑购买 Gear VR 或 Google Daydream 的初级用户。

图 4-4 所示是 Oculus Go 一体机的新造型。

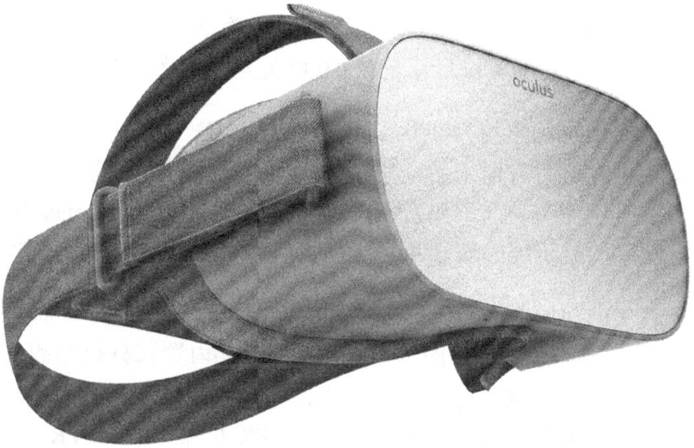

图4-4
Oculus Go
一体机

Oculus友情提供。

与 Mirage Solo 和 Vive Focus 等一体机一样，Oculus Go 的操控手柄可以实现“3 自由度”跟踪。它比 Rift 的操控手柄要简单得多，也更接近 Daydream 或 Gear VR。另外，Oculus Go 有自己的游戏库，也支持多款 Gear VR 游戏。

图 4-5 所示是新款 Oculus Go 的手柄。Oculus Go 手柄的外形与三星 Gear VR 略有不同，但功能一样。

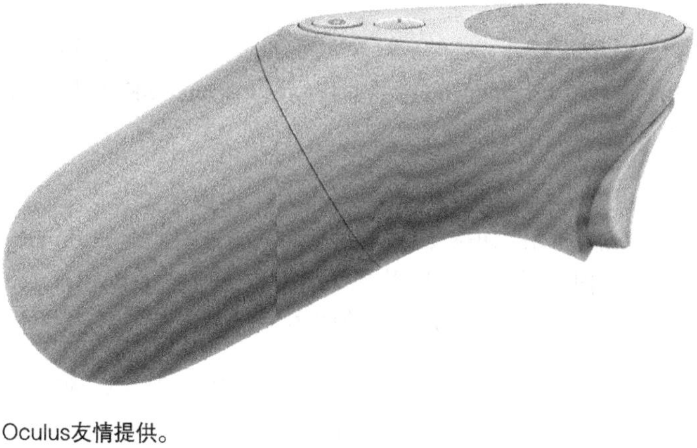

图4-5
Oculus Go
手柄

Oculus友情提供。

Pimax 8K

Pimax（小派）是 2017 年在 Kickstarter 上亮相的一家中国创业公司。该公司公开声称将推出全球首款 8K 级别的头显，这个消息震惊世人。尽管“8K”可能只是一种营销手段（因为严格说来，2×3 840×2 160 像素的显示屏还不能称为 8K），但它还是给很多人带来了强烈的视觉冲击。小派在 Kickstarter 上取得了巨大的成功，原定的筹资目标是 200 000 美元，最终结果竟超过了 4 200 000 美元。

人眼的自然视场角约为 200°。虽然 Pimax 8K 号称具有 200°的视场角并未得到证实，但综合各方面来看，它确实远远高于几乎所有现售产品的水平，甚至连大多数下一代产品都不如它。根据先期用户的反馈，Pimax 8K 特有的镜头和超高分辨率的显示屏确实让人感觉与真实世界一样。

除了超大的视场之外，Pimax 8K 也有一些独特的功能，如眼动跟踪（监控用户的眼球运动并根据目光的方向进行调整）、内置式外侦型跟踪、手部跟踪，甚至气味（没错，就是这样的）功能。另外，现售产品拥有的功能它也有，包括基站式定位跟踪、操控手柄等。Pimax 8K 也兼容 OpenVR，可以用于其他符合 OpenVR 规范的产品（如 Vive Focus 手柄）。

这叫技术支持

OpenVR 由 Valve 开发，是一套用于 SteamVR（HTC Vive 的引擎）和其他 VR 头显编程的软件开发工具包（SDK）和应用程序编程接口（API）。

在早期的反馈意见中，Pimax 8K 的大视场备受好评，但他们也小心指出了目前存在的一些问题。Pimax 需要解决装置本身及操控手柄在空间中的定位跟踪问题，才有可能实现自己的目标。由于显示分辨率太高，Pimax 8K 需要非常高端的计算机和显卡才能充分发挥其威力。而且不像其他一些厂商所走的无线路线，Pimax 的产品仍需连接计算机。

尽管 Pimax 希望能在 2018 年向 Kickstarter 上的支持者发货，而且表示价格大概在 400 ～ 600 美元，但直到本书撰写时，Pimax 8K 的发布日期和最终价格仍未确定。

消费市场上新的技术产品的推出，成为一种揣摩消费者心理价位的数字游戏。要知道，产品的功能和规格往往是由价位决定的。即使 Pimax 能造出完全具备 200° 视场和内置式外侦型跟踪能力（事实上在企业领域可能已经有了）的 8K 产品，目前大规模推向消费市场的成本还是太高了，可能没几个人会买。

最终 Pimax 能否克服短板保留长板还有待观察，但有这种竭尽全力追求技术进步的公司对整个行业来说都是一件幸事。无论 Pimax 8K 是否成功，它确实标志着 VR 朝着完全身临其境的目标迈进了一大步。

记住比较好

本章列出的 VR 头显只占市售产品的很小一部分。市场上还有很多值得一提的产品即将面世（甚至已经发布），例如，StarVR 不管是视场角还是刷新率，都与 Pimax 8K 有着相似的规格，只不过 StarVR 针对的是企业级应用，而 Pimax 瞄准的是大众消费市场。在开发 VR 应用（特别是针对企业级客户的应用）的时候，一定要把各种情况都考虑到，不能以偏概全。

LooxidVR

Looxid Labs 是一家初创企业，LooxidVR 系统是这家公司开发的。该系统基于手机运行，深入研究人类在 VR 世界中的一切感知。LooxidVR 内置可探测脑电波的 EEG 感应器和眼动追踪感应器，可以判断用户视线的焦点。采集到的数据能让装置更好地掌握用户对各种刺激的情绪反应，带来更身临其境的体验。

个人消费者目前并不是 Looxid Labs 的目标客户，短时间之内我们也不大可能买到 LooxidVR 设备。即使 Looxid Labs 的销售目标是研究人员和企业，它也可能会对整个行业产生深远的影响。LooxidVR 系统在医疗保健行业中有很多用途，特别是在诊治用户对精神创伤的反应方面。它还可用于游戏行业，游戏可以根据用户的生理反应调整玩法，例如，根据 LooxidVR 测得的数据，游戏中是不是有某个地方给玩家造成了压力？如果是，那么可以降低游戏难度。恐怖游戏中的某个部分激发了玩家的强烈反应？开发商可以据此调整加入更多相关的刺激性内容，制造更强烈的效果。

结合眼动追踪和脑部监测两大技术，LooxidVR 系统还可以作为广告和用户分析的强大工具。虽然广告领域目前仍是 VR 的处女地，但已有很多公司涉足其中，因为未来的回报很可能非常可观。谷歌公司已开始研究如何在 VR 中打广告。Unity 也在尝试，还提出了“虚拟房间”的概念，可以在用户的主程序中内置不同的广告品牌。

相比于现在的其他 VR 功能，LooxidVR 系统可以更好地从广告中捕捉数据用于分析，包括广告在目标市场的效果。

这叫技术支持

Unity 的“虚拟房间”广告技术完美解答了 VR 在广告领域的应用问题。“虚拟房间”是 Unity 与美国互动广告局（Interactive Advertising Bureau）共同打造的 VR 原生广告模式，是一种嵌入 VR 主程序当中的全定制迷你应用。用户看到“虚拟房间”后，可以与它互动，也可以不理它。

Varjo

根据 Varjo 公布的数字，其 VR 有效分辨率高达 7 000 万像素（人眼级别），而目前市场上的大多数产品只有大约一两百万像素。为实现这一目标，Varjo 采用了眼动跟踪技术，用户注视的区域以最高分辨率渲染，旁边的区域则适当降低（有关焦点渲染技术的更多信息，请参阅第 2 章）。

目前，Varjo 头显仍处于原型开发阶段，该公司希望能在 2018 年年底向专业市场供应测试版本，随后再在消费市场推出。无论是产量还是最终样式，这些问题目前仍然没有明确的答案，但在撰写本书时，其定价被列为“低于 10 000 美元”。我们不知道这个价格的可信程度，但现在的明智之举就是继续关注这项技术，看看其他厂商有没有注意到这个情况，会不会在自己的产品中加入焦点渲染技术。

两代产品对比

在浏览了两代头显的种种产品之后，VR 未来的发展方向、目标市场和解决方案逐渐变得清晰。

目前的 VR 头显大体上可分为三大类：“桌面型”“移动型”和移动“观察器”。“桌面型”基本上都是高端产品，几乎全部依托外部设备运行（有线连接），而“移动型”则需要插入移动设备才能使用。通常情况下，“移动型”不需要连接任何外部硬件，但体验质量较低。像 Google Cardboard 这样的移动“观察器”档次更低一些，互动性也更差一些。

但随着下一代产品即将面世，情况就不那么简单了。“桌面型”的高端产品依然容易区分（包括 Vive Pro、Pimax 8K 等），但是中低端产品的界限开始变得模糊。无须外接设备的一体式 VR 装置大量涌现，VR 体验也随之越来越顺畅自如。Vive Focus、Mirage Solo 和 Santa Cruz 一马当先，给用户带来一种介于高端和中端产品之间的全新体验，而它们都不需要外接设备。

Oculus Go 及同类产品开始挤压以往被移动型设备占据的市场空间。它们专为 VR 设计，也无须外接设备，应当能够提高现有移动型产品的体验效果。

虽然下一代 VR 设备的外形规格略有差异，但它们还是有许多共同之处。而且绝大部分厂商都在想办法解决“连线”的问题。无论是采取内置式外侦型跟踪技术，还是无线显示和感应技术，取消“连线”都是下一代产品的设计目标。

此外，不管是中端还是高端，肯定都得实现“6 自由度”的跟踪能力。其实第一代中端设备的动作跟踪效果在某种程度上已经不比高端差多少，但消费者对下一代产品的期望值显然更高，而且大多数厂商也确实在为此努力。

用户对操控手柄的移动自由度同样充满期待，但厂商们对此似乎还投入得不太多。很多中端产品都只有“3 自由度”，也正因为如此，那些具备完整“6 自由度”跟踪能力的中端产品（如 Santa Cruz）才会脱颖而出。

更高的分辨率也是研究的重点。相较于第一代产品来讲，绝大多数新一代 VR 装置在分辨率方面也都有所提高。有趣的是，除少数产品（如 Pimax 8K 和 Star VR）以外，大多数产品并没有用同样的思路去解决视场问题。大多数 VR 产品似乎都不太重视改善视场角只有 110° 这个问题，要知道，人眼可具备 200° 的感知能力。出现这种情况的原因只能是扩大视场角的代价过高。而且厂商们显然认为目前的视场角范围对大多数用户而言已经够用了，它们要把资源集中到其他地方。

即将推出的下一代头戴式显示器可能至少勉强会是 VR 和 AR 的混合体。市场上许多新品或新增，或改良了前置摄像头和感应器，这个现象表明 AR 功能可以整合到 VR 装置中，只是下一代的 VR 头显可能不会这样做。VR 厂商对此一直保持沉默，也让大多数人觉得技术整合仍然不是 VR 头显的关注重点。

小贴士大用途

VR 世界的发展日新月异，我们从未听说过的公司很可能会在未来几年内推出让人无法想象的产品。本章的重点并非产品的直接对比，而是通过对比让消费者学会从各种眼花缭乱的功能中从容地找出自己想要的产品，哪怕想要的产品仍未面世。

总的来说，厂商们正努力在大众消费市场上找到性能和价位的平衡点。而且大部分厂商觉得中端产品在未来几年内的发展潜力最大。中端一体机的价位大都在 200 ～ 400 美元，这个价格也是厂商认为最有可能在市场上取得突破的价位。高端产品依然售价高昂，玩家不多，市场前景也不大，但厂商也不会忽视这个市场。随着越来越多的企业开始涉足 VR，高端市场也会迎来增长。

相信在不久的将来，我们会在市场上见到完美的头显。全新的一体机——具有高分辨率、无线连接、无须感应器实现“6 自由度”的内置式外侦型跟踪等特点，还拥有宽视场，操控手柄也能做到“6 自由度”，最重要的是，价格低于 200 美元。

在第二代 VR 头显中，还没有哪一款完全符合这些标准。但在过去的两年中，技术取得了巨大的进步。我们目前只买得到第二代消费级 VR 产品，而其中已有一些相当接近我们心目中的“完美”标准。可以想象一下，在下一代产品中出现能够满足所有标准的 VR 头显也不是不可能的，而对第三代设备，我们可以保持更高的期望值。

现在的问题就是市场对下一代产品能够支持到何种程度了。第一代 VR 头显的发展是靠 VR 概念的爆红推动起来的，随之而来的第二代产品却没有依赖炒作。如果市场对第二代产品的接受不尽人意，那么技术的进步可能会因此大大减缓。只有在市场上得到积极的反应，未来几年内我们才有可能见证 VR 领域下一代软硬件的重大创新。

本章内容包括：

- 了解在售的消费级增强现实体验；
- 认识即将发布的新产品；
- 对比两代产品的异同。

第5章 增强现实产品调查

增强现实（AR）目前的情形就与四五年前的虚拟现实（VR）一样，消费者的争论声不绝于耳，可真真正正体验过 AR 的消费者很少。

关于 AR 到底能做什么，只有当消费者在脑海中把那个“开关”按下去的时候，AR 才能迎来自己的荣耀时刻。按下开关很可能会引发各种各样的“太空竞赛”，各大 AR 厂商一定会展开激烈的争夺，看看究竟哪家的作品会赢得比赛的胜利。其实，市场的赢家往往是由成本决定的。物美价廉，谁能做到？至少到目前为止，大多数 AR 厂商的研发重点还是广大消费者负担不起的企业级产品。

所以，在现阶段要想与 VR 一样有专门的 AR 设备用来休闲娱乐，还太早。市场上任何会让我们感兴趣的 AR 软硬件产品，很可能都是面向企业用户的。但例外总是有的。像 Mira 这样的公司（本章稍后讨论）就做到了以低价位为消费者提供 AR 解决方案，而且在现实生活中基于移动设备的 AR 也得到了广泛使用。

本章会探讨市场上现有的部分消费级 AR 产品和未来一两年内可能面世的新产品，也会把两代产品放在一起好好地比对一番，看看第二代 AR 产品到底有多大的飞跃。

记住比较好

除本章提到的品牌之外，AR 市场上还有很多其他产品，读者可以自行了解，如面向专业用途的 DAQRI 智能眼镜（DAQRI Smart Glasses）。当然，HoloLens 等 AR 头显虽然目前只针对企业用户，但最终还是有望进入更广阔的消费市场的。而 DAQRI 就不一样了，该公司已明确表示它们的业务重点是制造业和建筑业市场，消费市场并非它们的目标。

消费级增强现实产品调查

就目前的大多数 AR 硬件而言，用“消费级”这个词有点不太妥当（Mira、ARKit 和 ARCore 等名气很大的除外）。因为它们大都是面向企业级用户的，而且多数是开发版，开发人员可以拿到预订套件，普通消费者连面都见不到。

此外，即使是等到本书出版那一天，也不是所有的第一代 AR 硬件都能顺利发布。讨论这个问题的确充满变数，只不过至少本章列出的设备都已经度过了某个关键的时间节点，可以算作是第一代产品。

记住比较好

研究 AR 硬件时我们会发现，很多 AR 设备都是以 Beta 版或开发人员套件的方式发布的。这通常意味着该产品还没有准备好推向大众消费市场。而向开发人员提供开发版硬件，通常也是为了在正式销售之前构建好基本的软件库。厂商也知道，没有相应的软件支撑就贸然向市场大规模发售硬件很可能会导致产品的失败。通过这种办法，硬件制造商不仅可以同重要用户直接合作并得到支持，还可以通过开发人员编写的应用软件奠定未来市场的基础。

Microsoft HoloLens

HoloLens 是市场上比较高档的一款头戴式显示器（HMD），当然，在相当程度上是因为微软的营销能力。但即使没有微软的营销，HoloLens 也是第一代 HMD 中最令人印象深刻的一款，它在制定 AR 头显的标准方面也已经走了很长的路。

HoloLens 是一款一体机，无须连接台式计算机或笔记本电脑。内置的感应器可以把用户周围的环境投射出来，以放置 3D 全息图像。HoloLens 还能识别手势和语音，而且与图像叠加类似，HoloLens 的板载 3D 扬声器系统（不是耳机）可以在现实世界的声音之上叠加 AR 音频，这有助于避免用户与现实世界完全脱节。如果投射没出错，HoloLens 还可以实现真实世界物体遮挡数字全息图像的效果。滚落到真实的桌子底下的全息球会从视线中消失，就与球是真的一样。

但即使没人怀疑 HoloLens 是 AR 界的扛鼎之作，它仍有需要改进的地方，例如，人们对 HoloLens 抱怨最多的就是它的视场角。HoloLens 的跟踪技术和视觉效果都非常出色，但视场角确实偏小，有时候用户正在看的全息图像会被视场边缘切掉一块，严重影响效果。除视场角太小外，HoloLens 还有点儿笨重，也不够精致。虽然尺寸大了点，但它给玩家带来的体验相当舒适，HoloLens 毕竟在可穿戴设备上实现了惊人的计算能力。

记住比较好

微软显然对自家的混合现实设备寄予厚望，热切程度超出大多数人的想象。HoloLens 的发明者 Alex Kipman 在接受彭博社采访时表示："手机已经死了，只是人们还没有意识到。" Kipman 坚信，像 HoloLens 这样的混合现实设备有一天会取代所有的手机。看看市场上大多数 AR 产品，个个都又大又贵，Kipman 的话实在让人难以置信。但如果我们手上拿着传说中的苹果 AR 一体机、微软 HoloLens 全息眼镜或是谷歌的混合现实设备（基于 ARCore 开发），我们就应该明白，未来真有可能比我们想象的更近。

展望未来，我们期待下一代 HoloLens 能够大幅改善视场。而微软声称已经有一种方法可以将 HoloLens 的视场角提高一倍以上，接近 VR 的水平，这将是 HoloLens 的飞跃。

HoloLens 的未来肯定离不开广大普通消费者，但目前的价格和视场角只会使消费者止步不前。在企业领域，HoloLens 是不二选择。如果微软在一两代以内成功把 HoloLens 或类似产品推向大众消费市场，也千万不要感到惊讶。

图 5-1 所示是微软 HoloLens 全息眼镜的视觉效果。

图5-1 微软 HoloLens全息眼镜的视觉效果

微软授权使用。

Meta 2

Meta 2 是一款具备手部跟踪和手势导航功能的 AR 头显，在一块半透明透镜前面通过反射式投影显示全息图像。

Meta 2 与 HoloLens 之间的最大差异是 Meta 2 需要连接计算机。按照 Meta 开发团队负责人的说法，这是一个经过深思熟虑的选择（参见“认识 Meta 2”的内容）。非一体式的设计虽然会减少自由活动的范围，但具备更强的计算能力和更大的视场。Meta 2 具有 90° 的视场角，差不多三倍于 HoloLens，堪与 VR 匹敌。更大的视场显然有助于 Meta 2 有朝一日可以取代传统的 2D 屏幕。

Meta 2 非常适合需要计算能力比 HoloLens 强、视场比 HoloLens 大，而大部分时间静止不动（如久坐桌前）的用户。但有一点 Meta 2 与 HoloLens 是一样的，它们都面向企业级用户，现阶段也都没有几个大众消费者能接触到。

认识 Meta 2

David Oh 是 Meta 公司开发团队的负责人，他在 Meta 公司的履历无可挑剔，所以当仁不让地站在了 AR 设计和开发的第一线。通过交谈，他向笔者透露了他对 AR 的现状和未来发展方向所持的观点。

David Oh 承认，AR 目前仍处于推广的早期阶段。

- 目前，我们的 Meta 2 是为开发人员、技术人员和狂热粉丝设计的。一个卓越的应用可能需要一年甚至更长时间的磨砺，在正式推向消费市场之前，开发人员需要机会创作革命性的 AR 体验内容。
- 我们在 Meta 2 的研发过程中学到了很多令我们惊讶的东西。其中第一步，就是我们必须解决上一代产品 Meta 1 存在的问题。我们可以把 Meta 1 看作 Meta 2 的简约版。而简约是有代价的，因为 Meta 1 的视场更小，分辨率也更低。据我们了解，客户其实并不关心外形尺寸，他们关心的是视场够不够大，能不能完整显示全息图像；分辨率够不够高，能不能显示更多的细节。Meta 2 做到了这一点，而且我们还从我们的开发人员社区获悉，前面提到的种种优势也让 Meta 2 拥有更好的体验效果。我们的手部跟踪算法的工作量也增加了一倍。此外，只有少数公司专注于手部跟踪技术的研究，我们从客户那里了解到，手部跟踪能给 AR 带来更好的体验。

笔者向 David Oh 询问 Meta 现在的情况以及未来的研究重点。他回答如下。

- 我们的神经科学家团队总结了一套空间处理原则，能帮助开发人员更好地构建 AR 体验内容。我们会集中精力打造 AR 生态圈，我们的目标是帮助开发人员提高 AR 的开发能力，并教会客户和合作伙伴如何在自己的工作流程中运用 AR 技术提高生产力。我们将有更多的工具提供给开发人员，帮助他们更有效地构建 AR 应用，同时，我们也准备扩大开发人员应用销售系统的规模。5 年来，我们的创始人兼首席执行官 Meron Gribetz 一直在努力把 Meta 打造成一组简单的，广大普通消费者可以买得起的玻璃镜片。

» 与计算机和电视机等被动显示技术不同，AR 是交互式的。用户可以在全息图像四周走动，甚至把它握在手掌中。AR 是技术领域的范式转变（指行事或思维方式的重大变化）。未来，AR 最有趣的事情将是利用其他形式的信号输入（例如，让用户可以触摸全息图像的触觉反馈控制器和触觉套装）来增强体验效果。还有 EEG（脑电波式）可穿戴设备，可以监控大脑活动，增强 AR 的体验效果。

David Oh 最后讲述了自己对 AR 未来的看法：

» 人类能把技术带来的好处完全融入日常生活。我们可以与任何人交谈，无论什么语言；我们不再迷路；我们能准确判断可能遇到的任何情况或问题；最重要的是，我们可以在现实环境中实时获取来自全世界的信息。

图 5-2 所示是与 Meta 2 协同工作时用户看到的视觉效果。

图5-2
Meta 2用于协同设计

Meta友情提供。

Magic Leap

Magic Leap 长期以来一直待在整个 AR 世界的阴暗角落，时不时地露个面，然后丢给大家一段让人回味无穷的预告片。这家公司的产品被雪藏了 7 年之久，相信在这段时间里，Magic Leap 已让它的投资者们目睹了足够多的成果，所以才筹集到了大约 20 亿美元的资金，也让公司市值达到了近 60 亿美元。可直到 2017 年年底，Magic Leap 发布 Magic Leap One 的创作者版本时，公众对其产品最终会是什么样子仍然知之甚少。

Magic Leap One 由以下三大独立部件组成。

- Lightwear（头显）：戴在用户头上的显示器。
- Lightpack（计算机）：负责处理信号输入和输出的袖珍计算机。
- Control（手柄）：单手柄，“6 自由度”，用于信号输入和触觉反馈。

Magic Leap One 是一款可以自由佩戴的一体式设备（如同 HoloLens），仍然需要连接 Lightpack（如同 Meta 2），但 Lightpack 的尺寸很小，这清楚地表明 Magic Leap One 比 Meta 2 更易于移动。

与 HoloLens 和 Meta 2 类似，Magic Leap One 配有多个板载感应器，用来侦测地面、物体表面和其他事物，从而把真实的环境以数字化的方式绘制出来。这样，物体和环境之间就可以实现非常真实的互动（包括虚拟球从真实的墙上弹回，虚拟机器人躲在真实的桌子下面，等等）。信号输入主要依靠操控手柄，但据报道，Magic Leap 系统还支持其他输入模式，如语音、手势和眼动跟踪。

可能是因为配套计算机是放在腰带或口袋中的吧，Magic Leap One 比 HoloLens 或 Meta 2 都要小一些。从外观上看，它更接近大多数人在思考“未来 AR 技术”时想出来的简单眼镜，但尺寸仍然比普通眼镜要大。而 Magic Leap One 的视场应该会比 HoloLens 大，但比 Meta 2 小。

Mira Prism

在怎样才能让用户负担得起 AR 这个问题上，Mira Prism 的创作者显然走了一条完全不一样的路。与很多厂家不同，Mira Prism 选择用移动设备来体验 AR，不需要连接外部计算机。用户需要的只是一台兼容的移动设备和一副 Prism 装置，这花不了多少钱。

考虑到让很多 AR 厂商困扰的成本问题，Mira 的想法很好。要知道世界上没多少人愿意花 3 000 多美元去买一台可玩的、内容很少的 AR 设备，因此，Prism 开发套件的价格仅为 99 美元，这个价格对普通消费者来说很合适。

在第一代 VR 头显中，有很多产品用同样的方式解决了这个问题，也取得了巨大的成功，例如，Google Cardboard、Samsung Gear VR 和 Google Daydream 都是依托移动设备运行的低成本 VR。它们的销量远远超过了那些功能更强大但价格更昂贵的同类产品。

Mira 应该是想填补纯移动型 AR 设备和高端 AR 一体机之间的市场空白。在 VR 领域确实存在这样一个市场，看样子 Mira 想证明 AR 领域也有这样一个市场。

图 5-3 所示是使用中的 Mira Prism。

图5-3
使用中的
Mira Prism

Mira友情提供。

重新构想“移动型”AR

在 Mira Prism 公司，Raymond Mosco 是开发者战略的负责人，而 Gabriella Meier 主管对外沟通。他们和笔者一起坐下来讨论了 Mira Prism 的起源，也谈了谈在不久的将来他们对 AR 设备有哪些规划。

Meier 女士解释了 Mira Prism 的诞生。

» 我们的创始人是南加州大学艾尔温暨杨格学院实验班的同学。他们非常热衷于 AR 技术，但高昂的价格令人望而却步，尤其是那个时候他们还是大学生。于是他们在不同的方向开展了很长时间的研究，最终找到了一种效果不错的解决方案。他们带着自己的作品参加了 2017 年 7 月的 Comic-Con（圣地亚哥国际动漫展），立即被预订一空。

Mosco 先生补充道：

» 我们的研究表明，手持移动设备体验 AR，只需 5 min 就会让用户感到疲劳。为了解决这个问题，我们创造了一种能够免提体验 AR 的新方法，成本不及市场上很多 AR 设备的 1/30。我们的团队都是 VR/AR 行业的资深人士，他们对我们目前所处的位置和要努力实现的目标了如指掌。

» 我们的目标始终是消费市场。只有保持低成本才能保证我们做到这一点。话虽如此，但现在确实有一些行业既不清楚应该配多少 AR 设备，又不知道应该花多少钱，所以我们在企业领域同样大有可为，我们也确实在某些方面开展合作。

Mosco 先生也谈到了 Mira Prism 公司推进 Prism 的计划。

» 我们为自己的成就感到自豪。我们的 SDK 目前是基于 Unity 构建的，我们有很多为 Gear VR 或 Daydream 做 VR 开发的技术人员，能够很轻松地把他们的经验移植到 Prism。针对我们的设备，我们也有很多推进计划。目前，我们能支持大多数 iPhone 设备，我们也希望能支持 Android 设备。如果您的手机不在设备目前的支持范围内也不要担心，像充电口这样的东西会对第三方硬件开放。我们目前利用标记跟踪技术来进行环境跟踪，但我们绝对不希望只依靠这一种。接下来我们会想办法改进计算机的视觉处理，并在我们的产品中启用手势跟踪功能。

Meier 女士补充道：

» 在接下来的 2 ～ 3 年内，我们会把关注点放到软件和物联网上，也会重点研究如何将我们的技术用于家庭、办公和其他领域。微软和 Meta Prism 已经向我们展示了 AR 的强大功能和带来的巨大好处。我们希望能以同样的方式把消费市场一举拿下。

注释：所谓“物联网”（IoT），指任何可以连接到互联网并交换数据的实体装置。世界上几乎所有物体都可以通过增加联网功能变成物联网装置，灯泡、恒温器、安防系统、电视、车辆，几乎一切。用物联网技术加以改造后，它们就具备了同其他物联网装置通信的能力，也可以遥控。

苹果公司的ARKit和谷歌公司的ARCore

大多数用户都是在移动设备上完成自己的AR初体验的，根本不是我们想象中的科幻眼镜。ARKit和ARCore分别是苹果公司和谷歌公司的AR平台，针对iOS和Android，它们的基本功能很相似，ARKit和ARCore都具备数字全息图像的运动跟踪和位置跟踪功能，都能通过探测物体（如场景中的水平面）熟悉身处的环境，也都能检测场景中的环境光量，并相应地调整全息图像的视觉效果。ARKit的1.5版还支持垂直面（墙壁）和2D图像的探测，而ARCore也在努力实现类似功能。正因为这些功能共同发挥作用，我们才能把3D全息图像放置在空间中，看起来就像确实和我们一起身处现实环境一样；将虚拟棋子放在真实世界的桌子上会使其看起来（通过移动设备查看）就像棋子真的在桌子上一样，我们可以往前靠近，后退离开，也可以围着它转圈——虚拟棋子还在，就像真的在桌子上一样。

现在有很多AR头显是用某种投影技术来显示全息图像的，这种办法可能会使那些不应该完全不透光的全息图像看起来略微有点透明。由于ARKit和ARCore在发布的时候就已集成到移动设备的视频源中，因此，允许出现完全不透明的全息图像。但是，与许多装置不同，不管是ARKit还是ARCore，对环境的景深都掌握得不好。如遮挡效果，虽然能实现，但离完美还差得远，而且需要额外的计算量。

ARKit对软件和硬件都控制得比较严，所以在软硬件集成方面有一些优势，而ARCore则在环境绘制方面稍微强一点儿，能存储规模大得多的周围环境数据，使绘成的图像更稳定。

但是，到底选择ARKit还是ARCore，最终还是要看硬件是属于哪个阵营的，因为无论是长处还是短处，两者都差不多。所以，如果倾向于Android设备，ARCore当仁不让；反之则选ARKit。

图5-4对照显示了用户在现实生活中和在AR中看到的内容，取自一台正在运行ARCore Solar系统的Google Pixel设备。

小贴士大用途

虽然本书的关注重点是可穿戴设备和移动电话，但无论是AR、MR还是XR，都不仅仅具有这两种用途。第3章讨论了AR体验的其他内容，而第11章则会谈谈AR体验的其他模式，如投影式AR。

图5–4
Google Pixel
上的ARCore
Solar系统

即将面市的新品

由于许多产品还没开发完成，很难预测未来的硬件会是什么样子，因此，所谓近期即将面市的新品，往往只是同代设备中动作比较慢的产品而已。

平视显示器

有些即将面世的智能眼镜值得一提，但如果按照严格意义加以区分，它们并不算是 AR 产品，说起来更接近 MR 产品一些。

英特尔公布的 Vaunt 眼镜就属于这一类。Vaunt 用自己的外形对“未来”做了很有趣的诠释，这款 AR 眼镜看起来真的像眼镜，不像那些常见的笨重装置。Vaunt 采用了一种与普通眼镜几乎毫无二致的外形设计，非常不显眼，而且如果与 HoloLens 或 Meta 2 放在一起，它还真不像是一台 AR 头显。

Vaunt 目前配备的平视显示屏既没有环境感知功能，又不是其他产品常见的高分辨率 3D 显示屏。它希望用最简单的形式为用户显示最有用的信息（如通知），至于逼真的图像投影，并不是 Vaunt 的重点。有点像我们在手机上收到的来电或短信提醒，Vaunt 会在眼镜的视野边缘显示通知，我们完全可以先瞄一眼，再决定是点开看还是忽略掉，这种处理方式与旧款的 Google Glass 有点儿类似。有趣的是，其实这才是对用户最有用的信息，而不是 AR 设备的全方位环境感知能力。

此外，Vaunt 目前通过蓝牙与移动设备（Android 或 iPhone）连接，繁重的计算任务交由手机承担，这种设计无疑能减少设备的体积，也许这才是未来几代 AR 头显的发展方向。

增强现实设备

欲知 AR 头显接下来的重点，请一定要注意各大厂商对关注方向的调整。总部位于中国香港的 Realmax 在 2018 年度消费电子展（Consumer Electronics Show）上展示了一款 AR 设备的原型，这款设备的各项指标与市售的 AR 头显都很接近，但具有 100° 的视场，这个规格领先于绝大部分同行。还有一家科技公司 Avegant 正在研究“多焦距平面法”，希望能解决 AR 当前面临的一大挑战：模拟人眼对景深的感知能力，在远近物体之间随意变焦。这两家公司的作品充分诠释了下一代 AR 头显的关注领域：更大的视场和更好的景深模拟效果。

体验 AR 从来都不止头显一条路，未来也不会。WayRay 等公司就推出了不同形态的 AR 产品。这家公司的 True AR 导航系统是一款用于挡风玻璃的全息 AR 产品，由汽车制造商直接安装在挡风玻璃上。也许在不久的将来，我们购买的新车就会配备内置 AR 功能的挡风玻璃，直接显示车的位置、方向、速度，以及和行程有关的任何信息。

其实，苹果公司才是 AR 领域的巨擘，它的下一步动作真正拥有深远的影响。市场上长期以来一直存在苹果公司研发 AR 头显的传闻，蒂姆·库克也毫不掩饰苹果公司对 AR 技术产生的兴趣。在犹他州科技巡展（Utah Tech Tour）期间，库克盛赞 AR 技术并声称 AR 会像“一日三餐”一样成为日常生活的一部分。

但他也指出，AR 还有很长的路要走：“AR 还需要时间，因为有一些技术上的挑战非常艰巨。但 AR 一定会成为我们日常生活的一部分，而且是以一种高调的方式实现。当这一天到来时，我们会想知道，如果没有 AR，我们该如何生活？就像今天如果没有手机，我们该如何生活一样。”苹果公司在 VR 和 AR 领域都有很多专利，如用于头戴式显示器的光学系统。但除了苹果公司的员工之外，没人知道它们在 VR 和 AR 领域到底准备做什么。

不开玩笑！危险

与大多数新兴技术一样，消费者在将任何东西拿到手之前，都不要全盘相信，还是应该保留一丝疑虑。像苹果这样的公司喜欢用专利来巩固自己的地位。任何产品，从开始传闻到最终上市，中间有太多的事情会发生，谁都可能改变产品的开发进程。应对未来趋势最好的办法就是时刻掌握行业发展信息，同时，在产品上市之前保持一份怀疑。

两代产品对比

由于有很多 AR 公司连第一代产品都没上市，因此，所谓“对比两代产品”真的是一件不可能的任务。与 VR 不同，AR 在市场上的成品不多，所以很难说清消费者会有什么反应。而行业未来该怎么走，了解消费者在积极一面的反应尤为关键。

但是，我们至少还是可以看看已经上市的部分设备，也看看消费者持何种态度。另外，我们也可以了解一下未来产品会有什么功能，它们号称在现有产品的基础上有很大的改进，也了解一下这些新功能会为其他产品带来什么影响。

目前的 AR 体验模式可以分为两大类：一种是强大的“桌面型”，另一种是不那么强大的“移动型”。当然，“桌面型”在这里有点用词不当。像 HoloLens 这样的设备是纯粹的一体机，而 Magic Leap 的配套计算机也相当便携，只不过业内一般都把 HoloLens、Meta 2，还有即将推出的 Magic Leap One 看作是“桌面型”设备，就是因为它们依托计算机运行，不管是内置式、袖珍式还是外置式。

到目前为止，“移动型”AR 主要还是指基于 ARKit 和 ARCore 的移动设备，体验效果总体比较差。但与 VR 一样，AR 市场可能也会有一道中间层，如 Mira Prism 等设备和星球大战等内容：绝地武士挑战 AR（见第 11 章）。绝地武士挑战 AR 虽然基于移动设备运行，但它把移动设备和专门设计的 AR 硬件结合起来，比纯粹的移动设备的 AR 效果要好得多。

未来，估计高端 AR 头显的视场会更大，跟踪能力会更强，同时外形会更小。大部分 AR 头显厂商也应该会找到办法让自家产品的舒适度能接近 AR 眼镜的水平。

有趣的是，对于高端的 AR 头显，谁都不急于把价格降至广大消费者承担得起的水平。也许是因为生产成本过高，也许是因为设备功能并不符合广大消费者的期望，总之，目前各大高端 AR 头显制造商仍以满足于企业级用户的需要为主。

小贴士大用途

虽然 HoloLens、Magic Leap 和 Meta 2 在有些地方很相似（毕竟都是 AR 头显），但它们的目标市场、外形规格和硬件功能截然不同。由于它们都是 AR 头显，所以我们也经常会看到有人把它们放在一起讨论和对比。但实际上它们是完全不一样的，随着 AR 产品市场的日益成熟，相信过不了多久我们就能看到它们找到自己的细分市场，大家和睦共存，毫不为奇。

至于中低端移动型 AR 设备的未来，会非常有意思。ARKit 和 ARCore 可能会继续改进环境的探测能力，提高遮挡的处理水平。但大多数专家还是认为，AR 的终极形态将是头盔或眼镜这样的可穿戴设备，而不是手持式移动设备。Mira Prism 等设备也说明，既然中端的 AR 体验能用移动设备实现，自然也就可以做成可穿戴设备。另外，苹果公司应该有很强的意愿制造 AR 眼镜，但在硬件的世界，没有什么百分之百肯定。无论如何，看到高端的 AR 产品现在是什么样子，就不难想象下一代产品到底能不能实现巨大的飞跃，把我们直接带到"时尚、充满未来感的 AR 眼镜"世界，从此过上身临其境的日子。

不知道下一代的 iPhone 或 Android 设备会不会有能力驱动与英特尔的 Vaunt 或 Magic Leap 的 Lightpack 功能类似的简约版 AR 眼镜。毕竟，我们的手机已经是一台功能强大的计算机。毕竟，像 Magic Leap 这样的设备已经表明，消费者其实并不会因为被线缆束缚而感到困扰，只要该设备足够小，容易穿戴。正如 Alex Kipman 预测的，这样的情况也许会持续一两代，直到移动设备完全消失，彻底被 AR 头显取代那一天的到来。

第三部分 创作

本部分内容包括：

评估项目拟采用的技术是否合适；

探讨项目的规划方法（目标用户是谁；是否有设计原则和成功案例）；

学习内容创作的方法（如何捕捉现实世界的内容；如何使用开发工具）。

本章内容包括：

- 评估项目的技术需求；
- 判断 VR 技术是否适用自己的项目；
- 判断 AR 技术是否适用自己的项目。

第6章 项目评估

由于虚拟现实（VR）技术和增强现实（AR）技术很流行，这很容易让人们陷入误区，以为自己也迫切需要它们。这很容易理解，它们确实令人兴奋！但我们千万要记住，VR 和 AR 只是工具而已，如果用得对，则锦上添花；如果用得不对，则多此一举。

要使用户满意，目标和需求分析才是关键，VR 和 AR 也不例外。如果仅仅是因为“酷”就贸然采用它们，必然会失败。切记，一定要按照项目评估领域的通行做法来评估自己的项目需求，这样才能清楚 VR 和 AR 到底有没有用。

不开玩笑！危险

开发项目可以，千万不要让技术替我们做决定！技术，与我们如何满足用户需求其实没有太大关系。

评估项目的技术需求

在项目的技术路线明确之前，先问自己几个问题，认真思考一下究竟用什么技术能最快达成目标。这些问题，是任何项目在启动之前都应该先问的问题，无论是否使用 VR 和 AR。

对项目规划过程有帮助的问题很多，但在选择技术路线的时候，下面这些问题有助于减少争议，缩小范围。也许我们会发现根本没必要用 VR 和 AR，那也没关系！决定“不要”使用某种技术与决定“要”使用某种技术一样，都是深思熟虑后的选择。权力越大，责任就越大。选择技术路线也是一种责任，所以一定要清醒，千万不要被技术的炫酷外表迷惑了。

记住比较好

如果在回答完下述问题后认为 VR 或 AR 技术适合自己，那么一定要记住它们各自的优缺点。而且在现阶段，记住后者更为重要。现在让我们来分析这两种技术是否能完成任务，标准要高。当然也没必要深挖缺点，这些事可以等选好技术路线后再做。

项目的“电梯游说原则”的内容

“电梯游说原则”，即如何用最快的速度阐述目标和解决思路，意思是要以极富吸引力的方式简明扼要地向别人说清自己的想法（通常为 20 s 左右，即乘一次电梯所花的时间）。

“电梯游说原则”很有参考意义，让人很容易判断自己的项目构想能否激发其他人的兴趣，值不值得一试。如果我们不能在 20 s 之内让别人认可我们的想法，就说明它还不完善，也吸引不了目标人群的兴趣。遵循“电梯游说原则”是提炼想法的第一步，接下来，技术路线应该如何选择就顺理成章了。

小贴士大用途

根据“电梯游说原则”，我们一定要把事情的具体目标和解决思路说清楚。比如，人们通常最关心的“这事儿有什么好处”这个问题，回答时一定要一针见血，让人欲拒不能。

我们以制造业为例。假设我们经营着一座工厂，专门生产小部件。部分小部件的生产需要在复杂的机器上培训新员工，这里的机器指的是 WidgetMaker 5000（WidgetMaker 5000 支持多人同时操作，可以批量组织专业培训）。以前组织培训要么是用计算机模拟操作台（不在工厂车间里），要么就是师傅在机器上一对一地带学徒。

这两种培训方式各有自己的缺点，由于计算机模拟操作台“真实感”较差，会影响培训效果；而“老带新”是因为影响老员工自己的工作，人力成本太高，而且，承担培训任务的老员工风格不一样，也导致学徒学到的东西不一样。

所以，我们需要新的办法来提高学徒的培训效率。完善的培训机制应当既能让学徒学到操作机器的实际经验，又不影响老员工自己的工作。而且培训应该在车间里进行，所以我们需要一种可以“随意走动”的便携式解决方案。

出于这个目的，我们应当就各种解决办法认真展开分析，无论是不是高科技。什么办法能把问题解决好，就应该采用什么办法。

比如，如果用下面这句话来践行“电梯游说原则”，效果就比较差：

我的项目需要培训员工。

什么项目？未说清楚！所以很难判断项目到底是否可行。

而下面这句话效果就好多了：

我打算在工厂车间内组织员工开展 WidgetMaker 5000 操作培训。直接在机器上组织培训有利于学徒在实打实的操作环境中学会相关技能，也有利于把握培训效果。最重要的是，此项目不会因培训影响老员工自己的工作。

记住比较好

有效的“电梯游说”话语有利于我们更好地回答接下来的具体问题。所以我们要反复检查自己“电梯游说”的内容，确保其与计划目标一致。

大小目标分别是什么

明确大小目标有助于进一步阐明自己的项目，大目标用来说明要解决的问题和准备采用的方法。

上面这个例子的大目标包括：

- 让学徒在真正的机器上操作；
- 易于理解和掌握 WidgetMaker 5000 的操作技能；
- 老员工不必自己带学徒。

接下来我们根据大目标来制订具体的小目标：

- 拟定让学徒在受训期间实际操作机器的方法；
- 开发一款空手操作、自带提示的培训工具，同一批学徒可以一起完成整个培训课程；
- 制订检验培训效果的考核办法；
- 建立学徒可以反复参加培训的机制，确保掌握的知识和技能完全一致。

项目需要解决什么具体问题

在回答这个问题时，我们会发现，与传统方法相比，VR 和 AR 的选择实在太多。与传统的网站或移动 / 桌面应用程序不同，VR 和 AR 技术很年轻，利用它们开发应用的公司并不多，因此，不管是想法还是成品，多数都是独家之作。

但是，一个想法就算再独特，也并不见得一定要做出来，比如，利用 VR 技术制造“宠物摇滚模拟器”就是一个很独特的想法，但这个想法并没有什么实际意义。

很多针对 VR 和 AR 技术的想法其实用传统方法实现反而更好。所以，只有好好分析这些传统方法，看看它们的优点是什么、缺点有哪些，以及到底准备实现什么样的新想法，才有可能清楚自己打算做什么。

不开玩笑！危险

一项技术，不要因为自己最喜欢就一定要选它！分析项目时，每一种技术的优点都要研究到。而且如果使用传统方法可以更好地解决问题，用 VR 或 AR 来做就不一定合适。

还是上面的例子，有些小目标可以用传统的 2D 方法解决。而且确实有些工厂已经在利用 2D 视频或计算机程序训练学徒操作机器。

但就 WidgetMaker 5000 的操作培训而言，传统模式的效果确实不如 VR 或 AR。我们会发现传统的 2D 培训（此处指计算机模拟操作台）明显不如机器逼真。这种模式培训出来的学徒，发生的事故和产生的错误也比实机培训出来的学徒要多。很明显，这是因为 2D 模拟培训既无法再现工厂的复杂环境，又无法模仿机器的复杂操作。

综上所述，一定有一种方法可以让 WidgetMaker 5000 的培训更逼真，而这种方法才是最好的方法。从这个角度看，VR 和 AR 还是可以用的。因为 VR 可以把工厂环境和机器操作模拟出来，而 AR 可以在车间内直接把培训内容的画面叠加在机器上。在开始下一步之前，我们应该继续分析。

目标市场是谁

在分析一个项目是否适用 VR 或 AR 方案时，如果我们已经走到现在这一步，那么接下来要做的事就应该是明确自己的目标市场，进一步缩小路线选择的范围。

我们的目标市场是偏老旧还是偏年轻？客户是否精通技术？我们瞄准的市场是全局还是局部？客户是一定要经过培训后才能使用软件还是可以自学？

明确目标市场后，有些不太合适的方案就可以抛弃了，比如，如果目标是整个市场，那么在开发应用时就要把可能涉及的设备都囊括进去。因为给根本没多少人用的设备开发应用，的确没多大意义。

不开玩笑！危险

在界定自己的目标市场时，也要留意拟采用技术的普及程度。虽然 VR 和 AR 市场在逐步走向成熟，但对它们的普及率时刻保持关注总是好的。如果开发的应用需要让百万数量级的用户配备 AR 眼镜，那可不是当前市场的最佳选择。

以 WidgetMaker 5000 培训为例，并不是技术的普及程度越高越好。我们其实很清楚目标市场有多大：用户只不过是工厂内的学徒而已，产品公开发售的可能性微乎其微，完全就是针对一小部分人的量身定制。在这种情况下，我们完全可以为专门的硬件平台打造性能最佳的产品，无须考虑大多数消费者在市场上买得到的那些设备。而只针对专门设备，也就完全可以让我们在开发的过程中扬其长，避其短。

但如果我们的目标是更高的市场普及率，就必须考虑到各种各样的硬件类型，而且每种硬件的优缺点我们都应当烂熟于心。

最终用户应当有什么体验

如果到这一步还没想好选择哪种技术，那下面的问题应该有助于我们做出决定。VR 和 AR 在技术上虽有部分相似之处，但最终的用户体验是截然不同的。

我们是想构建完全身临其境的环境还是仅仅想“增强”现有的环境？我们是否需要与现实中的其他用户互动？我们是否需要把图像的逼真程度做到极致？整个体验是坐着进行还是站着？用户是否要能够随意走动？设备是否要做成便携式？设置过程是简单还是复杂？

还是以 WidgetMaker 5000 为例，按照要求，学徒不仅要能接触到各种各样的培训材料，还要与现实世界中的机器和其他学徒互动。所以必须采取便携式方案，方便学徒将其带到车间，也方便他们在机器四周随意走动。学徒在参加培训的时候还要空手操作，只用语音导航就可以按照提示完成操作。

在这一切都了然于心后，该选择何种技术路线就很清晰了。虽然 VR 可以模拟出一个车间来，但我们还是希望用户可以直接操作真正的机器，而且同一批学徒可不止一个人。另外，虽然 VR 技术也可以在体验过程中建立用户的虚拟形象，但使用 AR 技术明显更适合。与现实世界中的其他用户互动，用 AR 比 VR 更容易实现，而且 AR 还可以让学徒直接操作机器。

我们的结论是，AR 最适合 WidgetMaker 5000 这个例子。当然，也有很多情况 VR 更有优势（或者都没优势）。总而言之，技术路线的选择还是要看哪种技术对客户最有用。

记住比较好

在做出选择之前，请务必正确分析所有方案。有些时候，VR 最合适；有些时候，AR 更有用；而有些时候，两者都不行。

如果选择VR

通过营造全新的体验和环境，虚拟现实技术让用户完全沉浸其中，迄今为止，除了这种技术，也没有其他什么技术能让用户如此真实地感受新角色，历练新事物。本节我们会详细介绍 VR 技术的优缺点。

VR的优点

VR 技术的优点如下。

- 沉浸感。全封闭的 VR 设备可以使用户完全专注于应用，免受邮件、消息或其他外部事件的打扰。这种完全的沉浸感非常适合需要用户全神贯注的应用，如看视频、讲故事、玩游戏和上课。
- 穿越感。正如其名，虚拟现实技术可以为用户创造与现实一模一样的虚拟环境。AR 用户一般都知道所处的真实环境是什么样子，VR 用户则完全不知道。想没想过与 5 个朋友共处纽约的一间小公寓？想没想过住在豪宅里是什么感觉？想没想过坐在狭窄的教练机位上乘坐跨大西洋航班飞行？想没想过坐在空旷的影院里感受 70 英尺（1 英尺≈ 0.3048 米）的巨幕冲击？
- 真实感。VR 可以让用户拥有从未想象过的感觉，包括穿其他人的鞋子。用户之间的体验共享是 VR 独有的能力，也是其最大优势之一。
- 技术成熟度。自 2013 年利用 Oculus Rift DK1 推出首款消费级 VR 设备以来，VR 技术一直在不断发展。包括 Facebook、谷歌、微软和三星在内的众多科技巨擘都推出了自己的 VR 头显，有的只有一款，有的不止一款，而且今后只会越来越多。虽然随着苹果公司和谷歌公司分别推出 ARKit 和 ARCore，人们对 AR 的兴趣也开始增大，但在消费市场，VR 仍然处于领先地位。

VR的缺点

VR 的优点虽然多，但并不完美，下面是它的一些缺点。

- 与外界的互动能力有限。用户在 VR 世界中完全与外部世界隔离，在某些情况下这样很不切实际，而且房间模式的 VR 体验常常需要相当开阔的空间，否则会有撞上其他人或东西的危险。
- 缺乏足够的社交互动。VR 的体验过程的确栩栩如生，但同时也让人感到很孤单。由于 VR 营造的环境是如此真实，用户希望在其间能进行真正的社交互动也不奇怪。但很可惜，这种技术还没出现。大多数社交 VR 应用连目光接触都实现不了，也看不到别人脸上的真实表情，这样的社交体验当然非常尴尬，尽管人与人之间也不是完全没有互动，但实在算不上是真正的接触。

虽然 Facebook、Sansar 和 Pluto 等公司都在努力研究未来 VR 世界的人际交往问题，但一切才刚刚开始。社交问题，将是未来几年内 VR 和 AR 要着力解决的重大问题。

图 6-1 所示是用户在 Facebook 的社交应用 Facebook Spaces 中通过虚拟形象进行互动的屏幕截图。

- 成本和硬件。虽然有些应用既可以在 VR 头显内部运行，又可以在其他的设备上运行，如 YouTube 的全景视频，但是如果没有 VR 头显帮助我们从画面中去除“现实”，我们欣赏的就只不过是另外一个 2D 应用而已。所以，无论我们选择哪种 VR 风格，用户都需要依托某种硬件才能真正体验我们开发的 VR 应用。类似 Google Cardboard 这样的低成本硬件虽然已经大范围普及，但它们不支持高性能的 VR 应用。而高昂的硬件成本（包括 VR 硬件和必备的计算机）正是高端 VR 体验走向大众的障碍，甚至那些对 VR 有着浓厚兴趣的人也可能因预算问题推迟下手，除非降低价格，或者选择相对便宜的产品，更糟糕的是，他们可能会因此认为所有的 VR 都是这种情况。
- 无障碍体验。在营销术语中，所谓“无障碍”，意思就是不会给消费者带来额外的麻烦。而目前看来，VR 技术还远远做不到这一点。许多 VR 应用（高端尤甚）对体验条件是有特殊要求的，在现实世界中要有足够的空间用于移动，也要有足够强劲的外部硬件支撑 VR 软件的运行。由于玩转 VR 既需要花时间，又需要找场地，十分麻烦，用户不大可能愿意折腾。但是，具备内置式外侦型跟踪能力，完全独立运行的无线式第二代 VR 头显有望给我们带来更接近无障碍的 VR 体验。

- 大众市场。虽然业内正在努力推动 VR 大规模进入消费市场，但还远远达不到计算机或手机的普及水平。到目前为止，VR 头显仍然主要是先行者们的玩物，特别是高端产品。Facebook 和谷歌都希望推出经济实惠的中端第二代 VR 头显，从而改善目前的局面。但如果我们要开发的项目或产品需要的用户数量与目前的移动设备同样庞大，那可得记好了，现在的 VR 技术还达不到这一点。

图6-1 用户的虚拟影像在 Facebook Spaces中进行互动

如果选择AR

AR 的优点与 VR 的很多缺点刚好呈对应关系。AR 本来就不能脱离现实世界，所以很适合用在需同其他人或事物进行互动的场合。

由于这个原因，苹果公司首席执行官蒂姆·库克认为 AR 的前景将比 VR 更美好。2016 年，他在接受美国广播公司新闻频道（ABC News）采访时说："虚拟现实确实给人们带来了一种非常酷的沉浸式体验，但时间会证明它的商业价值并不高，对它感兴趣的人也不会多"。

库克对 AR 的商用前景很看好，他的这种看法是否准确还有待观察，但他对

VR 和 AR 有自身优点的看法完全正确。

AR的优点

AR 技术的优点如下。

- 社交和现实互动。拥有与现实世界中的人或物互动的能力是 AR 的核心优势。用数字元素增强现实世界确实拓展了后者的边界，再加上 AR 不会把用户与外部世界隔离起来，所以更易于在社交场合使用。无论是 AR 头显、AR 眼镜还是移动设备，用户与外部世界都是有联系的，与周围的人互动也很自然。AR 游戏《精灵宝可梦 Go》自发布以来，现实世界中的陌生人交易虚拟道具的事情屡见不鲜。真实与虚拟的融合，正是 AR 的强项。
- 近乎无障碍。可能是因为 AR 对现实世界的开放性，体验 AR 明显比 VR 更加无障碍，尤其是入门级的移动 AR。由于 AR 不会使用户脱离现实世界，所以体验它几乎就与在移动设备上启动 App 一样毫无困难。当然，Meta 2 和 HoloLens 等高端产品还是需要用户投入较多的时间的，甚至需要一个固定的位置（Meta 2 离不开计算机）。但总体而言，AR 面临的障碍确实比大多数 VR 要少。
- “移动型” AR 大都无须额外硬件。自 ARCore 和 ARKit 发布之后，数以百万计的用户口袋里就拥有了支持 AR 的设备，尽管它们支持的 AR 应用相当简单，但为我们开发应用开辟了一个庞大的消费市场。

AR的缺点

AR 同样有自身的缺点，让我们来快速了解一下。

- 技术成熟度。即使谷歌公司和苹果公司通过移动端成功把 AR 技术推到了前沿，但在技术成熟度方面，AR 仍然远远落后于 VR。技术的不成熟在很多方面都能体现出来，包括买不到、内容奇缺，以及潜在的未知问题。
- 大众市场。除移动端以外，AR 的消费市场几乎不存在。非移动端产品目前只有少数几家公司接近量产规模，但目前都只对开发人员和企业发售，没有面向消费者。

- 买不到。无论是高端、中端还是入门级的，都只有极少数公司在从事AR领域的研发，大部分设备要么仍处于测试阶段，要么就是只供应企业而面向消费者。所以，绝大部分人在一段时间内根本买不到AR设备（“移动型”除外）。对有些项目来说，这可能不是问题，无非就是根据项目需要调整一下对硬件的需求罢了，但对更多的项目来说，可能意味着无法启动。

  项目所需的设备能不能买得到是一个需要严肃对待的问题。如果我们打算开发移动端的AR应用，那么很好，什么问题都没有！但如果不是移动端呢？我们会发现，我们在市场上能做的事情确实极其有限。

- 内容奇缺。AR还没成熟，用户能体验的内容奇缺，尤其是高端领域。当然，内容的奇缺与AR的技术成熟度和硬件市场现状也息息相关。随着AR在技术上的不断成熟，以及越来越多的内容创作者开始涉足AR领域，相信AR与VR一样将会有更多更好的内容面世。但这一天尚未来临，而且恐怕要等到AR设备走进大众那一刻，内容创作的大幕才会真正拉开。

不开玩笑！危险

- 沉浸感有限。AR的优点同样也是缺点，尤其是移动端。AR的基本理念根植于与现实世界的互动能力。这个理念的好处很多，但代价是用户的体验可能会被打断。所以，如果项目需要完全彻底的人造现实，用户需要完全沉浸不容分心，那么AR技术并不适合。

- 未知数。说AR不成熟，那是因为未知数太多，而VR技术虽然也还是一个“未长大的孩子”，但至少有一张普遍认同的路线图指引着它的发展方向。尽管一家新公司凭借一款新硬件或新软件就能跟上甚至重塑整个产业，但VR的总体发展方向基本上已经确立。

  而AR，连预测发展方向的可能性都没有。苹果公司推出ARKit也好，谷歌公司拿出ARCore也罢，虽然对业内人士来说算不上什么完全意料不到的事情，但对消费市场而言确实是惊喜。苹果公司的AR眼镜依旧不为人知，而Magic Leap也才刚刚涉足AR领域，不管是这些公司的产品还是其他公司的，谁都有可能完全改变AR的发展路线。

  现阶段，开发AR项目就是拥抱未知，我们的项目也一样。对此，有些公司可能会觉得无所谓，也有些公司可能会深感不安。所以，在未知转变为已知那天来临之前，后者最好还是另寻他途。

本章内容包括：

- 全面考量自己的项目；
- 掌握 VR 的设计原则；
- 了解 VR 项目的成功案例。

第7章 虚拟现实项目规划

恭喜！咱们已经做了一个冒险的决定，准备为虚拟现实（VR）的消费者创作内容，而现在应该想想从哪里着手。在规划阶段，如果未能清楚地了解可能涉及的方方面面就贸然跳进去，可能会出现大问题。

本章针对的正是 VR 项目开发的“起步”阶段，我们会详细了解 VR 项目的整个规划过程，包括范围划定、目标人群、硬件支持和时间表。

另外，本章也会对部分设计原则做出解释，同时举几个优秀的案例，它们都是历经千锤百炼才锻造出来的宝贵财富，如果能融会贯通，那么可以帮我们节省大量的时间和金钱。

划定项目范围

如果在整个项目的规划过程中已经走到这一步，那么就说明 VR 确实适合我们。如果还不确定，那么就重新回到第 6 章，因为这可能是所有决定中最重要的一个。

任何项目的实施都有一系列标准步骤，包括明确目标、建立规范文档、制定预算和界定实施范围，等等。本章不会详细介绍这些内容，因为它们在 VR 项目中并不常用，有些步骤虽然对常规项目和 VR 项目都适用，但对后者有着独特的影响。如时间线，虽然任何项目都少不了它，但对 VR 而言有需要特别注意的地方。

项目规划很棘手，不管怎么选，都会给后面的工作带来一系列的影响，比如，VR 的类型会影响硬件的选择，硬件的类型又会影响目标人群的界定，不一而足。

小贴士大用途

所以我们需要清楚最重要的事情，然后就从这里开始。例如，如果沉浸感最重要，就意味着必须配备最高规格的硬件，目标市场也就很有限；而如果销量更重要，就先调查市场上哪些硬件的占有率最高，了解它们的功能和局限性，清楚它们能实现什么级别的沉浸感。

确定实施路线

在确定 VR 项目的实施路线（怎样做才能最好地满足项目需求）之前，需要先回答几个问题。这些问题涵盖了目标、用户、设计和开发等各个环节，如何回答非常重要。有时候我们会发现自己的答案相互矛盾，所以一定要解决好下面的问题。什么问题最重要，就优先解决什么问题（VR 头显市场开始爆发了吗？它们的沉浸效果如何？是不是只支持某一种平台？）。

记住比较好

到了这一步，就意味着我们已经走完了第 6 章中提到的步骤，可以开始总体上评估我们的项目需求。但如果还没到这一步，就应当把前面的步骤重新走一遍。

下面的问题能帮助我们确定项目的实施路线。

- **怎样才算成功？**虽然用户的需求和要求才是决策的最终依据，但建立自己的基线也很有用。您认为怎样才算成功？是指销量达到某个数字，是指用户的安装量达到某个基数，还是指可以在未经测试的新平台上运行？
- **需要实现何种程度的沉浸感或现实模拟水平？**只有清楚项目对沉浸程度的要求，才能明确相应的头显类型、开发周期和开发工具。具备高度沉浸感和真实感的多用户开放式实时 VR 游戏，需要庞大而专业的设计师和程序员团队，需要长长的项目时间表，需要高端 VR 头显的图形处理能力。而如果只是为了尽可能扩大公司内部 3D 视频的传播范围，那么对时间和其他方面的要求就低得多。

明确目标人群

在明确目标人群之前，我们需要做一点调查研究工作。有些问题很普遍，如给谁用？怎么用？目前有没有类似的应用？而有些问题会更有针对性，如目标用户是热衷探索的技术专家？还是一无所知的新手？除此之外，还需要明确自己瞄准的目标是设备类型多种多样的绝大多数用户，还是持有某种专门设备的少部分用户。

清楚目标人群的问题有助于在其他问题上做决定，比如，如果追求的是用户数量，就有必要了解市场上各种硬件目前的销量。了解之后会发现自己的目标实际上是移动型 VR 市场（三星 Gear VR、谷歌 Daydream 等），这个时候我们就可以决定为这些平台创作内容。相反，如果目标是高端玩家，那么移动端就可以放在一边了，我们需要开发的是“桌面型”应用或游戏，适合 Windows Mixed Reality、HTC Vive 和 Oculus Rift。

明确支持的硬件

VR 的选择确实很多，既有用移动设备欣赏 VR 画面的简单应用，又有超高分辨率的全尺寸游戏。那么我们到底应该怎样选择呢？让本章的内容来帮助我们决定，而接下来的内容正是从总体上把所有的可能都分析了一遍。

» **入门“移动型”**。能为入门级“移动型”VR 设备（如 Google Cardboard）创作的内容类型很有限，绝大多数 Cardboard 产品也只能用于观赏，而且受功能的制约，几乎没有互动能力。如果以这个市场为目标，那么我们的测试矩阵（Test Matrix，用来测试应用程序能否正常工作的设备种类）会非常庞大，因为 Cardboard 的用户可以说要多少有多少。

  当然好处也是有的，针对最低层次的需求开发应用，往往意味着移植到高端设备会比较容易。

  这个档次的硬件能支持的应用也比较简单，有几乎没有互动的 360° 全景视频，也有用印有自家品牌标志的设备向数量未知的用户推销自己的公司，仅此而已。瑞典的麦当劳餐厅就利用自己的“开心餐”餐盒设计了一种叫作“开心谷歌”（Happy Googles）的升级版餐盒，顾客用完餐之后可以把它组装成类似 Google Cardboard 的 VR 观看设备（如图 7-1 所示）。这种衍生产品比标准版餐盒多不了多少钱，却很能打动顾客的心。

  Google Cardboard 是很简陋，但成本也低，又不怕损坏，是某些情况下的极佳选择，如学校。

图7-1
瑞典麦当劳餐厅的“开心谷歌”组装说明

» **中端“移动型”**。尽管只有少数 Android 设备可以在 Google Daydream 或 Gear VR 上运行，但中端“移动型”VR 设备的市场渗透程度还是不错的。虽然目标用户少了一些，但至少有最起码的性能要求，而 Cardboard 可是完全谈不上性能的，而且目前也只有部分高端的移动设备能够兼容 Daydream 和 Gear VR。当然，用户基数小也就意味着需要测试的设备种类不多。另外，在 Daydream 上运行良好的应用通常可以很容易地移植到 Gear VR 中，反之亦然。

但请记住，“移动”本身就意味着以牺牲性能为代价，它们做不到高端“桌面型”设备能实现的沉浸水平。目前，这一代中端设备尚不具备 VR 世界中的身体移动能力（即房间模式），当然，下一代正在努力跨越这道障碍。除此之外，中端设备的屏幕刷新率和分辨率通常也比高端设备要低。

» **高端“桌面型”**。最高端的“桌面型”VR 体验的沉浸程度比“移动型”设备要强得多，大都支持房间模式，即身体可以在虚拟环境中移动，而且逼真程度也远远超过中低端设备。开发高端 VR 应用需要测试的硬件品类极为有限，所以无论是测试还是调试，工作量都少得多。

不利的因素主要是市场规模小，开发难度大。掌控高端设备需要更多的时间和更大的场地，对用户来说比移动端产品麻烦。另外，应用的移植也要困难得多，很多适用于高端设备的功能在中低端设备上根本不起作用，所以整个应用的概念可能需要重构，否则根本没法执行。

这一类 VR 应用的成功案例有高端游戏、高档娱乐应用，以及针对特定用户的教学应用。应该说大众消费市场上把沉浸感做到最极致的应用都在这里了，还有很多游戏、娱乐应用、定位程序和行业应用，也在利用现有的硬件设备努力打造高端体验。

小贴士大用途

不要以为最好的 VR 体验就一定属于高端。“桌面型” VR 的性能确实是个优势，但一款优秀的 VR 应用并不一定需要高性能，比如，在苹果公司的 App Store 和谷歌公司的 Play Store 上面有数以百万计的移动应用，如果它们都只能在性能强大的台式计算机上运行，怎么可能像现在这样普及。更重要的是，有很多移动 VR 应用完成处理器密集型工作（如实时视频流）其实毫无问题。

总之，无论是“移动型”还是“桌面型”，我们都能创作出优秀的 VR 应用，所以不要过于担心处理器的速度问题，还是要把注意力放在项目需求和功能上比较好。

设定时间表

虽然时间表对任何项目都很关键，但在现阶段，VR 的开发周期还很难预估。VR 技术很年轻，如果项目周期太长，则可能会为技术的进步带来麻烦。通俗地说，就是由于技术发展太快，9 个月前启动的尖端项目可能在上市的时候就落后了；也有可能新款的头显已经发布，旧款瞬间就过时了；或者新型的触觉硬件已经面世了；还有可能突然冒出一款新软件彻底改变 VR 内容的创作方式。

但也有值得庆幸的事情，这种疯狂的发展速度其实也使 VR 变得更容易预测，技术几乎每天都在进步，但大部分并不会给消费者造成直接影响，至少在一段时间内不会，因为大众消费品的制造、评估和发布是需要时间的。

小贴士大用途

预估项目时间表的时候，把即将上市的种种软硬件都考虑进去。在项目启动和完成之间发布的新设备可能都得支持，特别是与自己的目标市场直接相关的产品。例如，计划于 2018 年年底推出的 VR 项目就应该认真考虑可能会在同一时间推出的 Oculus Santa Cruz（或其他头戴式显示装置）会对自己的项目造成什么影响。

幸运的是，大厂家的新产品在上市之前总会有一些先兆。为规模庞大的消费人群开发硬件的公司通常会对外公布近期产品的上市时间表，有很多大品牌的 VR 厂家，如 Oculus 和 HTC，已经向消费者公布了未来 6～12 个月的产品计划。虽然这些计划的详细内容并不会披露，但至少有大致的路线图和时间表，让我们知道未来的发展方向。

不开玩笑！危险

VR 仍是一个新兴行业，可能某一天就有某个新东西突然出现。身处这种新兴行业，我们会发现大部分时间的工作仅仅是简单地跟上变化的步伐，这是工作中最令人开心，也最使人沮丧的事情。希望稳定，不喜欢折腾的人，还是远离 VR 比较好，或者要等尘埃落定那天再来。

VR的设计原则

“设计原则”这个术语，在这里指同一类型的项目中公认正确的一系列想法或理念。以二维设计的部分设计原则为例：设计工作应在网格上进行，利用可视的信息层次结构来引导用户首先获取最重要的信息。这些原则，或者称公认的标准，是经过多年的试验，改正了大量的错误之后才形成的，它们虽然可以颠覆，但只有在理由极为充分的情况下才会发生。

VR 太新了，新到我们仍在探索它的设计原则，而通常为了清楚哪些原则有效，我们需要先清楚哪些原则无效。随着 VR 圈子的日益增大，以及越来越多的消费级 VR 应用面世，我们期待的成功案例和行业标准最终都会出现，而现在，无论我们针对哪个平台，VR 设计都有一些公认的原则，下面将进行分析。

启动

刚刚进入某个 VR 场景时，人们通常需要时间来适应新的虚拟环境，所以开场画面要尽可能简洁，让用户能尽快适应和学会控制，也有助于他们熟悉整个应用。但无论是熟悉整个应用，还是进入主程序，都要等他们准备好之后再开始。

图 7-2 所示是游戏《工作模拟》(*Job Simulator*) 的启动界面。《工作模拟》的开场画面很干净，会让用户先完成一个简单的任务——学会控制，这样用户就有时间适应游戏环境和熟悉控制方法。

图7-2 《工作模拟》游戏的开场画面

关注用户的注意力

VR 的顺序感比传统的 2D 屏幕要差得多，因为既然是 VR，那就要让用户拥有观察和探索四周的自由，而自由，往往意味着集中用户的注意力会极为困难。在 2D 电影中，导演可以把用户的视线精确地定位到他想要的位置，而 3D 空间的导演根本不知道用户是想看主画面还是想看其他地方，我们不能强迫用户朝某个方向看——这可是最容易诱发晕眩的行为之一。

当然，还是有很多方法可以帮助我们集中用户的注意力：我们可以利用不太明显的 3D 声音引导用户前往相关区域；灯光也很有用，可以把希望用户注意的地方调亮，把不希望用户注意的地方调暗；还可以在应用中重置整个场景，让它们来匹配用户的方向。

最简单的解决办法当然是直接在应用中显示消息，让用户转身，该看什么就看什么。这个办法也适合在玩家四周只有少数跟踪器的房间模式 VR 游戏，毕竟在房间模式的 VR 体验中转身很容易，简单地显示一条消息也确实管用。游戏《机械重装》（*Robo Recall*）就采用了这种方法。发消息是有些直白，但确实能用来引导用户的注意力，如图 7-3 显示。

图7-3
《机械重装》在指导用户改变方向

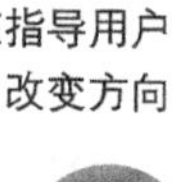

记住比较好

无论我们用哪种方式来引导用户的注意力，都要记住，在 VR 中用户必须有选择的自由，尽管这种自由可能会与我们希望他们做的事情发生冲突。所以，找到既能让用户保有选择权又能让用户集中注意力的方法，对一款设计精良的 VR 应用至关重要。

关于舒适区

在平面设计领域，用户界面（UI）受画布大小的限制，无论是浏览器的大小还是显示器的大小，总有一些东西在限制着我们的视界。但 VR 没有这种限制，突然之间，我们就拥有了 360° 的画布！用户界面无处不在！

在着手设计 360° 的界面元素之前，为了让我们的用户感觉舒服，最好还是先看看其他人的优秀作品是怎么设计的。转头角度过大、瞪大眼睛看字、挥舞手臂乱点，都会给用户带来糟糕的体验，也会让我们付出失去用户的代价。

三星研究院（Samsung Research）的 Alex Chu 在他名为《VR 设计：从 2D 到 3D 的设计模型》的演讲中介绍了大量的方法用来衡量物体距离用户最近、最佳和最远时分别应该是什么样子。在演示中，Chu 这样解释 3D 物体的最佳距离：我们的眼睛会盯着逐步靠拢的物体看，如果物体与脸部的距离缩短到只有 0.5 m 左右甚至更近，眼睛就会开始紧张。为了避免这种事情的发生，Oculus 建议至少保持 0.75 m 的最小距离。在这个最小距离和 10 m 之间是立体感最强烈的区域，距离 10 ～ 20 m 时，立体感开始消退，20 m 之后，基本就消失了。

所以，0.75 ～ 10 m 的区域就是我们的主要显示区域，太近，用户的眼睛会紧张；太远，用户就感觉不到 3D 效果。图 7-4（俯视图）形象地说明了这个原理。圆圈 A 表示舒适距离的下限——0.5 m，所以圆圈内应该避免布置任何内容；圆圈 B 表示最佳距离——0.75 ～ 10 m；立体感在 20 m 处消失（圆圈 C）。

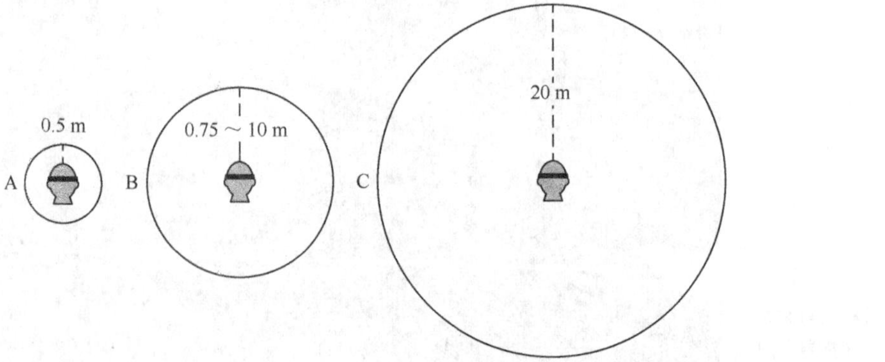

图7-4
VR的舒适观看距离

小贴士大用途

随着 VR 头显分辨率的提高，立体感的作用距离可能会越来越大，不像现在，20 m 开外就没了。就目前而言，20 m 仍然是创作内容时绕不开的标志性距离。

谷歌公司 VR 设计师 Mike Alger 在他名为《VR 界面设计的视效预览方法》的演讲中也分析了用户在水平和垂直两个方向转动头部时维持舒适感觉的角度范

围。Chu 和 Alger 都说，水平方向转动头部（摇头方向）30° 没有任何不适，但最多只能达到 55°。高端 VR 头显的视场角一般都有 100° 左右，这样就保证了用户舒舒服服观看主要内容的角度范围可以达到每侧 80° 左右，边缘内容达到每侧 105° 左右。所以，主要内容务必保证处于用户的摇头方向舒适区内。

图 7-5 用俯视图显示了这些值。

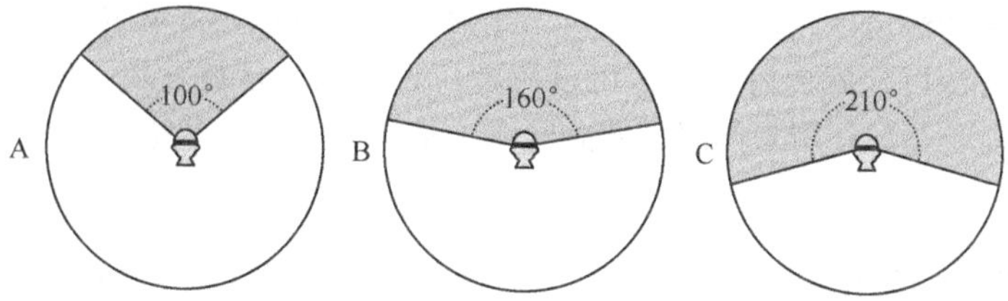

图7–5
水平转动头部的舒适区域

圆圈 A 是 VR 头显的平均水平视场角；圆圈 B 表示转动头部时可以保持舒适感觉的范围（头显的视场角加上两侧各 30° 的值）；圆圈 C 表示头部的最大转动角度（每侧 55°）加上头显的视场角，所以应该把主要内容放在圆圈 B 表示的舒适区域内。当然，随着 VR 头显视场角的改善，这些数值也会发生变化，边缘能看到的内容会更多。但有一种情况要提一下，大多数厂商并没打算改善即将上市的第二代设备的视场角，只有少数厂商例外，如 Pimax。当然，不管怎样，今后我们都可以用这个计算方法来界定自己的舒适观看区域。

同样，垂直方向的头部运动（点头方向）也有舒适区，大概是向上 20°（最大 60°），向下 12°（最大 40°）。

图 7-6 所示是垂直视场角的舒适运动范围。大多数 VR 头显都没有公布自己的垂直视场角。所以我们取 100° 作为平均数，用圆圈 A 表示；舒适区用圆圈 B 表示（头显的视场角已包含在内）。用户可以轻松地抬头（20°）、低头（12°）。圆圈 C 表示最大值，抬头为 60°，低头为 40°。

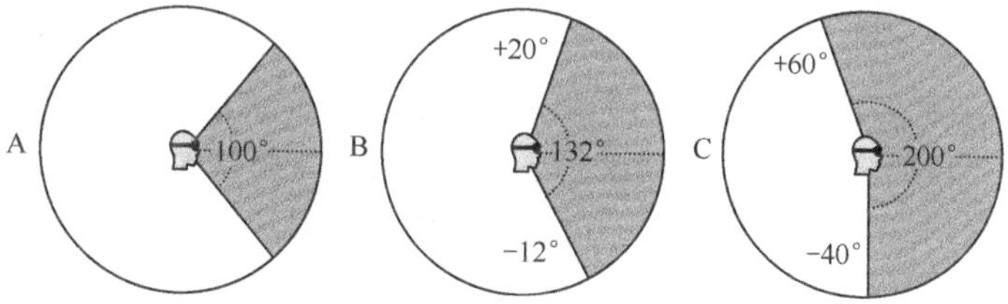

图7–6
垂直转动头部的舒适区域

小贴士大用途

左右摆头尽管也挺恼人，但真正令人痛苦的其实是长时间保持抬头或低头姿势。由于头显的垂直视场角通常不会对外公布，因此，这里只能取近似值，部分产品甚至可能还没这么大，如果一定需要用户抬头、低头，一定要把转动角度降到最低，这样才舒服。

有了前面的信息，我们现在可以给自己准备开发的应用明确有关内容布置的整套原则了。虽然内容可以放在我们喜欢的任何地方，但重要的内容应该放在视场角和舒适区距离之内，毕竟舒适区以外的区域不太容易看到。如果需要隐藏或者深度探索内容，那么可以考虑，只不过一旦被发现，就一定要把它移除，毕竟若是总让用户的眼睛感到紧张，他们就不愿意多待。

允许控制

VR 有一个基本原则，要让用户对四周的环境有控制感。在现实生活中，人们能够完全控制自己在环境中的动作和感觉，一旦“失控”，人的感觉和动作就会不同步。这种感觉与喝醉酒差不多，通常被称为“模拟器晕眩”（本章后面会讨论）。

不开玩笑！危险

要不惜一切代价避免产品引发“模拟器晕眩”，否则没人会买。我们一定要确保用户有控制感，他们在现实世界的动作一定要与虚拟环境同步。还有，绝对不要剥夺用户的控制权，如果用户没打算转身，就不要让他们转身。另外，在虚拟环境中千万不要旋转用户的视图，也不要重置用户的位置。实在需要重置的时候，建议先“淡出”到黑色背景，过一会儿再“淡入”新位置，这个办法虽然不是最好的，但至少不会让用户失去控制感（而且“淡出”动作还要由用户自己去做）。

移动问题

VR 世界中的移动问题尚未得到完美的解决。创造引人入胜的虚拟环境供人们探索本来能体现 VR 技术的强大，但如果人们在其中根本不能移动，那再引人入胜也没用。

只要我们的应用不是专门为坐姿设计，就要允许用户在体验过程中移动位置。我们当然可以用标准的传统办法（如摇杆）来解决 VR 世界中的移动问题，但这种办法容易让人产生恶心的感觉，因为它会产生加速感，反过来又引发“模拟器晕眩”，本章后面会详细讨论。

小贴士大用途

给 VR 应用加入移动功能之前，先问问自己打算如何利用移动功能增强用户的 VR 体验。不必要的移动会让用户迷失方向，所以，加入的移动功能一定要能改善用户的 VR 体验，提高产品的竞争力。

有很多应用采取的办法是把用户固定在某种机器或平台上，然后让平台而不是用户动起来，这种办法也确实可以减少“模拟器晕眩”的出现概率，特别是坐着的时候。

而房间模式的大型 VR 应用常常采用“传送”（穿越）的方式来实现远距离移动，用户盯着准备去的地方，然后目标上会出现某种图案表示选中，最后触发“传送”功能。

图 7-7 展示 Vive 用户如何在主场景中“传送”。要启动“传送”功能，先要按住触摸板，然后用户会看到目标上出现了一幅画面，这个时候用户就可以启动“传送”并前往新的地点了，当然，也可以放弃。

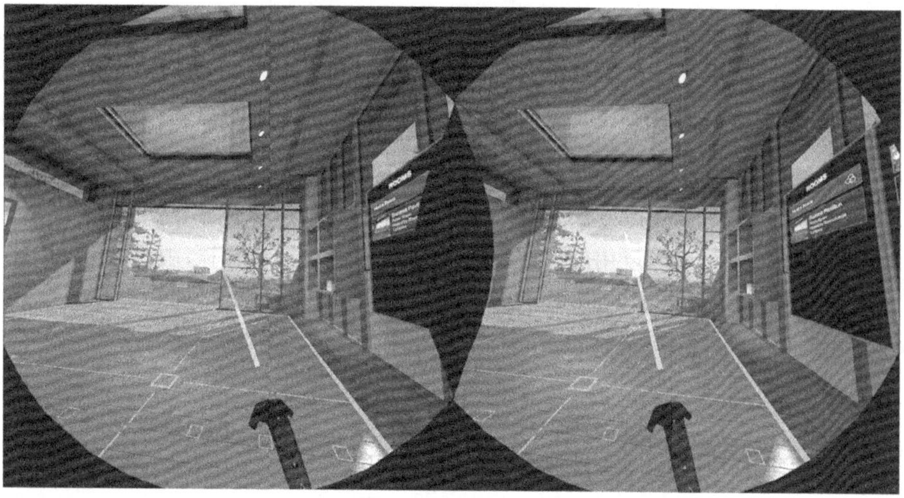

图7–7 HTC Vive主界面的“传送”画面

移动问题在很大程度上体现了 VR 技术的不断演进，我们需要进行大量的摸索才能找到最合适的移动方法，应用的开发人员也正在想方设法实现和改善移动的体验效果。在 Oculus Rift 游戏《机械重装》（*Robo Recall*）中，玩家可以在抵达传送位置后再选择面对的方向，不会被系统直接沿着视线方向送走。而在 Neat Corp 开发的游戏《预算削减》（*Budget Cuts*）中，玩家在“传送”之前能看到目的地周边的情形，避免了“传送”到新地点时经常出现的混乱现象。

“传送”，并非移动位置的唯一办法，也有很多应用采用了常规的“走路”方式。在虚拟环境中，平稳的移动和没有急加速的滑行可以在一定程度上保持常规移动方式具备的沉浸感，并将有可能触发“模拟器晕眩”的因素大幅减少。

业内也在探索在有限空间内实现位置移动的其他方法。基于扫视的重定向行走，是一种引导用户在有限的真实空间中走完巨大的虚拟场景，同时还能避开现实世界中的障碍的方法。利用扫视重定向技术，虚拟场景会以一种用户看不见的方式微微旋转，从而让用户根据数字场景的变化微微改变自己的步伐。比如，有了这种方法之后，用户以为自己在数字世界中走的是直线，但在真实世界中走的其实是曲线。

小贴士大用途

VR 世界的大范围移动是一个尚未彻底解决的问题。“传送”是用得很多，但也只是诸多解决办法中的一种，如果自己开发的应用需要用到移动功能，可以参考一下其他人的做法，看看哪种有用。

反馈

在现实世界中，人们的动作通常会得到某种形式（视觉或其他）的反馈。即使闭上眼睛，触摸热烘烘的火炉也能给我们带来灼烧感；接住扔过来的球，我们会感觉到球对手掌的冲击，还有球在手中的重量；甚至连像抓住门把手或用手指敲击计算机键盘这样简单的事情，也能给我们的神经系统提供触觉反馈。

虽然 VR 技术目前还没有能完全实现触觉反馈的方法（见第 2 章），但有一些还是可以用的。具备触觉反馈（通过控制器振动或类似的方式）功能的 VR 设备可以改善用户的沉浸感；声音同样可以用来通知用户执行某个操作（如当用户单击按钮时）。我们给图像加上声音和触觉提示，能让 VR 环境更加身临其境，也能在触发动作时让用户知道发生了什么事。

跟随用户的目光

掌握用户的视线焦点对 VR 互动很有必要，特别是在目前的头戴式显示器并不具备眼动跟踪功能的情况下。有很多 VR 应用依靠注视来选择菜单，而注视功能的实现需要依靠某种辅助视觉元素，如十字线（见第 2 章），来帮助用户定位目标。为了显眼，十字线与背景会有较大的区别，但是一点儿都不引人注目，不会把用户的注意力从界面的其他部分吸引开。十字线会给用户一定的提示，告诉用户环境中哪些元素可以互动。

图 7-8 所示是 PGA TOUR VR Live 用于进行选择的十字线。在没有运动控制器的情况下，十字线可以让用户看见自己的注视会引发什么互动。

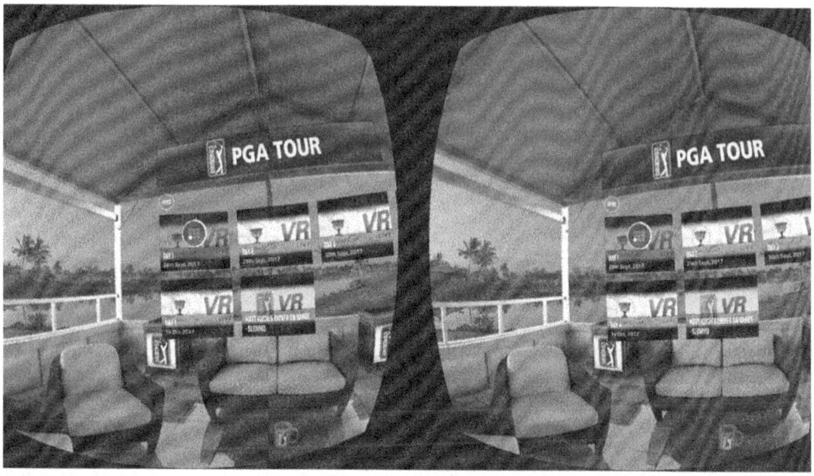

图7-8
PGA TOUR
VR Live中的
十字线

小贴士大用途

根据应用需要，可以在用户接近互动对象时才显示十字线，这样当用户把注意力放在无法互动的对象上时，不会受十字线的干扰。

当然也不是每个 VR 应用都需要十字线。如果 VR 配备了运动控制器，或者是要与够不着的物体互动时，一般都不用十字线，改用激光指针和光标。但是，只显示光标虽然也行，最好还是把控制器的虚拟模型和激光束一起显示出来，这样做有 3 个好处：第一，能让用户注意运动控制器和光标；第二，能让用户控制激光束的角度；第三，对于运动控制器如何影响激光束和光标的信号输入，能让用户获得实时反馈和直观感受。

图 7-9 所示是谷歌 Daydream 主菜单场景中使用的运动控制器和激光指针。

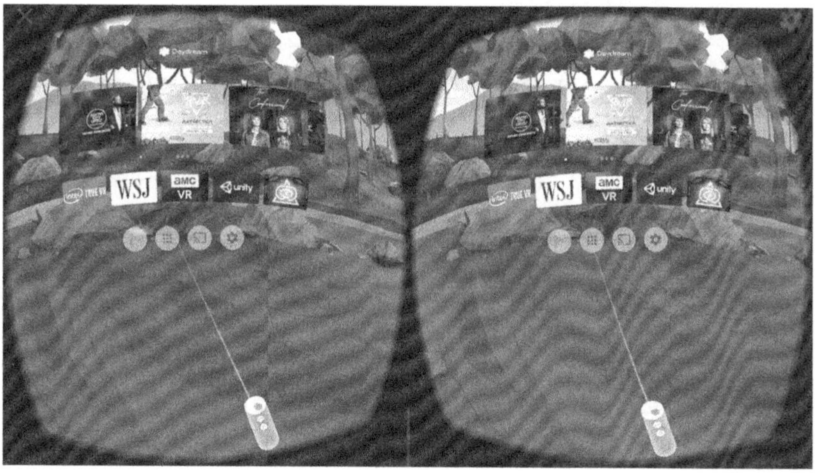

图7-9
Google
Daydream主
菜单场景中的
激光指针

避免“模拟器晕眩”

我们简单讨论过 VR 技术需要解决的最大问题——“模拟器晕眩”，这种晕眩是由于身体和眼睛在运动中的感受不一致而导致的恶心感觉。简言之，眼睛观察到身体在移动，而身体未移动，而且“模拟器晕眩”往往是用户放弃一款应用最大的原因。

有很多种方法可以避免“模拟器晕眩”。

- **保持帧率**。人们普遍认为，为防止“模拟器晕眩”，每秒 60 帧（FPS）的帧率是运行 VR 应用的最低要求，如果低于这个数字，一定要想办法解决。帧率重要到什么程度——即使降低其他地方的水准也在所不惜。
- **头部跟踪**。在 VR 的世界，所谓“头部跟踪”是指应用要不间断地跟随用户头部的动作，同时在虚拟环境中将其反映出来。头部在两个世界的动作是否协调一致，对避免引发“模拟器晕眩”至关重要，因为在跟踪动作的时候，哪怕是极其轻微的停顿也会诱发晕动病。
- **避免加速**。现实世界中的加速运动比匀速运动更能引起我们身体的注意。开着时速 65 英里（1 英里≈ 1.6093 千米）的汽车在高速公路上行驶，我们可能会觉得与坐在公园的长椅上没什么不同，但我们的身体绝对能感觉到从 0 加速到 65 英里时的差异。

  在现实生活中，无论是加速还是减速，我们的眼睛和身体都能感觉到。但在 VR 的世界，只有眼睛有感觉，而身体没有，这就会诱发“模拟器晕眩”，所以一定要避免在 VR 的世界里加减速，实在需要移动的时候，尽量保持匀速。
- **不要固定**。在用户的视野中，任何“固定”的图形都有可能带来恶心的感觉，VR 世界的所有物体都是 3D 的，不要像 2D 屏幕那样把它们固定在同一个位置。

更多需要考虑的情况

下面的例子可以用作解决颜色、声音和文字问题时的参考，它们都会影响我们的 VR 体验效果。

- **亮度和环境**。想象一下当我们离开黑暗中的剧院，走进阳光灿烂的户外时，会有什么感觉？刺眼的阳光会使我们遮住自己的眼睛，然后眯起眼睛去适应。在 VR 的世界，快速从黑暗场景切换到明亮场景也会引起同样的感觉，而且由于头上戴着头显，我们无法遮住眼睛，一瞬间由暗到亮会让我们无所适从。因此，在自己开发的应用中一定要避免这种情况的发生。

人们很难长时间盯着过于明亮的颜色和场景看，因为这样眼睛会很疲劳，所以在开发应用的时候，对场景和物体的颜色搭配一定要心里有数。

» **背景声音**。VR 应用应该是身临其境的。在现实生活中，声音是环境的重要组成部分，不管是大街上熙熙攘攘的人群声、办公室里源源不断的交谈声和机器声，还是黑暗洞穴里寂静的回声，我们仅靠声音信号就能够把环境描述出来。所以要记住，在 VR 体验中发挥作用的可不仅仅是与事件有关的声音（如触发互动的声音），还有背景声音。

» **文本输入和输出**。VR 用户的眼睛充斥着周边环境的视觉信息，在这种情况下如果还有大量的文字要看，用户一定感觉很崩溃了。所以不到万不得已的时候，不要使用大量的小字体文字，尽量选择大字体的简短文字。

VR 用户同样也很难输入大量的文本。VR 的文本输入问题也没有完全解决，如果我们的应用需要输入文本，那就需要好好考虑了。

社交体验

开发 VR 应用需要考虑的另一个核心问题是社交体验。个人计算机和移动设备的兴起以前所未有的方式推动了社交的发展，无论人们是身处同一房间还是相隔甚远，都能找到办法互相“连接”。玩游戏、协同工作、分享照片和视频，对互联的需求在软硬件领域催生出了大量的行业。VR 显然有能力创造全新的社交模式，但这些模式不会自己出现。

VR 是一种一个人的体验，可能会让我们感到非常孤独。由于 VR 头显的本质，大多数应用都把用户与房间里的其他人隔离开来，眼睛被镜头覆盖，耳朵被耳机塞住，我们无法与现实中的任何人交流，所以 VR 社交大都只能在 VR 世界里进行。

但是，像 Altspace VR、Rec Room 或 Pluto VR 这样的社交应用（在 VR 世界中互相见面、闲逛和玩游戏）也证明它们同样能给人带来愉快的体验。而混合型游戏，如《继续说话，没人爆炸》（一种合作游戏，一名戴着 VR 头显的玩家与同一个房间里一群不戴头显的玩家交流），也表明 VR 世界的社交活动可以打破常规。

图 7-10 所示是 VR 游戏《继续说话，没人爆炸》（*Keep Talking and Nobody Explodes*）的屏幕截图。佩戴 VR 头显的玩家是唯一能看到并拆除炸弹的人（右），但他需要不戴头显的玩家提供帮助。

图7–10 VR游戏《继续说话，没人爆炸》

规划 VR 应用时，可以考虑在社交体验方面加入自己的想法。仅凭支持多用户还不足以让我们的应用拥有难以抗拒的魅力，不应该让既有的社交形式束缚我们的思路，毕竟 VR 是一种全新的工具，有潜力创造出一种全新的社交模式。这对我们的应用意味着什么？给我们的应用加上社交元素对用户有什么好处？我们的应用又该如何实现这种想法？

VR 世界的社交体验，目前还没有什么成功案例可以参考，但就像 Facebook 一样，一旦谁“解决”了如何将 VR 技术用于社交的问题，谁就有可能在未来几年内改变社交的生态。

本章内容包括：

学会规划 AR 项目；

探索 AR 项目的设计原则；

了解 AR 项目的成功案例。

第8章 增强现实项目规划

增强现实（AR）技术问世虽然已有一段时间，但将它大规模推向消费市场才刚刚开始。这是涉猎 AR 市场的大好时代，既开放又创新！谁都不比谁快，大家都是新人。然而，这也意味着我们不会有太多的成功经验可以循照，但是确实有一些案例可以参考。我们可以通过分析 AR 技术和应用领域目前的一些研究工作，对相关标准和成功案例做一番了解。

本章的内容可以帮助我们规划自己的 AR 应用，也会列举一些很有参考价值的成功案例。但是，把它们当作参考就行，不要害怕尝试，毕竟，如何才能铸就一款卓越的 AR 应用要靠自己去发现。也许哪天我们就研究出一款出色的应用，也许付出很多努力最终什么用都没有，无论如何，不要害怕失败！在 AR 这样的新兴领域，知道什么有用与知道什么没用同样有价值。

划定项目范围

不开玩笑！危险

在开始规划 AR 项目之前，先回顾第 6 章中的内容，清楚 AR 到底适不适合自己，因为在完成这些步骤之后，你可能会发现 AR 并不是最佳选择。如果这样，就不必浪费时间和精力非要把方形的木桩塞进圆形的洞里了。

成功规划一个 AR 项目的步骤与规划传统项目有很多共同之处，与第 7 章中总结的步骤也很相似，以下内容源自第 7 章，同样也适用于 AR 项目。

明确支持的硬件

对任何技术类项目而言，明确支持哪种硬件（或软件）都至关重要，但是 AR 有自己的特殊之处，这个领域非常年轻，可供选择的余地有限。但选择有限其实是个优势：既然备选对象不多，那选择起来自然也就没那么困难。当然，项目的实施情况究竟如何，还是会受所选平台功能和性能的限制。

如果是面向大众消费群体的 AR 项目，恐怕只能选“移动型”AR 方案，如苹果公司的 ARKit 和谷歌公司的 ARCore。而 AR 头显和 AR 眼镜，目前面向的是企业级用户。

网络摄像头

在大众消费领域，基于网络摄像头或摄像机的 AR 体验已经出现很长时间了。早在 2009 年，《时尚先生》（*Esquire*）曾发布过一期含有 AR 内容，需要用网络摄像头才能观看的杂志，主题正是 AR 与小罗伯特 • 唐尼（Robert Downey, Jr.）。用网络摄像头对准杂志的封面和相关内页，屏幕上就会播放 AR 内容，给消费者带来额外的音频和视频体验。

人们对此褒贬不一。在那个时候，这绝对是一种创新，但在当时的技术条件下，效果也一定很尴尬。用户需要正确配置网络摄像头，要下载专门的 AR 软件，还要在计算机前面举起杂志的同时观察屏幕上的内容，过程太麻烦了，效果又不好，一切都很不值当。

虽然确实有利用消费级桌面硬件创作 AR 内容的工具，但与《时尚先生》的问题一样，用户端的体验效果不好。如果千辛万苦完成网络摄像头配置、文件下载以及触发标记设置等一系列任务，得到的只不过是差强人意的效果，用户很快就会失去兴趣。所以，若是你的 AR 应用需要大量的用户作为支撑，那么“移动型”方案可能最合适。

这叫技术支持

ARToolKit 是一套在桌面和移动设备上都可以构建特定类型 AR 体验的工具集，功能非常强大。它是奈良先端科学技术大学院大学（Nara Institute of Science and Technology）的加藤弘一（Hirokazu Kato）于 1999 年创建的，早先常被用于开发基于网络摄像头的 AR 应用，在被 DAQRI 收购后，这套工具集成为一个开源项目，目前仍然可以在 Windows、OS X、Android 和 iOS 等平台上使用。

利用网络摄像头体验 AR，如果用对地方，还是很有吸引力的。图 8-1 所示是乐高商店中使用的网络摄像头 AR 设备。乐高商店的顾客可以拿起任何一款盒子对准“乐高数字盒子”（LEGO Digital Box）的摄像头，接着，包装盒内乐高组件的虚拟 3D 模型和动画会通过屏幕显示在盒子上面，非常真实。尽管把盒子举到摄像头前面还是会有一丝莫名其妙的感觉，但这至少是为了提高消费者的购买欲，而且这样的场景是可控的，硬件也是预先准备好的，不会因为各种不可知因素导致网络摄像头的 AR 体验出问题。

图8-1
在乐高商店的“乐高数字盒子”上使用网络摄像头体验 AR

移动设备

“移动型” AR 方案的最大优点是移动设备的普及率。与大多数头戴式装置相比，移动设备操作起来更简单，而且用户早已熟悉自己的设备，基本上不需要教他们如何在自己的设备上使用 AR。

当然，“移动型” AR 方案也有缺点。移动设备的性能与“桌面型”和一体机相差甚远，而且移动设备数量庞大，开发应用的时候需要考量的设备类型太多。为了确保兼容性，我们需要针对大量的设备种类进行测试，但由于支持 AR 的移动设备种类仍在增加，绝对数量也实在过于庞大，所以实际上只需筛选出一定数量的样本进行测试即可，不必一一尝试。

记住比较好

移动设备上的 AR 体验就像是儿童单车的“辅助轮”，用户掌握之后会把它抛弃掉，真正投入 AR 的怀抱。虽然“移动型” AR 给我们打开了一扇通往 AR 世界的窗口，但它与想象中充满未来感的 AR 眼镜相差甚远，不但使用户手忙脚乱，而且一只手握着设备，另一只手笨拙导航，这种感觉实在难以言表。在能充当“辅助轮”的情况下，“移动型”AR 的消费人群现在仍会维持一个庞大的基数，但人们最终还是会选择更高级的产品。

由于导航方式笨手笨脚，“移动型”AR 在大多数情况下要么用于时间比较短的体验，要么用于中途可以休息的场景，完全不适合长时间连续使用。像《精灵宝可梦 Go》这样的游戏就是一个很好的例子。《精灵宝可梦 Go》并不是一款从头到尾全是 AR 内容的游戏，仅有少部分情节会利用 AR 技术增强用户的体验，所以用户的手臂在体验过程中能得到休息。

亚马逊的 AR 视图也是这样做的，AR 技术仅仅是用来增强主程序的体验。用户在移动设备上正常购物，只有在想查看商品具体是什么样子时，才会启动 AR 功能。

头显

如果项目不需要考虑最广大的消费人群，那么我们的选择范围可以扩大到 AR 头显（以及前面提到的网络摄像头）。可穿戴 AR 设备（包括 AR 头显、AR 眼镜和 AR 防护眼镜）很可能才是 AR 的未来，因此，现在就基于头显开展 AR 应用程序的评估和构建工作可以让公司在竞争中获得明显的优势。可穿戴 AR 设备的互动能力更强，也更有希望利用 AR 技术解决我们的问题。

但是对有些项目来说，AR 头显有明显的缺点。首先，它的大众消费市场还没有建立起来，也没有迹象表明什么时候会开始；其次，不确定消费者究竟会喜欢哪种类型的设备和体验，是有线外置式还是无线一体式，甚至现有的设备类型都无法赢得消费者的青睐，最终的赢家也有可能是目前还没问世的全新样式。

尽管如此，无论是 AR 头显还是 AR 眼镜，都有很成功的应用领域，只不过通常都是企业用户或者某种专门的市场。在目前这种条件下，除非能够直接指定要用的软硬件，否则不要为 AR 头显设计应用。

记住比较好

明确支持哪些硬件类型时，在做出选择之前务必要了解每种硬件的潜在缺点。成本、有线还是无线、移动能力、视场角、需不需要额外硬件，这些问题统统不能漏掉。

设定时间表

与 VR 项目一样（参见第 7 章），在构建 AR 项目时，我们必须认真考虑项目的时间表，如果时间跨度太长，AR 技术的进步很可能会迫使我们对项目实施做出调整。比如，如果打算花一年的时间为微软的 HoloLens 开发一款应用，就一定要认识到，一年的时间无论是软件还是硬件都有可能出现重大改进，甚至会有新产品问世，肯定会影响项目的实施；也有可能会出现新的混合现实头显；还有可能会出现新的应用开发系统。为了尽可能避免这样的局面，我们建议缩短项目时间表（如果可行），或者将项目分解成一个一个小任务，这样就算有新技术、新产品出现也无太大影响，不至于推翻整个项目。

记住比较好

AR 软硬件技术的进步其实是相当频繁的，即使身处其中，有时候也会觉得有些东西简直就是凭空冒出来的，但也不要被这样的局面吓到！在这个行业中，进步总是使人愉悦的。技术的进步完全可以用于我们的项目，特别是如果我们一直关注着这个行业，并且一直根据变化不断调整着自身项目的时候，开发 AR 应用一定要跟得上行业的最新发展，要能根据新技术、新产品不断调整完善自己的规划，这非常关键。跟得上变化意味着应用的开发可以动态做出调整，时时刻刻保持领先。

AR的设计原则

“设计原则”这个术语，在这里指同一类型的项目中公认正确的一系列想法或理念。这些原则往往是一个领域经历了多年的试验，改正了大量的错误之后才形成的。而一个研究领域越长久，就越有可能建立起一套简明的设计原则，人们知道什么有用，什么没用。

AR 的设计原则现在还在开发人员的锅里煮着呢，像这么年轻的领域，一时的成功绝对不等于一世的成功，所以我们才会在 AR 世界看到那么多跃跃欲试的人。有点像早期的互联网，没人说得准什么东西会打响。人们鼓励不断尝试，说不定哪天我们就会发现自己的开发方式会引领 AR 行业的方向，成为数百万人每天使用的标准！

这一切，最终会为 AR 研发铸就一套坚不可摧的标准。而与此同时，AR 技术也涌现出大量的实践模式，在我们的设计过程中，这些模式都很有指导意义。

启动

AR 对很多人来说都还是个新事物。人们对计算机、游戏机和手机都比较熟悉，无论什么新程序，基本上无须指导就能掌握，但 AR 应用大不一样。我们不能什么都不交待就直接把用户扔到 AR 应用中去，要知道这可能是它的第一次。

所以一定要在首次启动时用非常清晰而明确的提示指导用户使用应用程序，也不要急着开启比较复杂的功能，等用户熟悉了简单操作之后再进行最好。

为了在现实世界的画面中放置数字全息图像，很多 AR 应用会分析用户四周的环境，利用 AR 设备的摄像头四处查看并对采集的数据进行计算，然后再确定全息图像的位置。定位过程是需要时间的（移动设备尤甚），为了缩短时间，AR 应用一般也会鼓励用户拿着设备四处探索。

为了避免用户在绘制过程中怀疑应用程序卡死，一定要给出一条表示“正在进行”的提示，如有可能，最好能邀请用户探索周围环境或者帮助应用找一个地方放置 AR 内容。通过屏幕向用户显示消息并指导用户查看周围环境就很好。图 8-2 所示是 iOS 游戏《堆积木 AR》（*Stack AR*）的屏幕截图，显示正在指导用户在环境中移动设备。

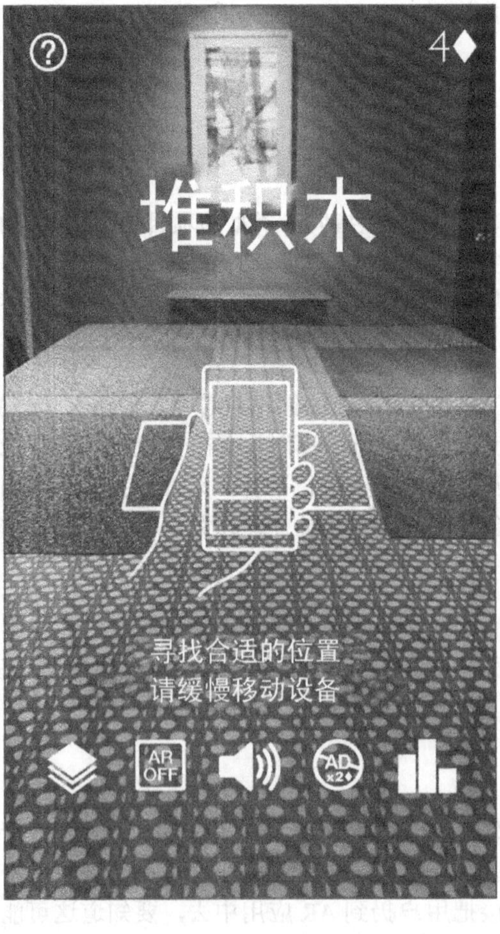

图8-2 《堆积木 AR》指导用户在环境四周移动摄像机

这叫技术支持

大多数 AR 应用都是通过一种名为“同步定位与建图”（SLAM，Simultaneous Localization and Mapping）的计算过程来绘制现实世界，这个过程既要绘制和修正未知环境的地图，又要跟踪用户在环境中的位置。

如果应用需要用户在现实世界中四处移动，一定不要着急，要给他足够的时间来适应已经建立的 AR 世界。用户第一次移动的时候，利用箭头或文本标注指引用户移动到特定区域或是仔细查看全息图像，这不失为一个很好的办法。

与 VR 应用一样，AR 应用的平稳运行对保持全息图像的沉浸感非常重要，所以应该保持每秒 60 帧的帧率不变。这就意味着应用一定要尽可能地优化，因为图形、动画、脚本和 3D 模型都有可能影响帧率。比如，在保证 3D 模型质量尽量高的同时，尽量减少构成模型的多边形数目。

这叫技术支持

3D 模型是由多边形组成的，一般来说，多边形的数目越多，模型就越平整、越逼真。如果多边形的数目太少，模型看起来就会像个不够逼真的“几何块”。构建 3D 模型时，如何在加强逼真效果和控制多边形数量之间取得平衡，是诸多游戏设计师孜孜不倦的艺术追求。因为构成模型的多边形数目越少，模型的性能就会越好。

图 8-3 所示是多边形构成的三维球体，一个数目多，一个数目少。注意两者之间的平整度差异。

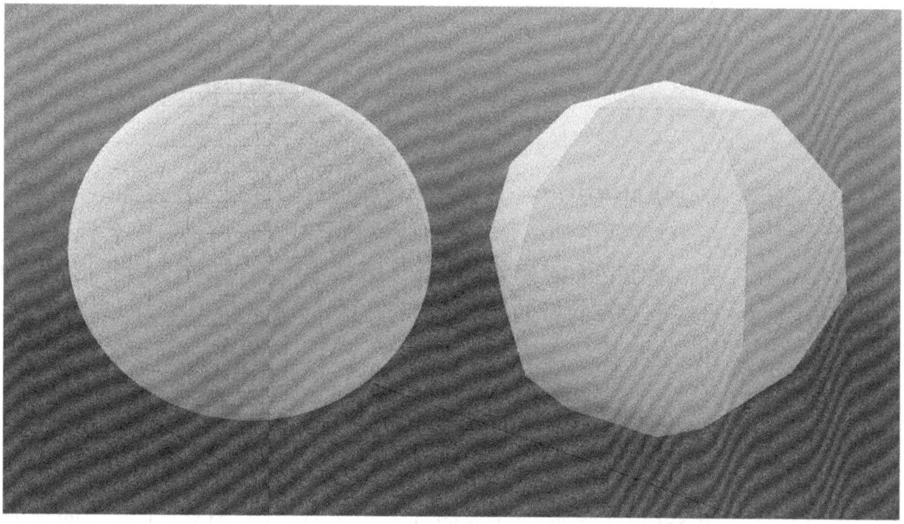

图8-3
由不同数目的多边形构成的球体模型对比

同样，应用程序中使用的纹理（或图像）也要优化，图像尺寸过大会严重影响应用的性能，所以一定要确保图像足够小，而且图像本身也要优化。另外，AR 软件自身也会消耗处理器的大量计算资源，总而言之，无论是模型、图形，还是脚本、动画，优化得越好，帧率就越高。

环境问题

AR 是现实和虚拟两个世界的融合。不好的一方面是，这意味着在 AR 的世界里我们不得不放弃对背景环境（即应用的运行环境）的控制，而 VR 则大不一样，在 VR 的世界里，我们可以控制环境的方方面面。这个问题很难解决，所以一定要把那些可能会在不可预测的情况下出现的所有问题都考虑到。

照明在 AR 体验中扮演着重要的角色，由于用户的环境本质上就是 AR 模型所处的世界，所以两者之间的协调非常重要。对于大多数 AR 应用而言，环境保持中等亮度效果最好，太亮的房间（如受到阳光的直射）不仅会增加跟踪难度，在部分 AR 设备上还会使显示失真；太暗的房间也会增加 AR 的跟踪难度，还可能导致 AR 头显图像对比度的下降。现售的 AR 头显（如 Meta 2 和 HoloLens）大都利用投影技术把数字全息图像以半透明的形式投射在真实世界，真实世界中的物体不会完全看不清楚。

与数字全息图像有关的一切问题都是 AR 需要考虑的问题。因此，大多数 AR 应用都是建立在用户能够在实际空间中随意移动的基础上的。但有时候我们的应用可能会被用于用户根本无法移动的场景中，所以一定要好好研究一下应用的用途，确保自己已经充分考虑过这个问题的严重性，而且要尽量把互动操作设计在用户触手可及的范围内，万一需要与超出这个范围的全息图像互动，事先一定要准备好方法。

在现实世界中，我们观察物体是通过深度暗示实现的，否则我们无法判断物体在 3D 空间中的位置，但 AR 物体只是图形而已，要么投射在真实世界的前端，要么叠加在实时视频的顶部。所以要为图形创造深度，这样用户才能看得出全息图像在空间中的位置，至于如何让全息图像在 3D 空间中呈现出遮挡、照明和阴影效果，需要认真研究。

这叫技术支持

在计算机图形学中，遮挡通常是指在 3D 空间中离用户较远的物体会被较近的物体部分或全部挡住的现象，遮挡可以帮助用户判断物体在 3D 空间中的位置。

图 8-4 所示是遮挡（前面的立方体有一部分挡住了后面的立方体）、光照和阴影效果的例子。遮挡、光照和阴影效果带来的深度暗示，会让用户觉得全息图像确实“存在”于实际空间，而不仅仅是虚拟世界中。

图8-4
现实世界中的
3D全息立方体

关于舒适区

懂得如何让用户在互动的过程中感到舒服是一件很重要的事，尤其是与工作有关的 AR 应用，同时我们也应该知道，头戴式和“移动型”AR 设备的舒适区是不同的。

头戴式的 AR 体验与 VR 大同小异。第 7 章介绍过，如果一定需要用户转动头部，那么要尽量减小转动角度。谷歌 VR 设计师 Mike Alger 以及三星研究院的 Alex Chu 都宣称，水平方向转头 30° 没有任何不适，但最多只能达到 55°；垂直方向抬头 20° 没问题，最多 60°，低头则是 12° 左右，最多 40°。

给头戴式 AR 划定舒适区时，也要好好考虑我们如何做好应用：是需要手部跟踪或手势动作这样的直接互动，还是用控制器或触摸板点一点就可以了？如果是前者，舒适度就很重要了，尤其是当应用还有更多用途的时候，而随着越来越多的 AR 应用走进实用领域，这事儿也变得越来越重要。

这叫技术支持

Dennis Ankrum 发表过一篇关于办公室人体工程学的报告，对涉及互动的坐姿式 AR 极具参考意义，特别是在 AR 应用结合（或替代）传统计算机手段的场合。Ankrum 认为，25 英寸的眼屏距离可以适合大多数人，当然，能大一些更好；而屏幕的最佳位置的角度是人眼水平向下 15° ～ 25°，这是坐姿式 AR 体验的小“舒适区”。

Meta 公司也完成了类似的研究，无论是站姿还是坐姿体验，也都得到了相似的实验结果。“理想的内容显示区”应该能同时满足 3 点要求：一是头显要能侦测到手部动作；二是头显本身的视场要足够；三是要使用户的视角舒服。虽然不同厂商的头显之间的制作方法略有不同，但大都认同人体工程学的舒适原则。

图 8-5 所示是 Meta 2 视场内的最佳显示区域。Meta 2 采用的手部跟踪技术具备 68° 的侦测范围，最优距离为 0.35 ～ 0.55 m，再加上头显 40° 的垂直视场角，这个显示区就非常理想了，无论是观看还是触碰，都很舒服。

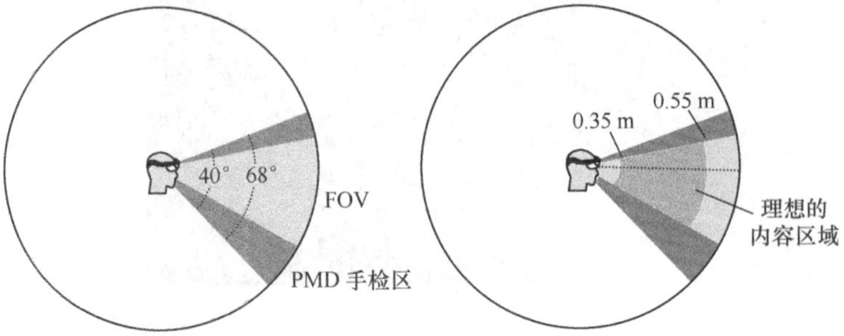

图8–5 Meta 2体验中的理想内容显示区

无论是现在还是未来，不同产品的舒适区是不一样的，但是都要划定舒适区。开发应用时一定要认真分析用户的动作多不多，互动是否频繁，更不要忘记考虑设备的舒适区，要尽量减少用户颈部的转动和其他不必要的动作。在 AR 体验中，第一次“打开”虚拟灯泡的感觉可能会很新奇，但如果反复做这个动作，很快就会变得单调乏味。

小贴士大用途

“移动型”AR 设备的舒适区与头戴式 AR 设备很不一样。体验移动 AR 时，用户需要将设备举到眼前并保持一定的距离和角度，这样才能看到 AR 内容。以这种姿势举着设备会感觉非常费力，所以要想办法减轻用户的不适，而如果确实需要用户做很多动作或是长时间拿着设备，就一定要有休息时间让用户放松手臂。

同物体互动

与大多数 VR 利用运动控制器不同，大多数头戴式 AR 设备都采用注视控制加手部跟踪技术来互动。AR 头显通常使用注视导航技术来跟踪用户寻找东西时的视线，一旦成功定位目标，用户就可以通过手势与之互动。

因此，开发 AR 应用时既要保证用户的手部处于头显可以识别的范围内，又要兼容不同头显的不同预设手势，让用户知道手势识别的作用范围（手势靠近范围的边界时还要通知用户）可以带来更好的体验效果。

鉴于绝大多数人从未用过这种互动方式，所以自然是越简单越好。对我们的应用而言，大多数用户届时肯定已经在学习如何在 AR 中互动，并掌握所购设备的各种手势（因为通用的 AR 手势标准尚未确立）。大多数具备手部跟踪技术的 AR 头显都支持标准的常用手势，所以要尽量使用它们，避免给用户增加太多的学习负担。

图 8-6 所示是 HoloLens 的两个常用手势：Air Tap（A）和 Bloom（B）。Air Tap 类似于 2D 显示屏的单击鼠标，用户可以伸出手指向下按进行选取，也可以单击正盯着看的物品；Bloom 手势则是将用户送回“开始”菜单的通用手势：合拢指尖，然后张开。

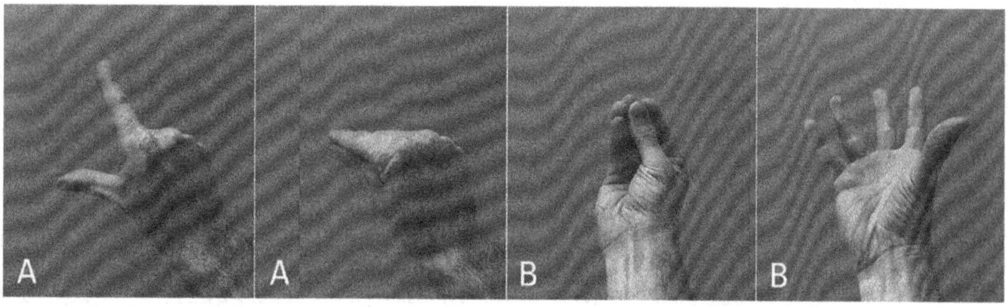

图8–6
微软的Air Tap和Bloom手势演示

在现实世界中，我们用手拿起东西是有触感的，手上也能感觉到东西的重量，但在虚拟世界中，用手拿起全息图像不可能有这种感觉，所以很有必要用其他方式让用户知晓数字全息图像的状态。

物体或环境的状态变化一定要向用户做出提示，尤其是在放置数字全息图像或是与之互动的时候。例如，如果用户需要在 3D 空间中放置数字全息图像，利用看得见的标识可以帮助用户清楚数字全息图放哪儿。如果用户可以与场景中的某个物体互动，我们可能会希望物体上方有看得见的标识，在用户靠近它的时候能给予提醒。如果用户正在从众多物体中进行挑选，一定要突出显示选中的那个，同时用声音予以提示。

图 8-7 所示是 Meta 2 向用户显示反馈的方式。当靠近可互动对象（A）时，一

个带环的圆圈会出现在用户的手背上；当手握成拳头时，圆环会变小（B）并靠近中心圆；圆环碰到圆圈表示抓取成功（C）；如果手靠近感应器的作用边缘，则会被检测到，还有红色指示灯和警告信息（D）。

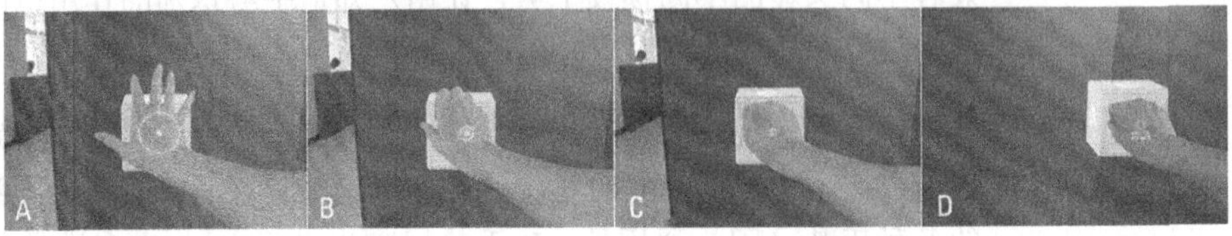

图8–7
Meta 2拖动操作的屏幕截图

移动设备的互动

AR 的设计原则有很多既可用于 AR 头显，又可用于“移动型”AR，但两者的互动功能有很大的区别，而且由于形态不同，互动的规则也不一样。

互动方式要简单，放置物体或与之互动时要有反馈，这两条规则是两者都适用的。但大多数移动设备用户是通过设备触摸屏上的手势互动的，不可能直接触碰 3D 物体或在 3D 空间使用手势。

这叫技术支持

包括 ManoMotion 在内的很多库都有 3D 手势跟踪和手势识别功能，用于控制“移动型”AR 应用中的全息图像。根据应用的需要，这些库很值得研究。但请记住，用户在体验过程中很可能是用单手拿着移动设备，要是这个时候他把另一只手放到后置摄像头前面，会很麻烦。

用户应该都知道单指点击、拖动，双指缩放和旋转等手势的意思，只不过他们对此的认识还停留在二维屏幕上，而不是三维世界中。放好全息图像之后，可以考虑让它只能沿两个维度移动，也就是只能在所处的平面上滑动，而旋转，也可以考虑只能沿单轴进行。因为不管是移动还是旋转，如果 3 个维度（轴）全部放开，用户绝对会感到眩晕，出错在所难免。

在图 8-8 中，我们看到有一个立方体被放置在一个平面上。不要让用户上下移动物体（沿 Y 轴），沿 X 轴和 Z 轴移动足矣；旋转物体的时候，只绕 Y 轴转最好。总之，锁定移动方向可以避免用户把物体移动得乱七八糟。另外，对用户来说，在真实世界中准确放置虚拟物体是很困难的，一旦放错了位置，我们还希望能“撤销”相关操作。

大多数移动设备都支持屏幕上的“缩放”操作，但无论是现实世界还是虚拟世界，人们在空间的位置都是固定的，所以并不需要“缩放”手势。

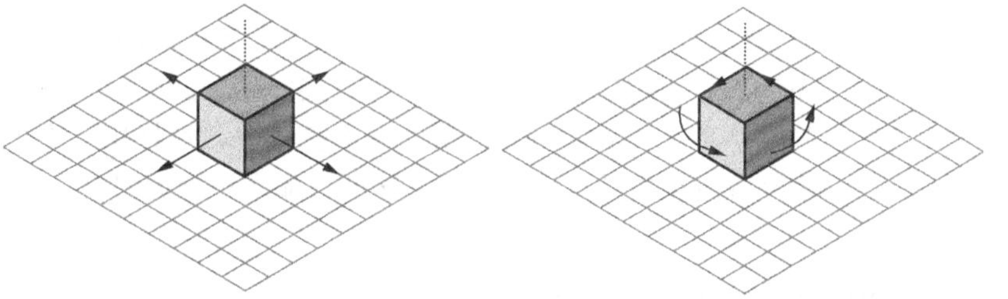

图8-8 锁定AR全息图像的移动和旋转

同样，人们也没必要在 AR 世界中缩放某个物体。两指缩放手势在移动设备上很常用，可在 AR 世界里没什么意义。在 AR 的世界，3D 模型的大小一般都是固定的，它们的大小取决于其距离 AR 设备有多远。如果想通过缩放使某个物体变近，实际上会使它变大，这可不是我们的本意。所以，如果真要在 AR 世界里使用缩放功能，请三思。

语音互动

部分 AR 设备也支持语音互动。虽然大多数 AR 头显主要通过注视和手势功能来实现交互功能，但也有一些是有语音功能的，我们需要全盘考虑，使它们协同工作。利用语音控制功能，我们可以很方便地控制应用程序，而且随着处理能力的指数级增长，预计语音控制将在 AR 头显上大放异彩。

开发语音命令时需要记住以下几点。

- **使用简单的命令**。简单的命令有利于避免方言和口音问题，还可以缩短训练时间。举个例子，“更多内容”比“请向我提供与选定项目相关的进一步的内容”更好。
- **确保语音命令可以撤销**。有时旁边人的声音会被捕捉到，不小心触发语音互动功能，一旦发生这种事，一定要能撤销。
- **不要用近音词**。为了防止触发不正确的动作，不要用声音相近但意思相差很远的词来作为语音命令。例如，如果用“更多内容”这条语音命令来执行某个具体操作（如显示更多的文本），那么自始至终都应该是同一个意思，同时要避免有听起来差不多的词。如“打开文本”和“打开文档”就很可能会被听错。
- **绕开系统命令**。千万不要把系统保留的语音命令另作他用。如果 AR 设备保留了“主屏幕”之类的命令，不要重新定义该命令让它执行不同的操作。

» **具备反馈功能**。其他互动方式如何反馈，语音就如何反馈。以语音命令为例，应用程序听懂命令之后一定要有所反应。有一种方法很简单，就是在屏幕上把系统听懂的语音命令打出来，这样用户不仅能知道自己的命令有没有生效，还可以根据需要对命令进行调整。

探索用户界面模式

AR 用户界面的设计仍处于百花齐放的时代，并没有太多现成的成功案例可以参考。而且 AR 有着全新的形态，与人们已经习惯的 2D 屏幕很不一样，它的整个界面的设计模式都需要重新考虑。

在 2D 的计算机世界，布局是平面的，窗口和菜单都是 2D 的，而 AR 拥有 3D 空间可以利用。设计 AR 的用户界面可以充分利用空间并围绕用户布置界面上的工具和内容，不像现在的计算机屏幕那样受制于窗口的大小。而且，用户自己也可以使用 3D 空间来存放东西，不像 2D 界面一般是用文件夹或目录来层层隐藏或嵌套，在这方面，AR 很优雅。

不要将菜单隐藏在其他物体中，而要懂得充分利用周围的环境。2D 屏幕使用隐藏菜单通常是因为受空间的限制，或者是设计师觉得内容太多，用户无法消化。如果在 3D 世界中遇上后面这种情况，也可以考虑在 3D 空间中对条目进行分组。

小贴士大用途

不要在菜单中层层嵌套内容，而要尽量缩小内容的尺寸，优化用户周围的空间，占用大量空间的内容都可以缩小显示，需要互动时再放大。

当然，这并不意味着永远不需要隐藏和嵌套，就算在 AR 的世界，它们还是有一席之地的，只不过如果真有这样的需求，尽量将嵌套的级别控制在最小就好了。

在传统的 2D 用户界面中，嵌套的内容大都是固定的，而在传统的计算机上，用户也完全习惯于单击 4 层目录来找到一个文件。但是，多层目录还是会使人感到困惑，尤其是在 AR 的 3D 环境中，这样做一定会使用户很困惑。嵌套少一点儿，访问容易一点儿，用户才能更快找到自己想要的东西。

不开玩笑！危险

在 AR 的世界里，要尽量少用扩展菜单和隐藏菜单，它们在 2D 屏幕上运行得很好，但不适合 3D 世界。这是因为扩展菜单和隐藏菜单会在某种程度上增加操作的复杂性，应该尽力避免。

我们已经习惯了计算机界面中的图标和抽象的 2D 图形，更多的功能常常隐藏在这些图标的后面。然而 AR 的世界有太多太多的新东西要学，所以不要在 AR 应用中自建新的 2D 图标系统，否则用户就会被迫去猜、去学我们建的这个与他们毫无关系的系统。

小贴士大用途

3D 空间中的工具要用一目了然的 3D 物体来表示，不要用抽象的图标或按钮。到画桌上或是艺术工作室中去寻找灵感吧，在那些地方，我们可以看到其他人是怎样在真实环境中摆放 3D 物体的，这对 AR 用户界面的设计很有借鉴意义。

最后，让用户按照自己的意愿和喜好来管理自己的空间，就像他在家里或工作中组织他的桌面或工作区一样，这样才会让他觉得使用我们开发的系统很舒服。

理解文本

当开发 AR 应用时，要认真考虑文本的可读长度，并在尽可能多的硬件平台和尽可能广的环境条件下做测试和调整。我们无法知道我们的应用会在怎样的环境中运行——会不会是在晚上很黑的地方？会不会是在中午太亮的房间里？所以为了确保文本能看清楚，可以把它们放置在颜色对比明显的背景上。

在图 8-9 中，左图的可读性比较差，右图利用了背景色，可读性要好得多。

图8-9
未知环境下的文本可读性解决方案

作者：Jeremy Bishop，照片曾在Unsplash上发表。

文本的大小和字体也会影响其可读性。一般来说，只要可能，标题和文本都应该尽量短。但许多 AR 应用都有实际用途，有时确实需要使用大量的文本块，所以设计师必须找到一种方法来管理 AR 中的长格式文本。文本的字体要足够大，让用户能够轻松阅读（Meta 建议，当文本距用户眼睛 0.5 m 时，字体的高度最小为 1 cm）。也不要用过于复杂的书法字体，尽量用简单的衬线体或无衬线体；还有，文本的列宽最好也要窄一点。

这叫技术支持

快速连续视觉呈现技术（RSVP，Rapid Serial Visual Presentation）中的速读技术，就是每次只向用户显示一个单词。经实践检验，与一次显示大块内容相比，这种技术是解决在 AR 中使用大文本块的极佳方法，每个单词都更大、更容易识别。

不管是消息还是指令，文本都应该尽量使用大多数人都能理解的话语，不用专业术语。“物体找不到地方放置，请慢慢移动手机”要比“平面检测故障，请重新检测平面”更好。

测试、测试、再测试

关于怎样判断 AR 互动方式的优劣，现在还没有明确的方法。所以，凡是能用上的方式都要尽量考虑到，而且只要条件具备，就多做测试。参与测试的用户也尽量多一点儿，有助于厘清工作中的优势和劣势。测试时，普通用户应该知道多少，测试用户就应该知道多少，这样可以避免测试用户在使用过程中受到开发人员的无意“指导”，从而使测试结果更精确。

从小处着手

如果是第一次开发 AR 应用程序，那么尽可能从小处着手。与其开发一个完整的应用程序，不如考虑开发一个小模块，但是要把它当作是完整的应用程序来对待。比如，一套完整的 AR 购物应用包括用户资料、服装选择、在线购买等模块，那么我们就先开发其中一个模块。

举个例子，把用户登录界面的开发分成线框图绘制、设计、开发和测试等环节，这样很快就可以验证我们的思路在实际应用时是否有效。同时，成功完成几个简单模块也可以增强信心，有利于下一步的开发。

社交体验

AR 中的社交与 VR 中的社交有着本质上的不同。VR 是一个人的体验，如果在 VR 应用中没有认真规划社交互动功能，用户可能会感到非常孤独。

而 AR 中的社交体验完全不同。无论是头显还是其他设备，AR 的用户与现实世界都没有彻底分开，他们仍然可以看到周围的人，可以与周围的人交谈和互动。但在 AR 应用中加入社交功能需要投入同样多的时间和精力，我们要想清楚 AR 中的社交体验到底意味着什么。虽然人们都在房间里，但佩戴 AR 硬件的与未佩戴的，感觉肯定不一样。而且即使佩戴了硬件，如果我们没有在应用中开发社交功能，用户还是无法享受这种体验。

Mira Prism 的开发人员想出了一个有趣的解决方案来扩大自身的用途——旁观者模式。按照他们的思路，不仅佩戴头显的用户之间可以互动，未佩戴的用户也可以在移动设备上以旁观者模式加入。旁观者模式能让他们实时看到佩戴头显的用户看到的内容，还可以快速截屏或录制视频分享到社交媒体。

旁观者模式虽然只是一小步，但这种想法很有价值，避免了 AR 体验与 VR 一样掉入孤独的陷阱。所以，在规划 AR 应用时，请务必考虑用户之间的社交问题，无论他们是在场还是旁观。

本章内容包括：

- 衡量不同设计工具的优劣；
- 认识现实世界的捕捉方式；
- 评估 VR 和 AR 的开发环境；
- 落实产品的销售方式。

第9章 内容创作

本章讨论的内容涉及 VR 和 AR 应用开发的方方面面，有用户体验（UX，User Experience）软件、设计软件、媒资网站和编程工具。本章也提到了每种工具的优劣，帮助我们做出合适的选择。

但仅一章的内容远远谈不上全面，目前创作 VR 和 AR 内容有多达数百种方法，而且新方法越来越多。本章的每一节都凝聚了人们的想法和各种可能性，而除了本书中提到的，还有很多其他的方法可供我们探索。

在 VR 和 AR 应用开发领域，本章很适合读者了解与任务和应用类型相关的深层次问题，上面提到的每种角色（用户体验、设计师、摄像师和开发者）都需要多年的学习才能精通。而本章的每一段话，对学习 VR 和 AR 的内容创作都有参考意义。

小贴士大用途

本章有少数内容只适合 VR 和 AR 中的一种，但大部分都是两者通用的，而且如果是前者，会有明确的提示。

设计软件

第 7 章和第 8 章分别简单讨论过一款优质的 VR 和 AR 产品应当遵循的设计原则。了解了一般原则之后，下一步就要开始设计应用的用户体验。

用户体验规划软件

不要这么早就开始设计应用的最终外观，让我们先大致描述一下对虚拟世界布置应用界面有什么想法。这个阶段通常被称为“用户体验设计阶段”或“线框图绘制阶段”。

用线框图绘制自己对用户体验的思路有很多种办法，既有不够逼真的纸上原型，又有我们可能很熟悉的标准 2D 设计工具，还有专门用于构建复杂 VR 或 AR 原型的成熟应用。

记住比较好

3D 环境中的用户体验设计并不容易，毕竟我们早已习惯了 2D 的屏幕，而突然之间，我们面对的不再是一个小小的屏幕，而是整个世界，茫然失措也不奇怪。但是不要忘了，布置界面元素真正的“可用区域”其实远远小于用户四周 360° 的空间。第 7 章和第 8 章介绍过，在大多数情况下（但不绝对），用户界面应该位于用户的“舒适区”中。

接下来我们再看看哪些方法可以用来构建模型、绘制线框图和原型图。我们可以从中选出最合适的方法，这一步很关键，要高度重视，因为在这个阶段，对应用的互动功能做出修改和调整要比后面容易得多，而且从长远来看，现在花点时间会为以后节省更多的时间。

纸上原型

这种方法虽然不是一种计算机软件，但很多用户体验设计师都在用，所以有必要介绍一下。纸上原型，其实就是手工绘制用户界面，以加快设计和测试的速度。用很快的速度把自己的想法画在纸上并同相关人员交流是一种很好的方法，如果能把纸上绘制的原型图上传到准备用来运行的设备上，效果会更好。例如，设计移动 App 界面时直接在移动设备上显示纸上原型，或是在设计 Web 界面时显示在 Web 浏览器中，而设计 AR 应用时，把真人真物放置在真实空间中，然后利用设备在应用中查看，也可以大概掌握在真实世界中放置数字全息图像的感觉。

虽然纸上原型可以让我们大致体会一下物品在 VR 或 AR 环境中的感觉，但无法让我们真正体会到用户界面在 3D 环境或 3D 实际空间中的感受，归根结底，纸上原型仍然只是用来快速勾勒自己想法的工具。

传统的用户体验应用

有许多工具可以用来绘制 2D 线框图和原型图，如 Adobe XD 或 Sketch，我们可以使用它们快速绘制 VR 应用的线框图和原型图。但仅依靠它们是不够的，因为它们只能把 2D 的设计用 2D 的方式在屏幕上显现出来，无法以直观的方式了解虚拟环境中的流程。图 9-1 显示的是用 Adobe XD 绘制的标准 2D 网页线框图。

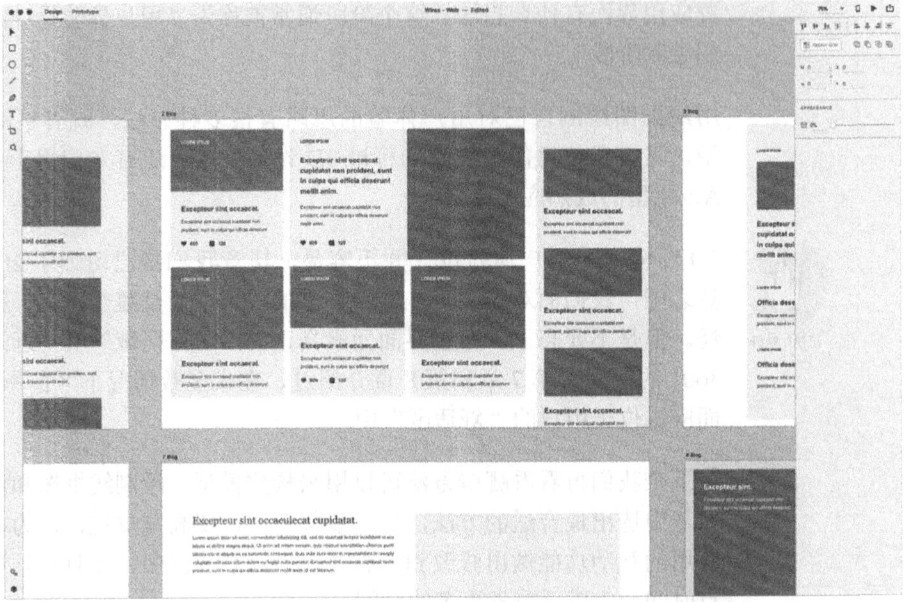

图9–1
Adobe XD用于绘制线框图

利用各种插件和工作区，我们可以用这些工具构建能在虚拟环境中查看的简单应用，如 Sketch-to-VR 这款插件，可以生成标准的 Sketch 文件，并通过 WebVR 在 VR 环境中查看。虽然效果不太好，但距用户在 VR 中的实际体验还是前进了一步。

随着 VR 和 AR 技术的普及，这些工具要不了多久就能更容易地构建 VR/AR/MR 体验的原型，也不足为奇。

VR原型设计工具

我们可以用传统的 2D 方法快速构建用户界面的原型，但要在 3D 环境中查看，还找不到可以替代的方法，毕竟 2D 工具是用于 2D 应用的。真正的可视化需要我们用某种工具快速构建 VR 环境或是在 AR 环境中放置物品。

这样的工具也确实越来越多，如 StoryBoard VR、Sketchbox 和 Moment，它们都是为 VR 和 AR 环境设计的，利用了两者的优点，也克服了两者的不足。

图 9-2 所示是 Sketchbox 宣传视频的屏幕截图，用户正在用 Sketchbox 构建 VR 环境下的用户界面模型。

图9-2 利用Sketchbox构建用户界面

上面的图板（原型）设计程序专门用于构建 VR（AR）内容的界面和图板，除了能在 2D 屏幕上勉强展现 VR 或 AR 环境之外，它们还能构建用户可以在 3D 空间中体验的 VR 或 AR 环境。这些工具可以快速迭代应用的总体外观、物体在 3D 空间中的位置，以及物体之间的相对大小等。部分应用还能构建顺序型图板，用动画的方式说明一系列的事件应该如何进行。在正式的设计展开之前，先用这种办法了解工作的概貌，从长远看可以节省不少时间。

这些工具大都只能用于 VR 设计，但也有一些（如 Moment）能用来构建 AR 应用的原型。Moment 可以把某些物体标记为“AR 物体”，一旦标记，在 VR 环境中就只有通过虚拟移动设备才看得到。

图 9-3 显示的是用户利用 Moment 应用绘制 AR 原型。在 VR 中举起某个“AR 设备”可以让我们看到标记为“仅在 AR 下显示”的模型或物体，这样可以让我们在 VR 中快速构建 AR 应用的原型。

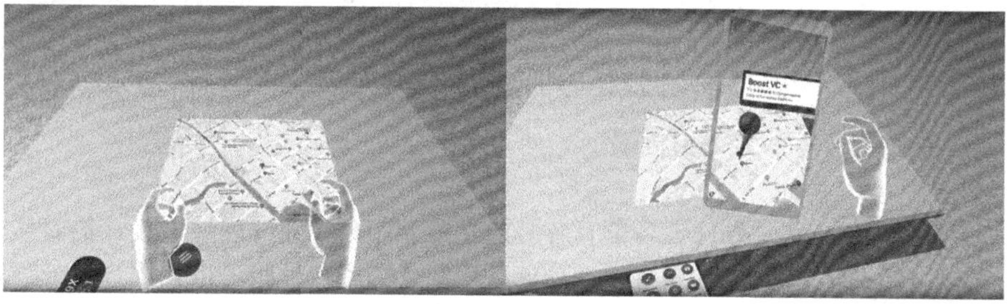

图9-3 利用Moment快速绘制AR原型

Moment友情提供。

小贴士大用途

感受用户体验的最佳方式是用某种工具像用户那样查看界面的设计，无论是通过头显还是移动设备，这样的工具有很多，可以多试几种，看哪种最适合自己。

勇敢迈进用户体验新世界

Michael Markman 是 Moment 实验室的首席执行官。关于用户体验设计师在 VR 和 AR 这两个新世界里到底意味着什么，Markman 走在最前沿。Markman 最初是一名 2D 用户体验设计师，他研究的课题是如何利用传统的用户体验设计技术，通过 Sketch 或其他原型设计工具把自己的想法传递给其他设计师和程序员。把想法勾勒或展现出来之后，他常常会发现，VR 头显中呈现的结果与他想要表达的想法并不一致。"一起讨论虽然有用，但看到第一个原型时，会发现那根本不是我想的"，Markman 说道。

这一启发促使 Markman 和他的联合创始人决定开发一款专用于为 VR 和 AR 构建原型的快速设计工具——Moment。Markman 的说法如下。

- 在 VR 的世界，明确场景的样子很重要。身处暗的地方和亮的地方应该是什么样？在小房间里应该是什么样？大房间呢？虚拟空间呢？这些东西用传统方法都没法准确表述，却是 VR 不可或缺的一部分。我们根本不在乎用户界面，我们关心的是整个空间的原型设计。
- 在某种程度上由于工具的限制，我们目前在 VR 和 AR 中看到的东西很多都是 2D 的用户界面。因为我们都是从 2D 的网页设计或移动设备直接转入 VR 世界的，有时候这样可能是对的，但大多数情况下这只会给我们带来极差的人体工程学的体验，错失 VR 的独特优势。
- VR 和 AR 目前其实并没有很好的 3D 用户界面原型设计工具，我们认为我们有很好的解决办法。很多 App 设计得很漂亮，但绝大部分都无法直接运用到 VR 或 AR 中，或者说有些东西根本就不是为 VR 或 AR 设计的。我们可以帮助这些 App 在它们擅长的领域运行。
- 随着行业的发展，我们很快就能看到很多针对 VR 和 AR 的通用做法和准则。只不过需要时间而已，而且我们也很激动能够这么早就为此做出贡献。

小贴士大用途

每种硬件设备都有各自的长处和短处，在开展原型设计的时候，一定要记住选中的硬件都有什么功能。房间式的用户体验可以让用户四处移动，拥有很大的互动范围，但在只能坐着玩的设备（如 Google Cardboard）上肯定做不到。

无论我们怎么选，找到一种能把 VR 和 AR 应用的原型快速构建出来的方法是非常重要的一步，有句老话说得好：成败在此一举。

小贴士大用途

VR 也好，AR 也好，都面临着一个新问题：便捷性。内容创作者有责任保证 VR 和 AR 不会走 Web 曾经走过的老路，后者在发展初期没有及早为身体健全程度不同的用户做出考虑。但在 VR 和 AR 时代，这个问题我们要时刻铭记于心，一定要让这些用户能用上 VR 和 AR。

传统的设计工具

目前，市场上有很多流行的 3D 图形设计软件，这些软件中没有可以专门用于从事 VR 或 AR 内容创作的，但几乎全都能无缝地完成这个任务。人们开发这些软件本就是为了快速构建 3D 图形，所以拿来创作 VR 或 AR 内容也很自然。

功能强大又各具特色的 3ds Max、Cinema 4D、Maya 以及 Modo，都可以用来构建 3D 图形和模型，随后，模型可以导出为创作软件可以识别的格式，成为整个创作流程的一部分。根据需要，既可以导入单个模型，又可以导入整个场景，甚至还可以渲染和导入 360° 的全景图像作为纹理。

这叫技术支持

360° 的全景照片常常用于 VR 体验。360° 全景照片涉及一些术语，如“球面投影”和“立方体贴图”，指的就是实现 360° 图像投影的不同方式。立方体的 6 个面都是正方形，分别代表 6 个角度的视图：上、下、左、右、前、后；“球面投影”则是将单幅图像投射成 360° 的全景，越接近极点（顶部和底部），图像的失真就越大。其他投影方式尚未形成实际标准。谷歌最近公布了自己的“等角”图像技术，希望能弥补“球面投影”和“立方体贴图”的一些不足之处。

在 2D 环境中查看“球面投影”和“立方体贴图”的感觉会有点奇怪。“球面投影”图像的顶部和底部会极度扭曲，而“立方体贴图”则被分成 6 个正方形。在 VR 环境中，这些图像被“投影”到 3D 模型（前者是球体，后者是立方体）后，用户看到的就是正常的 360° 环境了。图 9-4 说明了左边的“球面投影”和右边的“立方体贴图”之间的差异。虽然展开成 2D 图像让它们看起来很奇怪，但投射到了球体或立方体之后，对位于其中的用户来说，这些图像看起来是“正确的”。

评估的时候，这些应用都有各自值得记住的优点，例如，3ds Max 的建模能力非常强大，而 Maya 和 Cinema 的动画功能又快又好。分析自己的使用需求，找到最适合自己的平台。

图 9-5 所示是正在使用的 Modo。虽然 3D 工具各有不同，但它们的基本元素非常相似。图 9-6 所示是另外一种建模工具 Blender 的界面，以资对照。

图9-4
“球面投影”和“立方体贴图”样例

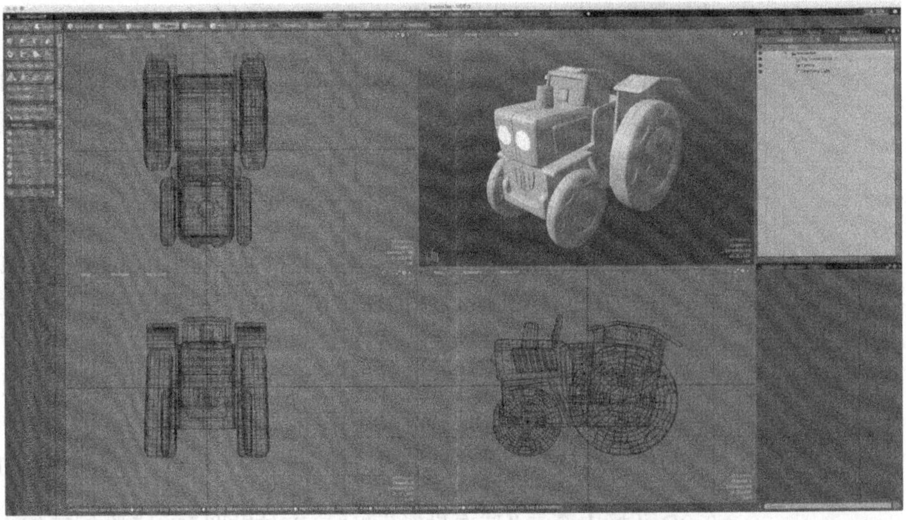

图9-5
Modo的3D建模用户界面

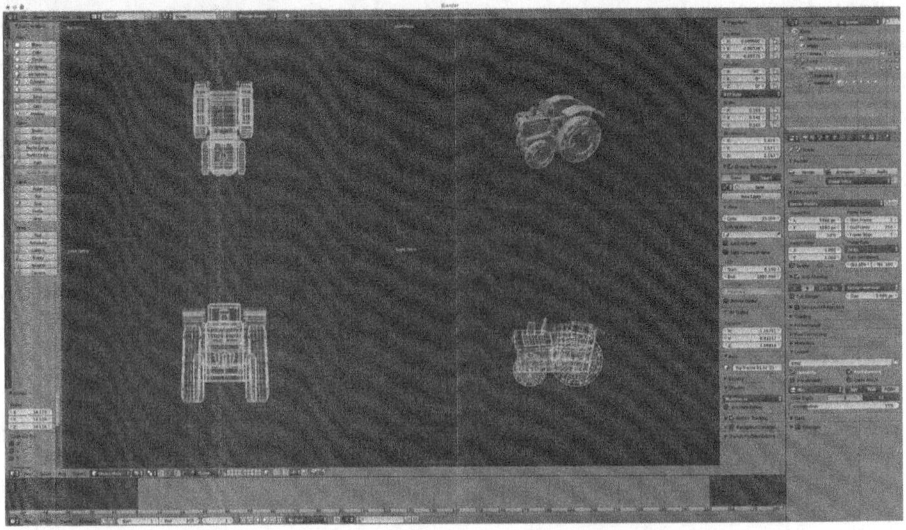

图9-6
Blender的用户界面

不开玩笑！危险

有兴趣深入研究 VR 3D 建模的朋友，请做好吃苦的准备！即使精通其他软件，学习 3D 建模依然需要不少时间，在这个过程中可千万不要气馁。从 2D 屏幕投身 3D 世界，即使对最有经验的 2D 图形艺术家来说也不是一件容易的事情。2D 设计只需要考虑用户看得见的那一面，但在 3D VR 和 AR 中，每个面都不能放过，因为任何一面最终都有可能呈现给用户。继续努力吧！当今世界，3D 无处不在，市场对 3D 设计专业人才的需求很大，而且随着 VR 和 AR 的增长，还会越来越大。

不开玩笑！危险

再强大的 3D 建模程序也有缺点。3D 建模是一种处理器密集型的工作——许多软件需要性能相当强大的计算机才能运行，而且这些软件大都非常昂贵，无论是购买还是升级。但是它们大都有试用期（通常是 30 天），在此期间，我们可以下载试用，看看是否适用，但遗憾的是，通常情况下 30 天我们甚至连皮毛都摸不到。

如果你才刚刚开始学习 3D 建模，那么通过任何一种 3D 软件都可以学到基本的 3D 建模知识。这些软件大都拥有相似的特性或术语，通过任何一种软件学到的基础知识都可以无缝运用到其他软件中。如果软件带有“学生版”“简化版”或“indie”的标识，无论其功能比完整版少多少，价格都会低很多。

如果你对这些都不满意，也有免费的 3D 软件可以用。有基于浏览器的解决方案，如 Sketchup 免费版，可以用来创建和导出模型到 VR 或 AR，也有功能更全的 Blender，为不愿意花钱的用户提供了专业的建模包。Blender 是一款开源的 3D 建模套件，免费、跨平台，即使在性能较弱的旧计算机上也能良好地运行。Blender 的开发者社区规模庞大、资源众多，学习 Blender 的教程也有很多，包括在 Blender 网站上、YouTube 以及 *Blender For Dummies*（Wiley 出版）中。对 3D 建模技术的初学者而言，用 Blender 来试水和启航是个不错的选择。

图 9-6 所示是 Blender 3D 建模界面的截图。注意 Blender 和 Modo（见图 9-5）的相似和不同之处。

掌握 3D 建模的基本技能之后，就可以决定是否继续接触其他建模工具了，如果打算在工作室或公司工作，可以研究一下它们常用的工具。Blender 是一款学习 3D 建模技术的好工具，但是很多工作室喜欢使用更高级的工具，如 Maya 或 3ds Max，而且通常拥有为某款工具量身打造的工作流。

基于VR或AR的设计工具

前面提到的 3D 软件大都是在 VR 和 AR 最近崛起之前发布的，随着 VR 和 AR 的崛起，这些工具也已经开始适应新的工作流。例如，3ds Max Interactive 是 3ds Max 的 VR 扩展引擎，能帮助非专业开发人员快速构建移动模式、桌面模式和房间模式的 VR 体验。

但是专门用于 VR 设计的新工具也越来越多，Google Blocks 和 Oculus Medium 等工具是专门用来在 VR 环境中构建和共享 3D 模型而开发的软件中的佼佼者，与之前讨论的传统 3D 建模软件有很大的不同，它们是专门针对 VR 建模的。这些应用需要专门的设备（用于 Google Blocks 的 HTC Vive 或 Oculus Rift，后者还可用于 Oculus Medium），并利用这些设备的运动控制器在虚拟世界中勾画和创建 3D 模型，然后既可以将模型导出到传统的 3D 建模引擎中，又可以导出到 VR 或 AR 开发环境中。

与 Oculus Medium 相比，Google Blocks 的功能不够全面，但是简单易学，新用户可以很快上手。我们可以用 Google Blocks 或其他类似工具快速绘制 3D 物体的原型，然后在其他 3D 软件中修改。至于 Oculus Medium，虽然学起来要困难一些，熟练掌握需要花费更长的时间，但一旦学会，就可以一直用下去，不需要再学其他软件。

图 9-7 所示是 Google Blocks VR 界面中用户可用的工具和调色板。这个 3D 的水井模型由 Don Carson 开发，可以在 Google Poly 中找到。谷歌商店里的 3D 艺术品由它们自己的工具打造，如 Blocks 或 Tilt Brush。

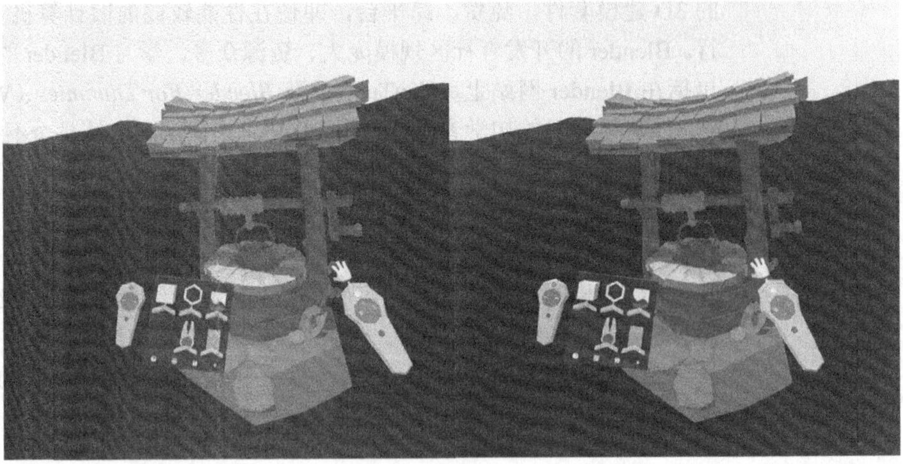

图9-7 Google Blocks VR 界面

这些应用用了一种全新的方式来构思和创建 3D 模型。与 VR 和 AR 领域的许多东西一样，这些应用仍然处于起步阶段，不同的想法和做法都在不断涌现。利用 VR 环境进行 3D 建模可能很快就会成为创作 3D 内容的事实标准，特别是用于 VR 或 AR 的内容。在 VR 出现之前，设计师和艺术家必须在计算机屏幕上做这件事，但随着 VR 和 AR 的兴起，新的方法一定会改变游戏规则。

预制模型

预制模型技术广泛应用于游戏开发、建筑效果图和特效电影等各行各业。即使手头有一支完整的 3D 设计团队，我们也可以从预制模型起步，以节省时间。与现实世界一样，VR 环境也是需要充满“东西”的，不然看上去空空荡荡很怪异。有很多工作室会用其他网站提供的模型来填充背景，这样它们的美工团队就可以集中精力构建自己的核心模型。

CGTrader 和 TurboSquid 等站点就是其中的典型代表。这些网站提供的 3D 模型质量很高，范围也很广，既有简单的一次性模型，又有细腻程度极高的环境和其中所有物体的模型。在这些站点中，我们完全有可能找到能够满足需要的模型，至少也可以利用它们先开工。

不开玩笑！危险

任何人，不管技术水平如何，基本上都可以在这些网站上销售自己制作的模型，这个市场非常大，当然，品质和价格也参差不齐。所以买家一定要牢记下面的内容：下载之前，先要了解具体情况；即使对 3D 建模不感兴趣，也要知道下载的时候应该找什么；一定要清楚多边形数目、3D 文件类型和纹理等术语，否则不知道自己下载的东西是否正确。

喜欢免费资源的朋友可以访问 Google Poly 网站。我们都知道谷歌的 Tilt Brush 和 Google Blocks 大大降低了 3D 艺术创作的难度，推出 Poly 也是出于同样的考虑。作为一家一站式的网上商店，Poly 专门提供用 Tilt Brush 和 Google Blocks 构建的 3D 物体和场景。Poly 上面有很多模型是用 Blocks 生成的，一般都是简单的多边形，不是所有的场景都适合这样的风格。但在用 3D 物体填充 VR 或 AR 场景的时候，这种办法确实很快，而且简单多边形不会给硬件的性能带来太大的压力。图 9-8 说明了在 Google Poly 站点上搜索和查看 3D 物体的过程。

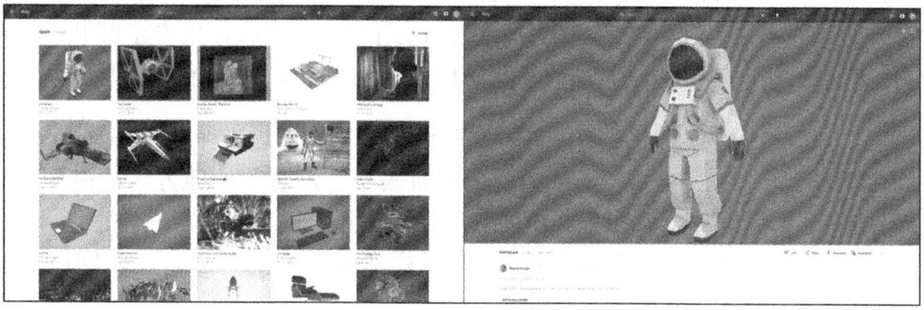

图9–8 在Google Poly站点上搜索和查看3D物体的过程

捕捉真实生活

很多时候我们更希望能够不使用计算机图形，而是从现实世界捕捉想要的画面用于虚拟世界，产生这种想法的原因很多：可能是希望用户面对的是真人实景；可能是摄影（像）师想弄清楚如何才能把图像和视频导入 VR 或 AR；也可能仅仅是觉得用这种方式创作内容更快。

直到不久前，具备 360° 视频捕捉能力的消费级产品仍很有限，所以早期的 VR 和 AR 创作绝大多数都只能依靠计算机生成的图像。但这样的局面如今也已改变，服务于虚拟世界的各种现实捕捉技术已经唾手可得。

视频捕捉设备

360° 视频捕捉设备在短短几年的时间里大量涌现，随着人们对 VR 和 AR 越来越感兴趣，也推高了这些设备的销量。就在几年前，360° 视频捕捉设备的价格不但远远超出大多数消费者的承受能力，而且捕捉到的图像质量很差。但随着行业的进步，现在已经有了很多消费级产品可以选择，价格和质量都很不错。

视频捕捉设备通常分为两类：一类是面向大众的入门级产品，另一类是面向专业用户的高端产品。调查市场的时候，要注意产品的输出质量是否能满足要求。

大众入门级

大众入门级 VR 视频捕捉设备主要有 Samsung Gear 360、VIRB 360、Ricoh Theta V 和 GoPro Fusion 360 等。这个领域的摄像机大都比较小，也没有机载控制按钮，用户必须先将摄像机与手机或其他外部设备配对，再使用移动 App 控制。

这类机型要使用多个镜头对完整的 360° 环境进行拍摄并生成多个视频或静态图像文件，再把这些文件拼接成整体的 360° 环境，当然，大多数机型都能自动完成上述工作。具备自动拼接能力的摄像机会生成可以 360° 回放的单个文件，而不具备这种能力的摄像机会生成多个文件，用户还得用专门的软件自行拼接，肯定会花更多的时间，但由于人工的介入，也有可能得到更完美的拼接效果。

镜头拼接的瑕疵其实随处可见，特别是那种质量一般的摄像机拍出来的画面，比如，视频的背景有时候会有没对齐的地方，在很早以前出现的入门级 360° VR 摄像机中尤其明显，但随着图像拼接软件的进步，这种情况已经成为历史。但在对比分析不同的摄像机产品时，这一点还是值得注意的，如果拼接质量不过关，用户体验就会很差。

记住比较好

入门级360° VR摄像机价格千差万别，有些不到100美元，有些需要几千美元。不管买什么，大多数情况下还是一分钱一分货，但有时候也不一定。考察市场的时候，要认真了解各款摄像机的分辨率、帧率（每秒的帧数）和拼接效果。如果有条件，可以看看摄像机的视频捕捉效果，包括2D屏幕上的360°效果和VR头显中的输出效果。通常情况下，拼接图像的画质和最终分辨率会决定一款360° VR摄像机的成败。

图9-9所示为Samsung Gear 360摄像机，因便携性和具备快速拍摄360°静态图片和视频的能力而备受欢迎。

图9-9 Samsung Gear 360摄像机

高端专业级

拍摄VR，尤其是为客户拍摄VR时，我们可能会发现入门级360° VR摄像机达不到项目要求的专业效果。入门级产品虽然价格很诱人，但功能和质量都比不上高端设备。

以GoPro Omni、Google Jump、Insta360 Pro、Vuze+和Nokia OZO+为代表的

高端设备，功能强大，效果惊人，大都拥有 360° 的直播能力和超高的分辨率，还能拍摄 360° 的静态图像和立体影像，而大多数入门级 VR 摄像机只有单镜头，拍摄 360° 的静态图像还可以，不能拍摄立体影像。

这叫技术支持

立体影像技术的原理是，用两台摄影机在差异极小的两个位置同时拍摄同一个对象，回放的时候两眼看到的画面也有细微的差异，从而产生立体效果。这种技术以自动的方式模仿出了人眼的工作，所以实现了非常逼真的 3D 成像效果。我们的眼睛位于脸上的两个不同位置，看到的画面其实也有微小的差异，经大脑处理后，我们就能判断距离的远近。用一个简单的方法来说明这个概念：在眼前举起自己一根手指，距离大概一臂远，将手指与远处的物体对齐，左眼闭上，右眼睁开。保持手臂不动，左眼睁开，右眼闭上，是否发现位置的变化？这说明两只眼睛向大脑传送的图像是有着微小差异的。

在让虚拟环境感觉更“真实”的过程中，立体影像技术发挥了重要作用。大多数入门级 VR 摄像机拍摄的标准 360° 单镜头视频，一般都采用球面投影技术，图像就像投射到球体的内壁上一样。虚拟摄像机位于球体的中心，因此，无论用户朝哪个方向转头，在他的眼里，他始终都在虚拟环境当中。但是由于两只眼睛看到的是完全相同的图像，因此，完全没有立体感。而立体影像技术能让两只眼睛看到不同的图像，这样就模拟出了立体感。

不开玩笑！危险

注意，立体影像的拍摄是要付出代价的。受性能、网速等因素的制约，有些设备能处理的视频数据量有限，尤其是“移动型”VR 头显。意思就是立体视频的内容要么是在信号中堆叠在一起，要么就是并排传送，因此，分辨率要么是宽度比平面视频少一半，要么是高度少一半，而且视频的拼接也变得更为困难，用户的眼睛会很不舒服。另外，立体效果只有在一定距离下才能发挥作用，如果距离太近，拼接效果会很糟糕，太远又会让立体感消失。

立体视觉确实很神奇，但并不是每个应用都适合。相比之下，平面视频的硬件产品更多，拍摄成本也更低，也可以让入门级设备播放高分辨率的视频文件。如果我们的目标用户大都只有入门级头显或者根本就没打算追求最高端的沉浸式体验，这还真是个不错的选择，因为立体视频的制作成本要高得多，而且很难在入门级设备上播放。当然，立体视频的优点是视觉效果更真实，所以更适合专业场景，目标用户是那些要求视频画质十分逼真的人。

静态图像捕捉设备

前面提到的视频捕捉设备大都同时支持静态图像和视频的拍摄。在入门级产品中，Samsung Gear 360、VIRB 360、GoPro Fusion 和 Ricoh Theta V 既可以拍摄 360° 视频，又可以拍摄静态图像，但我们也有其他办法可以捕捉静态图像，包括一些能让既有设备发挥新作用的办法。

移动应用

如果没有专门设备用来拍摄 360° 的静态图像，也可以用手机或其他移动设备将就一下，而且有些移动设备已经有这种功能了，只不过很多人不知道而已。如谷歌的智能手机 Pixel，就有“全景相机”（Photo Sphere）模式，可以边转动边拍摄，自动拼接。

即使设备本身不带这个功能，也有很多 App 可以用，如 Occupital 360 Panorama（iOS）和 Google Camera（iOS 和 Android）也有同样的功能，它们会替我们解决所有复杂的问题，指导我们拍摄和拼接全景图像，无须额外的硬件设备。

用全景 Photo App 实时拍摄 360° 照片的成本相当低，当然效果也比不上专业设备，生成的全景照片分辨率普遍较低，还有明显的拼接线，尤其是在未用三脚架或是光照条件不稳定的时候。如果室内有窗户，还会导致相片有些地方曝光过度，有些地方曝光不足。所以这种办法最好只用于非专业场景，或者是快速拍个样片先看看，后面再好好拍。

图 9-10 所示是谷歌 Photo 的“全景相机”模式。Photo 会引导我们在场景中移动，连续拍摄多张照片并拼接在一起，然后自动生成 360° 的全景格式。

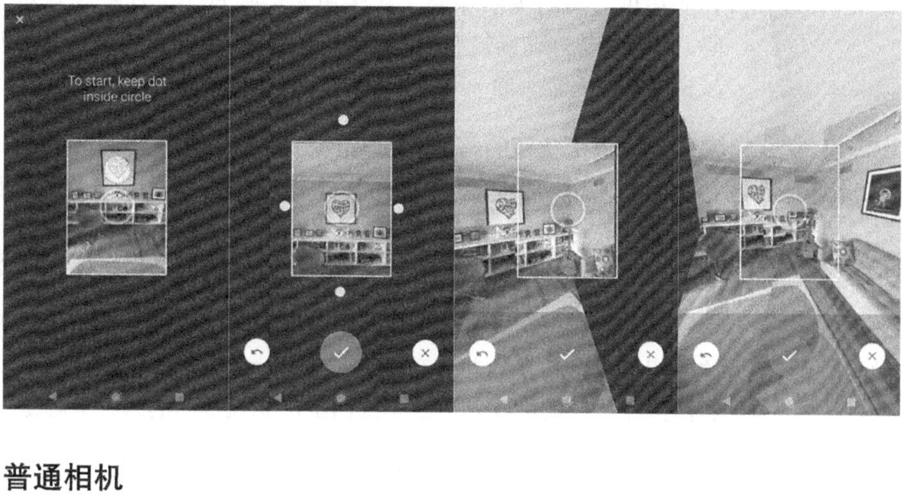

图9–10 谷歌Photo的“全景相机”模式

普通相机

拍全景照片当然也可以用较为廉价的普通小型相机，光是机身配上鱼眼镜头就可以捕捉 180° 的画面，再加上三脚架和镜头环支架，拍摄高质量的 360° 全景照片也不是问题。用这种方式拍出来的照片，分辨率和质量比手机 App 都要高得多，但拍照过程是手动的，拍摄者需要花一番功夫才能达到最好的效果。

垂直架设加上鱼眼镜头，可以拍摄 4 张 90° 的照片，拼接在一起就是一张完整的 360° 全景照片。在镜头环支架上，转动的是镜头（普通支架转动的是机身，不在乎照片的拼接质量）。

但是用这种方式拍出来的照片只能手动拼接，拍摄者需要使用 Adobe Lightroom 之类的工具来处理照片，然后使用 PTGui Pro 或 Kolor Autopano 这种专业的软件把照片拼接成全景。

手动的拼接过程会比较麻烦，但质量很高，实践证明这种拍摄技法是行之有效的，在专业领域也得到了广泛的应用。

不开玩笑！危险

拼接拍摄，也就是无法一次性拍摄 360° 照片的多次拍摄技法，需要静态场景，如果有人在背景中走来走去，拍出来的照片就会出现多个身影。所以这种拍摄技法更适合可控的静态场景，如商店内部（没有顾客的时候）。正因为这个原因，Google Business View（谷歌开发的照片应用）上面有很多照片就是在非工作时间用普通相机拍摄的。

360° 专业相机

近年来，市场上也出现了一些价格较高，专门用于拍摄高分辨率 360° 静态图片的相机，它们大都克服了传统摄影的缺点（手动旋转相机 90°、手动快门等），可以全自动旋转和拍摄。有些配套的软件还可以拼接照片，最大限度地减少（甚至完全去除）了大多数用户的工作量。

它们当中最受欢迎的两款分别是 NCTech iris360 Pro 和 Matterport Pro。在房地产业，这类相机被广泛用于 360° 拍摄，它们也确实有很多功能是专门针对室内场景开发出来的。NCTech 最近宣布一项计划，准备把自己的生产线 iris360 Pro 升级为 iSTAR pulsar，称后者为最强大的全自动谷歌街景相机，能够为谷歌街景或 Google Business View 生成 360° 的标准照片。

这些相机都有各自的功能和优点。它们大都自带软件，不仅可以根据需要拍摄和拼接照片，还可以直接分享到网上，无须专门的软件来存放和查看照片。

这些高端的 360° 相机的功能很强大，可以减轻拍摄者的工作量和技术难度，对打算投身 360° 摄影行业的人而言，这种相机很值得购买。但是它们不但价格高昂，而且不同的品牌和型号功能差异也很大，购买之前一定要认真考察。

图 9-11 所示是正在为谷歌街景拍摄 360° 照片的 iSTAR pulsar。

图9–11
iSTAR pulsar

NCTech友情提供。

声音问题

在 VR 和 AR 领域，声音常常被视为“二等公民”，这很不公平！其实音质与画质同样重要，如果效果不好也会使 VR 体验变得糟糕。完美的虚拟世界应该让五官都能感觉到，而 VR 目前做得最好的正是听觉和视觉。以对待画质的专心对待音质，能让作品从优秀迈向卓越。

声音效果在 AR 领域非常重要，但实现方式要比 VR 微妙些。在 VR 的虚拟环境中，声音效果需要完全模拟出来，而 AR 的用户本身就在真实世界中，数字全息图像仅是整个环境的一部分。所以 AR 不需要像 VR 那样为用户创造完整的环境音频体验。VR 离不开空间音频，而 AR 只要求界面上有声音提示用户按指令行事就可以了。

VR 和 AR 的声音类型主要有 3 种：画外音、音效和背景声。当然，也不是说任何时候都必须用到这 3 种类型，但用两种还是很常见的。

画外音

无论 VR 还是 AR，画外音都很有用。用户的眼睛本就全部放在周边环境和虚拟物体上，如果还要阅读大段的文字，当然是又累又麻烦。在这种情况下，画外音能够很好地解决信息传递的问题。

制作画外音并不困难，也不需要昂贵的专业设备。像 Zoom H2n 这样的麦克风就可以现场录制背景声和语音，甚至还内置“空间音频”模式，可以创建包含前、后、左、右在内的多声道音频文件，配合 360° 的视频，可以实现 360° 的声音效果。

虽然自己录制画外音并不是特别困难，但还是强烈建议依托专业人员来做。市场上有很多专业的录音工作室，当然也可以通过 Fiverr 这样的网站直接联系这个领域的自由职业者来做。

不开玩笑！危险

聘请网站上的自由职业者虽然比较省钱，但他们之间技术水平差异很大，所以要找对人。

音效

VR 或 AR 的创作应该没有不带音效的。比如，在界面上使用音效来提醒用户哪些东西可以互动或是有什么事情发生；环境内部的互动也可以通过音效触发，如打开门或打开窗户。如果互动过程中没有声音，感觉会很糟糕，当然更糟的是声音不对。总之，优质的音效能给作品加分。

Adobe Creativesuite Cloud 等软件套件自带现成的音效包，一些专门的音效软件，如 Adobe Audition，也有大量免费的音效，包含标准的弗利音效（即电影音效，包括门的“吱嘎”声、带回音的脚步声或风的呼啸声等日常生活中的声音）、卡通类型的“哔哔”声和“嗡嗡”声、高技术设备发出的刺耳声，还有人群的喧哗声。

网上也可以下载很多各种各样的音效包，通过搜索“免费音效”或类似的关键字可以在自己喜欢的音乐网站（如 iTunes 或亚马逊）上找到这些音效包，而且就算从中找不到自己刚好需要的东西，也还是值得找一找，因为可以用很少的钱得到很多声音素材。

如果这样做都找不到，还有很多网站可以提供一次性的音效下载，甚至是定制。Pro Sound Effects 和 Pond5 等网站就可以搜索和下载专门的音效和画外音，如果你愿意支付一定的费用，甚至还可以下载整个音效库。虽然这种方式更适合高级音效设计师，但如果自己真的需要，还是可以考虑的。

不开玩笑！危险

选择音效包时，一定要查看许可权限，确保是免版税的，只有免版税，才不需要每次使用都支付许可费用。

背景声

在现实世界中不大可能找到完全没有背景声音的场景，即使人们觉得没有。安静的办公楼里也经常会有白噪声和其他人制造出来的声音——键盘敲击声、远处的电话铃声，还有荧光灯发出的“嗡嗡”声；夜晚，再“寂静”的森林也会有风吹树叶的声音、蟋蟀的轻鸣声和脚踩到树叶发出的“沙沙”声；在空荡荡的大教堂里，四处走动的人会听到自己的脚步声在教堂墙壁上回响。所以在开发应用时，一定要想清楚虚拟世界中的人如果在相同的真实世界中会听到什么样的背景声，然后用相同的背景声来营造同样的氛围。

不开玩笑！危险

无论是应用开发还是游戏设计，人们对背景声的重视程度常常只能排第二位，但它们确实能增加真实感，因为糟糕的声音效果会严重影响用户的沉浸感。

背景声和音效对用户适应环境也很有帮助，防止每时每刻都要四处张望。以生存游戏为例，想象一下玩家后面正跟随着一大群僵尸。僵尸从背后接近时，我们肯定希望能通过咆哮、脚步声等方式提醒玩家，而且这些声音应该出现在玩家的身后。这样才能让体验更紧张，感觉也更“真实”，这可是我们的终极目标。

当然，AR 的背景声稍有不同。由于 AR 本来就发生在“现实世界”中，所以营造环境的必要性就没那么迫切。AR 应当更多地用音效和空间音频来吸引用户，使数字全息图像更能融入现实世界。

空间音频

画外音、背景声和音效录制好之后，我们需要好好考虑该怎么用。应该说 VR 和 AR 世界里的声音始终都要能营造出 3D 空间感。在虚拟世界中，声音听起来就应该是从正确的位置传过来的；VR 环境中的汽车声应该随着距离而改变；而数字全息图像在 AR 空间中发出的声音听起来就应该真的在那个位置。按照空间声源的规范在整个虚拟环境中布置各种音效，可以让用户听到的声音更真实。

利用 Unity（意思是“统一”）和 Unreal（意思是“虚幻”）等开发平台，可以很容易地在 VR 和 AR 作品中营造出空间音频效果。Facebook 有一个名为“Facebook 空间工作站”（Facebook Spatial Workstation）的套件，能在 360° 的视频和 VR 电影中设计空间音频。谷歌也有跨平台的开源空间音频软件开发工具包 Resonance Audio 用于多种开发和使用环境。

记住比较好

声音应该是整个规划工作中的“一等公民”，我们在设计画面的同时就应该考虑好声音的应用。毕竟用好音效、画外音、空间音频和背景声，对加强用户在虚拟世界的沉浸感有着莫大的帮助。

关于开发工具

创建或捕获画面和声音素材之后，我们需要一种方法去与全世界分享，幸运的是，这方面的方法很多。从简单的一键式解决方案到成熟的游戏引擎，我们有无数种方法可以向公众发布自己的创作成果。但一款开发软件好不好，取决于创作的内容和目标用户。

记住比较好

有很多 VR 和 AR 硬件设备只能用固定的软硬件套件开发，如 ARKit 的开发需要用到 Mac（苹果计算机）。所以在选择开发平台之前，要确保自己知道平台的成果是给谁用的，尤其是在针对某些专门的 VR 和 AR 设备的时候。

游戏开发引擎

使用游戏开发引擎构建 VR 或 AR 应用有很大的灵活性，相比之下，其他的方法往往只能针对特定的硬件。例如，XCode 和 ARKit 平台只能用来开发 iOS ARKit 应用，而游戏引擎可以用于 ARKit、ARCore、HoloLens 和 VR 设备等。掌握游戏开发引擎比较花时间，但是学到的东西应用范围更广泛。

Unity 和 Unreal 是最受大众欢迎的两款游戏引擎。从简单的手机游戏到桌面软件，再到极为高端的游戏，都可以用它们来开发。更重要的是，它们都很完备且频繁更新，VR 和 AR 领域的最新成果都在里面。两款引擎都有极强的灵活性和通用性，支持多种设备和应用，至于到底用哪一款，取决于项目的具体要求。

下面我们来进行简单的对比。

- 都支持 PC 和 Mac。
- 都支持所有的 VR 模式和硬件。
- 都支持用 ARKit 和 ARCore 插件开发 AR。
- Unity 支持的平台很广泛，Unreal 也如此，但更侧重于 PC 和游戏机。

- Unity 为 AR 硬件（HoloLens、Meta 2 和 Mira Prism）提供了广泛的 SDK 支持。Unreal 目前还没有。
- Unity 主要用 C# 编程，而 Unreal 用 C++ 编程。

这叫技术支持

支持众多不同的平台是有代价的。像 Unity 和 Unreal 这样的游戏引擎是以开发平台为基础的下游软件，即如果平台的功能有变化，引擎相应的调整会略微滞后。例如，如果苹果公司发布了更新的 ARKit，那么 ARKit 开发人员马上就可以用，而游戏引擎开发人员要等官方团队把更新集成到游戏引擎之后才能用。此外，灵活性也可能会增加性能和架构的成本。游戏引擎通常只允许用户使用一种语言（如 C++ 或 C#）编写代码，再将代码编译为目标硬件设备所需的机器语言。这种情况会导致代码优化不足，或者会使程序员无法理解编译后的代码真实的作用。当然，与好处比起来，灵活性带来的代价不算什么，只不过着手之前一定要知道这些。

图 9-12 所示是 Unity 界面的屏幕截图。这些引擎的界面很相似，通常都用“场景”和“游戏”窗来显示游戏的设计并测试运行情况，用“项目”和“层级”窗来显示当前画面中的资源和道具，用“检查”窗来列出选定道具的属性。

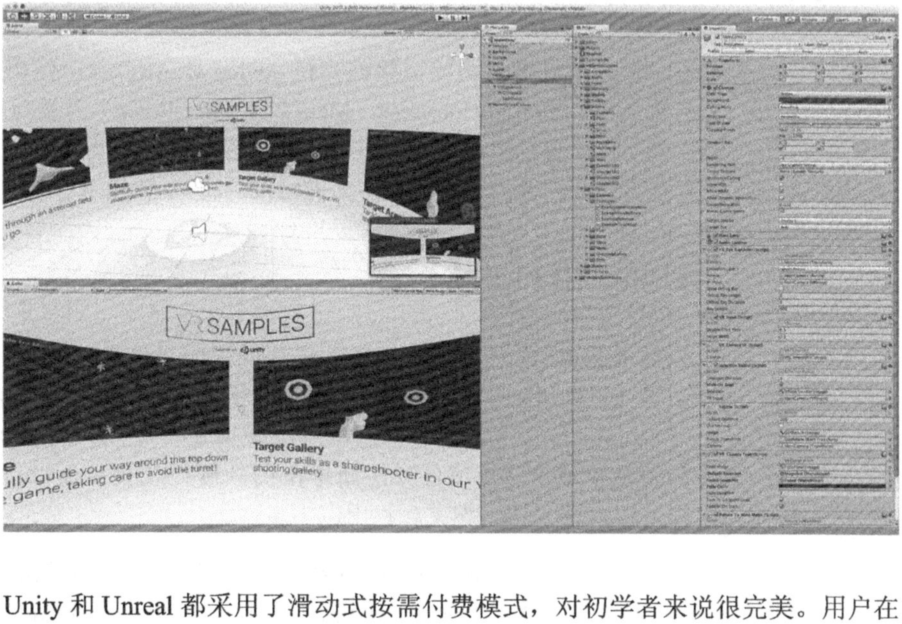

图9-12 Unity的界面

Unity 和 Unreal 都采用了滑动式按需付费模式，对初学者来说很完美。用户在遇到困难（无论是自行开发还是利用既有资源）时，都可以通过这两款引擎的资源商店获得服务，商店中既有免费项目，又有收费项目，都能够提高用户的开发速度。而且在 VR 开发领域，Unity 和 Unreal 都有 VR 模式的版本，用户可以像在标准编辑器中那样直接在 VR 中构建场景。

图 9-13 所示是 Unreal 用户在 VR 模式下工作的屏幕截图。左侧是用户在 VR 环境中的视图，右侧是用户佩戴 Vive 的照片。

图9-13 VR模式下的 Unreal引擎

而在 AR 开发领域，两款引擎都支持 ARKit 和 ARCore，但相对而言 Unity 更适合为 AR 头显（如 HoloLens、Meta 2 和 Mira Prism）开发应用。我们相信随着上述 AR 设备越来越普及，以及更多类似设备的面世，两款引擎的功能今后很可能会趋于一致，但至少在不久的将来，Unity 依然是首选。

Unity 和 HoloLens

Zeke Lasater 是一名资深的交互式软件程序员，在 Web 应用、手机游戏以及 VR 和 AR 等诸多领域有着丰富的开发经验。他受微软的邀约参加了 HoloLens 的筹备小组，这个小组邀请了一些用户在 HoloLens 首发之前测试微软为 AR 项目开发新推出的软硬件工具。他对自己在 Unity 和 HoloLens 领域的开发工作提出以下观点。

» 一般来讲，首次为 HoloLens 开发应用的程序员都需要学习 HoloLens 平台并了解其功能。好在我们的团队已经非常了解 Unity，于是可以很快上手。

» 开始了解设备功能以后，我发现利用 Unity 和 Visual Studio 可以更快地完成迭代。Unity 对在编辑器内实现 3D 环境可视的能力很有帮助，尽管一开始，我们需要将架构以很高的频率推送到 HoloLens 中才能在头显里感受事物。搞清楚 HoloLens 的优势之后，就能以极快的速度构思我们打算在头显中实现的功能，向设备推送架构的次数也就越来越少。Visual Studio 中的 HoloLens 模拟器也帮助我们减少了推送花费的时间。感谢 Unity 和微软在改进 AR 开发流程上取得的巨大进步，这项工作从此变得轻松了。

» 设计和构建 AR 应用一定要有完全不一样的思维方式，尤其是针对 HoloLens。摒弃我们非常熟悉的 2D 屏幕就是一个巨大的变化。你会想当然地认为我们以前花了那么多心思和时间在 2D 屏幕上，这东西早已成为我们的第二天性。于是在突然就得扎进 AR 世界的时候，任何人都会觉得别扭。所以，要尽最大努力简化控制方法，要认真思考怎样才能用最简单的方法帮助用户完成任务。

» 大家把 HoloLens 设备互联在一起，相互之间共享体验，才是这款硬件真正的魅力。这也正是 HoloLens 和 AR 让群星黯然失色的地方——社交体验。下一个版本的 HoloLens 将具备卓越的跟踪能力、空间音频、共享社交和更大的视场，这意味着 AR 技术获得了巨大的进步。

Unity 和 Unreal 都是很不错的工具，值得一学，随着 VR 和 AR 的流行，愿意学习其使用技巧的人只会更多。如果确实想当一名 VR 或 AR 的开发者，从这些平台中挑一个出来学是一个不错的选择。

小贴士大用途

Unity 和 Unreal 并非游戏引擎的唯一选择，你即使已经决定在它们当中选一个，时不时地考察一下其他游戏引擎也是值得的。Amazon Lumberyard（意思是“伐木场”）就是游戏引擎市场的一款新产品。虽然人们普遍觉得亚马逊并不是一家游戏引擎开发公司，但它收购了一款现有的游戏引擎 CryEngine，并以其为基础打造出了 Lumberyard。Lumberyard 是 Unity 和 Unreal 一个很有趣的竞争对手，功能也与它们很相似。但是，Lumberyard 目前只能用于 PC（对不起咯，Mac 用户！）。Lumberyard 为 VR 提供了相当广泛的支持，但目前并不直接支持 AR。不管怎样，鉴于亚马逊在满足程序员需求方面做得如此之广又如此之深，如果对游戏开发引擎感兴趣，Lumberyard 还是值得关注的。

图 9-14 所示是 Amazon Lumberyard 的界面，尽管使用的术语不一样，但 Lumberyard 的基本功能与 Unity 和 Unreal 还是差不多的。

图9–14 Amazon Lumberyard 引擎界面

移动端AR开发

虽然很多开发环境都有“导出到移动 AR 设备”的功能，但我们也可以直接把为开发移动 App 构建的 SDK 拿来开发移动端 AR 应用。

开发 iOS 应用时，可以利用 XCode（开发环境）和 Swift（编码语言）直接获取 ARKit 的 SDK 来构建应用，而构建基于 ARCore 的 Android 应用，可以使用 Android Studio 和 Java。

至于到底选 Android 还是选 iOS，取决于对下面这两个问题的回答：是否了解这两大生态圈中的任何一个？是否确定只打算支持 Android 和 iOS 系统中的一种？

对某些人，特别是那种对 XCode/Swift 或 Android Studio/Java 有一定了解的人来说，能够在某种特定环境下直接访问 AR 的 SDK 是很有用的，但如果并不确定自己的 AR 项目最终会选哪条路，那么在平台之间保留灵活性可能会更有意义。

WebVR

长期以来，桌面应用一直是开发 3D 应用（如 VR 和 AR）的首选，因为 3D 系统的设计开发需要大量的计算资源，只有桌面应用才能提供。但随着 VR 和

AR 的普及，以及计算性能的提高，也出现了很多基于浏览器的工具用于开发 VR 和 AR。

网页版的 VR 应用大都基于 WebVR 开发。WebVR 是一种用 JavaScript 脚本写的应用编程接口（API），可以在浏览器内部构建沉浸式的 3D 应用。很多 Web 浏览器都支持 WebVR，具体信息可以访问 WebVR 网站。

这叫技术支持

WebVR 的 API 依托 WebGL 运行，而 WebGL 是一种 JavaScript API，可以在不使用插件的情况下渲染 2D 和 3D 图形。API 指一组用于构建软件的规则和定义。WebGL 基于 OpenGL，后者是一种为嵌入式系统（如智能手机和视频游戏机）构建的、功能强大的跨平台 API。也正因为如此，WebGL API 拥有通过浏览器渲染内容的超强能力。

与大多数 VR 应用不同，WebVR 不需要什么特殊的设置，体验 WebVR 只需要简单地单击链接，与其他的网页无区别。WebVR 用这种方式避免了传统 VR 应用存在的很多问题，用户无论是进入还是退出都很快。另外，用 WebVR 开发的应用大都可以直接在浏览器中运行，不需要头显。很多人可能觉得在 2D 屏幕上显示的 VR 不是“真正的” VR，但这个市场的规模其实相当庞大。不用头显，仅仅通过 Web 就能让潜在的用户得到体验，其实是一个很大的优势，市场也更大。

当然，WebVR 也有缺点。不是所有的浏览器都完全支持这项技术，支持的浏览器又往往只能在某些头显中使用（例如，微软的 Edge 支持 Windows Mixed Reality，但不支持 Vive 和 Rift；Mozilla 的 Firefox 支持 Vive 和 Rift，但不支持 Windows Mixed Reality……），再者，当初发明 Web 浏览器也不是为了运行 WebVR 这种复杂的图形程序。浏览器的性能提升是很大，但基于浏览器的 WebVR 无论如何也比不上安装在机器上的 VR 应用。

与独立应用的情况一样，AR 在 Web 上的发展也不如 VR，且有很多原因。WebVR 是一款强大的工具，但在低配计算机上可能会遇到性能问题。AR 应用通常比 VR 应用的要求更高，AR 不仅要渲染与 VR 等量的 3D 内容，还要跟踪用户四周的环境，精确计算两个世界该如何融合。此外，移动端的 AR 应用也要做同样的事情。

好在这个领域也正在取得进展。谷歌已经发布了移动端 AR 浏览器的实验版本，较新的 Android 和 iOS 设备都支持。预计在未来几年内，尤其是一旦 WebVR 能够赢得稳固的用户基础，基于 Web 的 AR 体验会越来越有吸引力。

图 9-15 所示是一款 WebVR 应用，用于网络浏览器中绘制 3D 空间中的形状。

图9–15
Google Pixel
上的WebAR

开发 WebVR 内容的选择不多，通常分为 3 类：直接用 WebVR 的 API、基于 WebVR 编写代码框架、使用在线开发环境。接下来逐一加以介绍。

直接用WebVR的API

有兴趣深入学习基于 Web 的 VR 是怎样运行的读者，直接开始探究 WebVR 和 WebGL 的源代码吧！ Github 网站上有 WebVR 规范文档的草稿。

与 HTML 和 JavaScript 一样，任何文本编辑器都可以用来编写 WebVR 应用，但除了最专业的程序员，直接按照 WebVR 或 WebGL 的规范编写代码，不管对谁来说都太难了。当然，简单点儿的方法也是有的。

基于WebVR编写代码框架

为了降低 WebVR 的开发难度，人们已经构建了很多框架。

在 WebVR 出现之前，有一个叫作 three.js 的 JavaScript 库专门用来在 Web 浏览器中创建 3D 图形，而且与 WebVR 一样，three.js 也是用 WebGL 构建的。随着 WebVR 的兴起，three.js 的功能也在扩展，可以处理基于 WebVR 的内容，所以对那些打算从事 WebVR 开发的人来说，three.js 依然很流行，但 three.js 代码太多，会吓退那些仅仅是想试试水的人。随着人们对 WebVR 越来越感兴趣，也出现了很多其他的库，方便用户进入 Web 版的 VR 世界。

A-Frame 是一种用来构建 VR 体验的库，使用它的人很多。它有很多样本代码和 VR 参数，不需要自行编程，大大简化和加快了开发过程。

A-Frame 是基于 HTML 标记的，哪怕是没什么编程经验的人都可以很快上手。A-Frame 的关键在于它是基于 three.js 构建的，开发人员可以无限制获取 three.js、JavaScript、WebVR 和 WebGL 代码。A-Frame 还支持多种类型的 3D 模型，包括 glTF、OBJ 和 COLLADA，开发人员可以很容易地将喜欢的模型类型直接导入 A-Frame，以便在浏览器中显示。

只用代码来开发 3D 应用是很难可视化的，开发人员常常会不清楚仅凭屏幕上显示的数字该如何定位、移动和缩放物体。所以，为了进一步简化开发工作，A-Frame 还有一款 3D 检查器可以让开发人员查看和调整应用的构建过程。图 9-16 所示为 A-Frame 检查器。

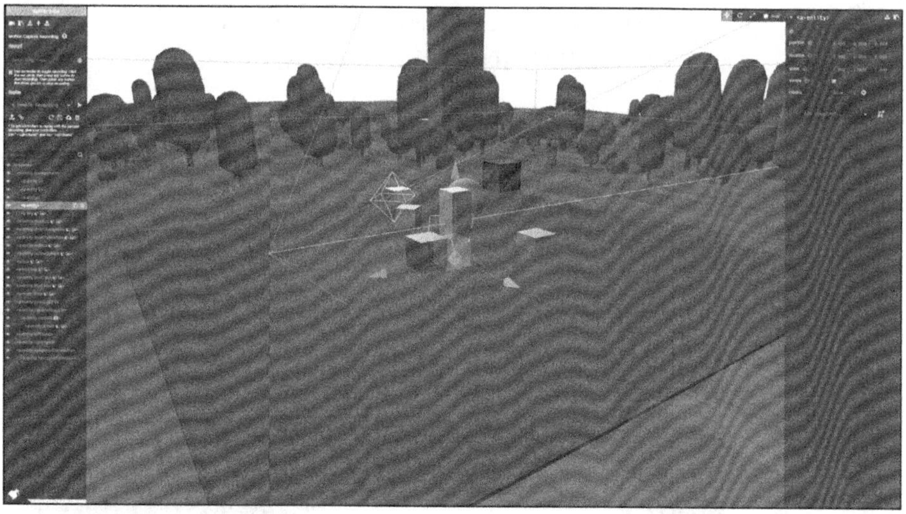

图9-16 A-Frame 检查器

用 A-Frame 来开发 AR 应用是没问题的，只不过它也存在 WebVR 应用面临的问题。大多数基于 Web 的 AR 应用都是利用 ARToolKit 的变体开发的（参见第 8 章），需要性能相当强的移动设备（非常简单的应用除外），而且大都要使用标记。对于有些应用而言，这根本不是问题，但对于有些应用而言，这样会给用户带来麻烦。

记住比较好

大多数基于 Web 的 AR 应用不如 VR 应用完善，我们可能会注意到这个现象存在于软硬件的各个方面。从广义上讲，AR 和 VR 根本就不在同一个发展阶段。虽然 AR 还是一个“孩子”，但肯定会慢慢走向主流，早学早练一定能让我们占据先机。

使用在线开发环境

WebGL 的大发展引发了一个有趣的现象，就是在 VR 和 AR 的应用开发领域兴起了在线游戏引擎和在线编辑器。Web 应用，如亚马逊的 Sumerian（意思是“苏美尔人”）和 PlayCanvas，有很多与 Unity 和 Unreal 等游戏引擎一样的功能，但它们是“在线”版。与“桌面型”开发工具软件运行和数据存储在本质上不同，Sumerian 和 PlayCanvas 是在浏览器中运行，数据存放在云端，涉及的费用通常由使用频度决定，例如，Sumerian 引擎本身是免费使用的，但用户要按存储容量和 Web 流量付费。

亚马逊 Web 业务技术副总裁 Marco Argenti 对 Sumerian 的目标如是说：

> 构建 VR 或 AR 应用仅仅是起步所需的专业技能和工具就需要大量的前期投资，客户会被吓到的，而有了 Sumerian，任何一个程序员都可以在几小时内构建出逼真的交互式 VR 或 AR 应用。

图 9-17 所示是正在使用的基于网络的 Amazon Sumerian 界面。

图9–17 Amazon Sumerian界面

不仅是 Sumerian 和 PlayCanvas 两者很相似，它们与其他离线游戏引擎（如 Unity 和 Unreal）也很相似。它们都附带 3D 物体库，用户可以直接导入自己的场景中，也都支持拖放操作，用户可以直接在 3D 场景中布置内容。

Sumerian 与 PlayCanvas 的不同之处在于前者更关注脚本的可视化。Sumerian 希望自己的可视化脚本编写工具可以让不太懂技术的用户在不用写代码的情况下，为自己的 VR 和 AR 应用构建简单的逻辑。需要编写代码的地方，它们都支持 JavaScript。它们也都利用 Web 来发布 VR 和 AR 作品，不需要将独立应用部署到应用商店或设备上。

图 9-18 所示是 PlayCanvas 的 Web 界面。注意 Sumerian 和 PlayCanvas 之间的相同点和不同点，也注意 Unity 和 Unreal 之间的相同点。

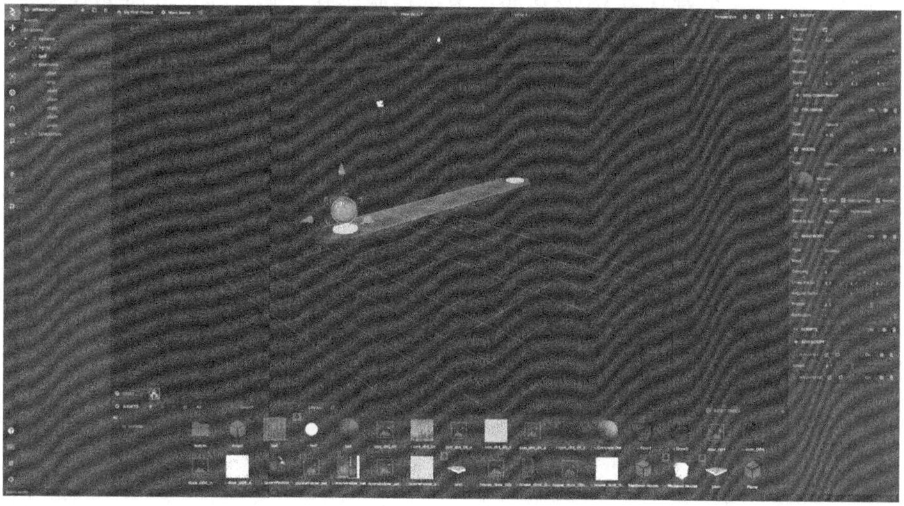

图9-18 PlayCanvas 的Web界面

如果自己的作品能直接发布到 Web 上，或者如果自己对用 WebVR 库进行开发没信心，那么在线开发环境还是很有吸引力的。界面看得见，脚本又易写，对初学者来说更容易上手。

不开玩笑！危险

Sumerian 和 PlayCanvas 都有自身的局限性。如果想把作品导出到 Web 以外的平台上（本地 PC 应用、移动 App 等），那么二者都不合适。毕竟它们是基于 Web 技术构建的，无论是逼真程度还是性能指标，都比不上 Unity、Unreal 和 Lumberyard 等桌面引擎，而且有些引擎（如 Unity）是可以导出到 WebVR 中的，这样一来，人们的选择尤为困难。

PlayCanvas 和 Sumerian 虽然本来就是以 Web 为目标的，但用户还是需要专门的浏览器＋头显组合才能运行。所以，为了确保作品能满足用户的消费需求，花点儿时间了解目标用户的消费习惯和体验方式是很值得的。

PlayCanvas 和 Sumerian 较支持 WebVR，但对 AR 的支持远远不够。而 PlayCanvas 最新发布的版本支持利用 ARToolkit 构建基于 Web 的 AR 应用，当然，同样少不了标记的运用（用真实世界中的标记物来实现对环境的定位和跟踪）。

而 Sumerian 仍不支持 AR，尽管亚马逊已经宣布很快就会支持。

小贴士大用途

有很多可视化的编辑器承诺能让“任何人在几分钟内构建 VR 或 AR 应用！”即便这都是真的，也还是需要专业知识，这可不是利用简单的拖放或可视化编码环境就能完成的工作。如果只是想快速分享一些简单的 360° 照片或视频，掌握本章下一节的内容可能比系统学习完整的 VR/AR 开发环境更有用。但如果对从事 VR/AR 的内容创作感兴趣，那么花点儿时间深入了解编程环境和编程语言非常值得。

发布内容

从事 VR 和 AR 的内容创作，要在刚刚开始的时候就把销售方式考虑在内。与毫无问题适用于各种设备的网站和传统的计算机应用不同，VR 和 AR 的体验非常依赖用户端已有的软硬件。

Unity 和 Unreal 在导出到不同平台时很灵活，而 XCode 之类的开发环境只能导出到单一平台。所以在开工之前，一定要清楚自己的用户是谁。

“桌面型” VR头显

虽然我们可以开发独立应用（对仅用于内部销售的项目很有用），但大多数“桌面型”头戴式显示器（HMD）都有自己的销售平台，例如，HTC Vive 的官方应用商店是 Viveport，Oculus Rift 的官方应用商店是 Oculus Store，而 Windows Mixed Reality 的官方应用商店则是 Microsoft Store，PlayStation VR 游戏既可在传统的实体店购买，又可在网店购买。至于 Steam VR 等平台的作品，是面向多种设备销售的，虽然操作起来不如“官方”应用商店那么方便，但大都既可以在 VR 环境中，又可以在 2D 屏幕上运行。

不同的商店有不同的要求和规定。创作内容的时候，一定要确保自己知道上传到不同的平台时都需要提供哪些东西，也要知道应该如何展示自己的作品。

“移动型”VR头显

与“桌面型”VR 头显一样，“移动型”VR 头显通常也有固定的商店或销售平台让大多数用户下载内容，虽然也有独立版本，但大多数还是要在官方销售平台下载。Daydream 的 App 销售平台是谷歌的 Play Store，Gear VR 的 App 销售平台则是 Oculus Store。

图 9-19 所示是利用 Gear VR 浏览 Oculus Store 的画面。

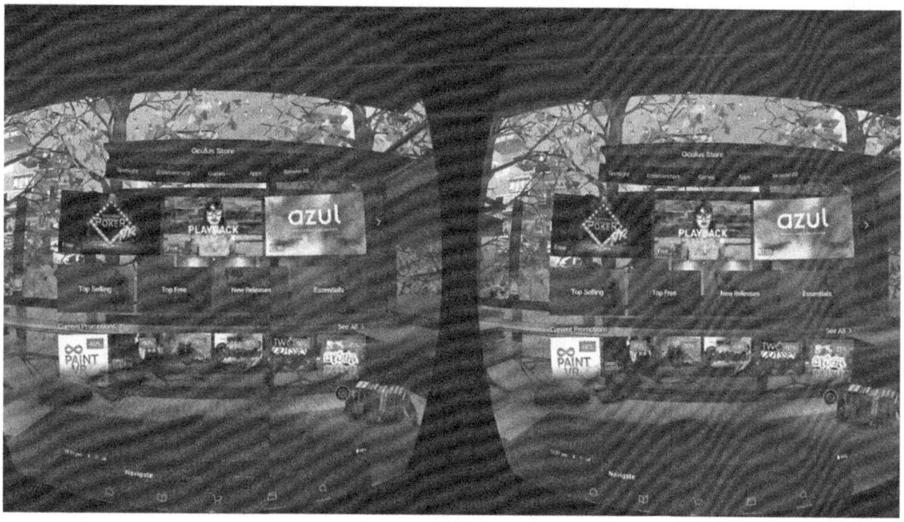

图9–19 利用Gear VR浏览Oculus Store的画面

Google Cardboard

由于 Google Cardboard 并不依赖专门的硬件或软件，所以 App 的销售渠道更为开放，用户可以在自己设备的应用商店里购买。Android 设备一般是谷歌的 Play Store，iOS 设备则是苹果公司的 App Store。

WebVR

WebVR 不像应用商店那么封闭，App 的购买渠道更广泛。与网站一样，任何网络主机都可以用来存放 WebVR 作品，用户无论是用 Cardboard、Daydream、

Gear VR、Rift、Vive，还是用 Windows Mixed Reality，都可以通过 VR 浏览器访问。

AR头显

AR 应用的销售模式与 VR 是一样的。但由于大多数 AR 头显目前只针对企业级客户，所以了解销售方式还是很有趣的，例如，HoloLens 的 App 目前可以在 Microsoft Store 买到。

“移动型”AR

“移动型”AR 应用与普通移动 App 一样可以在各自的应用商店中找到，ARKit 应用可以在苹果公司的 App Store 上购买，ARCore 应用则是在 Google Play Store 上购买。

基于 Web 的 AR（类似于 WebVR）可以利用移动设备的 Web 浏览器获取。但有一种情况需要注意，购买“移动型”AR 应用一般都需要非常专门的硬件和软件，用标准的移动 Web 浏览器是不行的。利用 Web 销售自己开发的 AR 应用一定要注意支持哪些设备和软件。

其他

在创作 VR 内容时，我们要把具体用途和发布方式记在心里，如果只是想制作和分享 360° 的照片或视频这种简单的内容，那就根本不涉及开发。

如今发布 360° 的视频是一件很容易的事，在 YouTube、Vimeo 和 Facebook 等平台都能实现，也都可以在 2D 屏幕和大多数主流 VR 头显上通过标准浏览器播放，而且利用 YouTube 这样的平台解决问题通常也是最好的方法。

分享 VR 照片也有很多 App 可以用。例如，照片分享网站 Flickr 就推出了一款 Flickr VR 应用，可以在 VR 中分享照片；Facebook 为 Gear VR 推出的一款名为“360”的 App 能使用户浏览朋友发布的 360° VR 照片；而 Kuula 等网站不仅可以创建和分享 360° VR 照片，还能在 360° 的体验环境中为其他照片添加 3D 热点、视频和链接。这些 360° 的照片都可以在标准的 2D Web 浏览器中查看。

图 9-20 所示为桌面上显示 360° 图像的 Kuula 网站界面，以及链接其他图像、YouTube 视频和信息的 3D 热点。

图9-20
Kuula网站界面

考虑到 AR 的本质及目前的发展水平，分享 AR 内容受到的限制确实更多些。但 Instagram、Snapchat 和 Facebook 等应用都有分享（用 AR 滤镜处理过的）照片和视频的不同方式。当然，这些内容的“AR 效果”是很有限的（一般是用滤镜为脸部加上“熊耳朵”或“蝴蝶冠”之类的东西），只是这些很简单的效果很可能正是目前 AR 应用最广泛的地方，每天都有数百万人在用。随着 AR 技术的不断成熟，看到 AR 应用如何从简单的滤镜演变成具备更多实质性内容的分享方式，那一定很有趣。

[illegible] AR [illegible]，[illegible] AR [illegible] Instagram、Snapchat 和 Facebook 等 [illegible] AR 滤镜 [illegible] AR 应用 [illegible] AR [illegible]

第四部分 应用

本部分内容包括：

了解 VR 和 AR 在各行各业的用途；

探索 VR 和 AR 的部分应用；

分析 VR 和 AR 的部分应用实例及其对推动行业发展的意义。

本章内容包括：

了解 VR 技术目前的用途；

分析 VR 在各行各业的作用；

预测 VR 对各行各业的影响。

第10章 虚拟现实技术的实际应用

人们常常对 VR 抱有误解，以为它主要是用于游戏和娱乐的，但情况并非如此。VR 确实能够带来不可思议的游戏体验，但它的潜力可远不止于此。事实上，如果能跳出娱乐的范畴，把 VR 用于创作、教育、共情和治疗等方面，这项革命性的技术才能真正发挥威力。

本章探讨 VR 在各行各业中的一些具体应用，针对它们的类型、作用和前景，我们逐一进行分析。

记住比较好

VR 技术已经走进数百个行业，相关的具体应用即使达不到一万种，也可能有几千种了，所以我们可以利用本章的内容开拓思路，好好思考 VR 还能用在哪些未提到的行业中。

艺术行业

艺术和技术的关系向来模糊，艺术世界对新技术也始终后知后觉。一些批评家坚持认为计算机艺术根本就不是“艺术”，但是，自原始人第一次在洞穴的墙壁上画上标记开始，艺术家们就一直在突破“什么是艺术，什么不是艺术”的界限。随着新型软硬件的出现，无论是艺术家、设计师还是其他热衷创新的人士，都在各显神通，利用新技术来创作前所未有的作品。

本章正是有关人们利用 VR 在艺术世界开展的各种尝试，其中既包括艺术的创作，又包括艺术的欣赏。

记住比较好

VR 推动的不仅是全新的艺术创作形式，还有全新的艺术欣赏途径。此处指的不仅是用 VR 创作的艺术作品，还有很多传统的艺术形式，包括雕塑、绘画、建筑、工业设计等。

绘图工具Tilt Brush

Tilt Brush 在本质上与谷歌 Blocks 3D 建模工具不一样，它是一种绘图和着色的程序。另外，与大多数绘图程序只能画二维图形不同，Tilt Brush 可以绘制拥有长、宽、高 3 个维度的作品。

图 10-1 所示是用户利用 Tilt Brush 在 VR 环境中绘图的情况。

图10–1 Tilt Brush的使用环境

听起来很简单对不对？但简单正是 Tilt Brush 成功的秘密。Tilt Brush 很直观，任何年龄的人，不管懂不懂艺术，都能马上上手，在 Tilt Brush 环境中画画，只需要一只手拿笔，另一只手拿调色板即可，与在真实环境中画画一样，画 3D 图形也是，笔法大开大合。但是简单的界面掩盖不了 Tilt Brush 创作优秀艺术作品的能力，用户不仅能与其他人分享自己的作品，还能让他们看到作品是怎样一笔一笔画出来的，整个过程宛如现场直播。通过分解的笔法，其他人也可以看懂作者的绘画技巧，在自己的作品中加以运用。Tilt Brush 还可以导入和编辑其他人的作品，甚至推倒重来，对当今的混成式文化来说堪称完美。

图 10-2 用多幅图展示了 Tilt Brush 用户 Ke Ding 重新创作的梵高的作品《星夜》。人们在 VR 中欣赏这件艺术作品的时候，不仅可以四处打量，还可以从中间穿过去。想象一下如果梵高这样的画家拥有 VR 技术，那么又会创作怎样的一页篇章！

图10-2
利用Tilt Brush
重新创作的
《星夜》

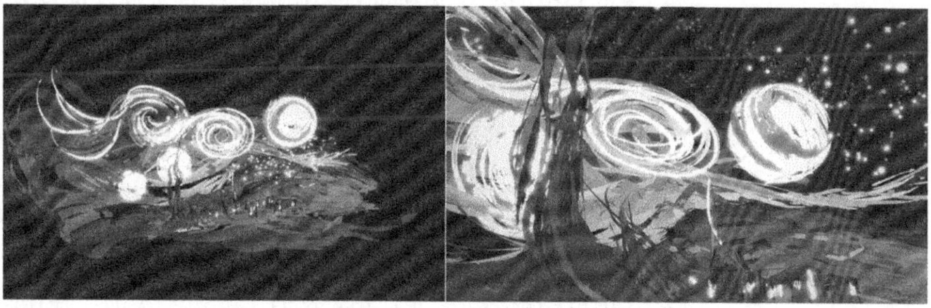

本图片由Ke Ding依照知识共享（Creative Commons）许可协议友情提供。

Tilt Brush 未来在艺术领域的地位仍不可知，但它已经证明，VR 技术不仅可以用来制作实用的东西，还可以用来创作艺术作品。谷歌公司已经与很多艺术家和创作人士达成合作，准备利用 Tilt Brush 推动其“家庭艺术家”（Artists in Residence）计划的发展，该计划的目的是改进 Tilt Brush，以更好地发掘这种全新艺术形式的潜力。包括英国皇家艺术学院（Royal Academy of Arts）在内的很多博物馆和艺术机构，都已经开启了以 VR 艺术为主题的展览，探索 Tilt Brush 以及其他 VR 工具会对目前和未来的艺术界产生什么样的影响。

在 VR 的帮助下，艺术家们终于能够创作出传统手段根本无法企及的作品，无论 Tilt Brush 的结局会怎样，很明显 VR 在艺术创作领域的步子才刚刚迈出。

HTC Vive 和 Oculus Rift 也支持 Tilt Brush。

小贴士大用途

即使没有 VR 头显，我们也可以在谷歌公司的 3D 素材共享平台 Poly 上用 Tilt Brush 进行创作。

VR 世界的艺术创作

Yağız Mungan 是一位跨界人士，既是艺术家，又是程序员，喜欢用 VR 进行艺术创作。他曾经与笔者讨论过他的最新作品《四重线》（*À Quatre Mains*），一件用 WebVR 创作的合成音乐作品。Yağız 对他的工作和（作为一种全新艺术形式的）VR 的看法如下。

» 我的专业背景比较复杂：音乐、编程、画画。我喜欢创造新的乐器来帮助自己发现不一样的美，启发不一样的想法。在我的最新作品《四重线》中，我想到了一些事情：用数字世界摆脱真实世界的限制，在真实世界中的动作要保持自然，探索虚拟条件下的多人协作方法，为音乐家打造更身临其境的乐器。

» VR 作为一种创造性的媒介是很伟大的——好用又有启发性。从实际角度出发，有些事情在现实世界中是不可能做到的，预算不够或需要相关许可，但这些在 VR 世界里有可能实现。一切都是与感官有关的，现在的消费级硬件已经能实现视觉、听觉和部分触觉（如触觉反馈以及我们踩在地板上也是有感觉的，等等）的功能，人们的头部和手部动作也可以跟踪。于是，用户就有了非常坚实的“存在感”，一旦进入 VR 体验，他们的大脑会自动填充空白。我觉得 VR 很个性化，趣味十足，是一种非常棒的艺术创作手段。

» 当然，目前的 VR 技术，在迭代、连线等方面都还存在着问题。但如果体验还不错，大脑会自动忽略这些问题。对我来说，最有趣的不是既有事物的再创作，而是发掘出只有 VR 才能做到的新领域。因为有些在现实世界中只能想想的事情，在 VR 世界里是有可能做到的。从这个意义上讲，我眼中的 VR 并非是荒野探险，而是相当于对大海的首次探索，充满了惊奇与体验。VR 发展到今天，我认为我们已经不再处于刚开始学游泳的那个阶段，现在的我们已经站在了海边，甚至海水都已经漫到了我们的胸前。

» VR 的发展已经渗透到很多层面：有个人，有公司，也有研究机构。有些在造船，有些在租用海滩，还有些在建水族馆，就看谁会在这一轮炒作周期过去之后存活下来。

Pierre Chareau作品展

Pierre Chareau（皮埃尔 · 查里奥）是二十世纪上半叶法国的一名建筑师和设计

师，以擅长复杂、模块化的家具和家装设计闻名于世。他的设计风格新颖、简约，还可以拆装，吸引了很多注重款式和功能的顾客。

他最著名的一件作品是放在巴黎的 *Maison de Verre*（意思是“玻璃屋”）。为了展出 Chareau 的作品，纽约犹太人博物馆想了一种办法，不仅可以把他的实物艺术品（如家具、灯具、绘画和室内装饰）放在一起展出，还能利用 VR 技术将观众带到一个他们不可能到的地方——玻璃屋——里面去。

图 10-3 所示是纽约犹太人博物馆 Chareau 作品展网站上呈现的虚拟玻璃屋。

图10–3
纽约犹太人博物馆用VR技术呈现的玻璃屋

这次展出是纽约的 Diller Scofidio + Renfro 公司（简称“DS + R”）设计的。该作品展使观众有机会欣赏 Chareau 的设计作品（有些家具可能刚刚才在展厅看过）在玻璃屋中呈现的状态，刚好契合了 Chareau 的设计初衷。鉴于根本不可能把玻璃屋本身运到纽约来，因此，这可能是最能让观众感到身临其境的展出方式。

随后博物馆在网站上扩大了 VR 技术的应用范围，供网民在线游览。尽管展出已经结束很长一段时间了，但来自世界各地的观众依然可以访问博物馆的网站，通过 360° 的静态照片欣赏之前曾经在浏览器中呈现的部分内容。亲自到纽约犹太人博物馆官网去看看吧。

Pierre Chareau 作品展是艺术博物馆行业改变既有展出模式的初步尝试。随着 VR 技术的兴起，像博物馆这种需要人们上门参观的机构，也在想方设法增加自己的特色，吸引更多的观众。在 VR 的世界里，人们可以见到恐怕一辈子都没机会目睹的宝贝，博物馆也可以向观众呈现更加丰富的内容。让我们来想象一下这几个场景：拜访莫奈在《睡莲》（*Water Lilies*）里画的池塘；用前所未有的 VR 视角欣赏闻名世界的雕塑和建筑。

Google Arts & Culture VR

人们可以用 Google Arts & Culture VR（谷歌文化与艺术 VR 版）欣赏世界各大博物馆珍藏的艺术品。与普通博物馆一样，这款应用会根据不同的艺术家群体或时代分门别类。比如，在 Edward Hopper 展区，既有其前辈和导师（如 William Merit Chase）的画作，又有同行（如 Georgia O'Keefe）的作品。

图 10-4 所示是用户在 Google Arts & Culture VR 中参观 Edward Hopper 的画展。

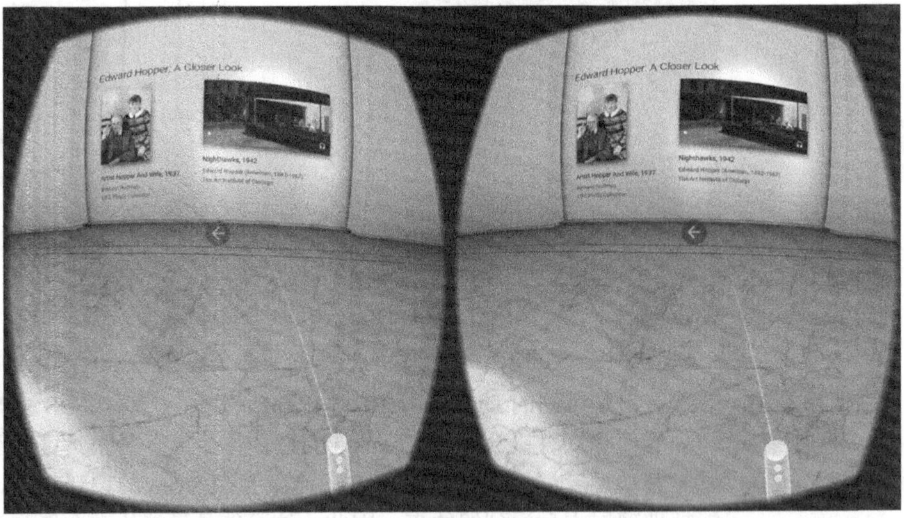

图10–4 Daydream 上运行的 Google Arts & Culture VR

从“早期亚洲艺术家”门类到“当代艺术家”门类，从马奈到梵高，这款应用可以让我们探索每一个艺术时代和每一件艺术作品。每一件作品都配有语音简介和文字说明，也都可以放大，让用户慢慢欣赏作者的笔法，这在以前根本不可想象。

小贴士大用途

Google Arts & Culture VR 目前仅支持 Daydream，所以不能像在房间模式的 VR 应用中那样可以走来走去。而且在 VR 中加入 3D 艺术品（雕塑、瓷器等）需要增加另一个维度（此处不是双关语），目前，还没有哪种方法可以完美地实现 3D 物体的数字化。这款应用虽然还有缺点，但它是谷歌对艺术欣赏新形式的探索，未来可期。

利用 Google Arts & Culture VR，用户可以从现实生活中绝无可能的角度探究这些作品。也许在不久的将来，凡是不允许用户接触的展品恐怕都会被 VR 所取代。巴尔的摩内城区学校里的孩子们可以边上学边游览卢浮宫的画廊，而中西部地区的老年人不用坐飞机就可以参观纽约大都会博物馆。

Google Arts & Culture VR 可在 Google Daydream 上运行。

教育行业

VR 和教育天生就很合拍。

三星公司和捷孚凯（Gfk）公司对 1 000 多名教师和教育工作者进行过一次调查，调查结果显示，尽管只有 2% 的教师在教室里用过 VR，却有 60% 的教师对教学中引进 VR 技术感兴趣，有 83% 的教师认为在课程中加入 VR 元素会改善学习效果。此外，有 93% 的教育工作者表示，他们的学生热切盼望能在学习过程中用上 VR 技术。

本节阐述了利用 VR 技术开展教学的一些方法，既包括老师在课堂上开展历史主题 VR 旅行，又包括 VR 技术通过教育在激发同理心方面发挥作用。

小贴士大用途

如何激发学生的学习热情，向来是老师们最头痛的问题之一。如果 VR 能提高学生对教材的兴趣，学生更有可能记住知识。而且，有些学生在学习方面存在着各种各样的问题，这些问题在传统的课堂环境下无法解决，但 VR 能带来很大帮助。

Google Expeditions VR

Google Expeditions（谷歌探险）是一款利用 VR 技术带着学生环球旅行的教学工具，不需要准备大巴和盒饭。这款应用已有数百条 VR 旅行路线，涵盖文艺、科学、环境和时政等诸多领域。利用 360° 的照片、声音和视频，学生可以到刚果研究大猩猩，也可以到大堡礁探索生物多样性和珊瑚类型，还可以到婆罗洲考察环境的变迁。有些本来无法去的地方现在利用三维模型也能去，如人体呼吸系统或细胞的内部。

老师在整个体验过程中担任向导，一般用 iOS 或 Android 平板电脑，学生则用谷歌 Cardboard 设备。所有设备都通过共享的 Wi-Fi 热点互联，领队（老师）负责控制场景并传送到队员（学生）的设备中。

领队可以把不同的知识和兴趣点指给队员看，如乘坐 NASA（美国宇航局）的 Juno 木星探测器时，把木星的大红斑指出来。点击大红斑后，所有的设备中都会高亮显示，箭头会指引队员前往正确的地点。另外，领队通过平板电脑还能知道每个队员正在看什么，有些队员容易走神，这一招很管用。这款应用还准备了很多不同难度的问题和答案，领队可以拿来考考队员，看他们有没有记住这一路上学到的知识。

Google Expeditions VR 把知识活灵活现地呈现在学生面前，既生动又有趣，可比书里的插图强多了。毕竟，在书中读到“哈利法塔是世界上最高的人造建筑”与体会“站在哈利法塔第 153 层边缘”的感觉根本就不是一回事。

图 10-5 所示是 Google Expeditions 在领队的平板电脑上和队员手机上的不同画面，他们探索的是 Vida 公司开发的《世界节日》（*Festivals of the World*）。领队的画面上有各种各样的知识和兴趣点用于讲解，还能知道队员们正在看什么。

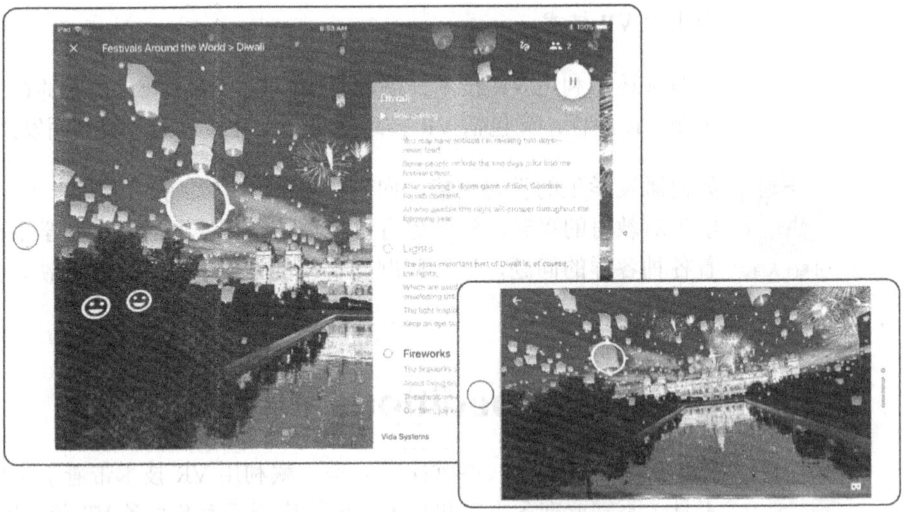

图10–5
平板电脑和手机上的Google Expeditions

Google Expeditions 支持 iOS 和 Android，用于 Cardboard。

《锡德拉头顶上的云朵》

《锡德拉头顶上的云朵》（*Clouds Over Sidra*）是 Gabo Arora 和 Chris Milk 在联

合国的支持下拍摄的一部虚拟现实电影，讲述的是一个名叫 Sidra 的 12 岁叙利亚难民女孩的故事，她住在约旦的Za'atari难民营里。镜头一路跟随Sidra离家，上学，踢球，最后再回到家，通过画外音、视频和难民营里其他孩子们的照片讲述了一个完整的故事，最后以被一群孩子围住结束。

这部拍摄于 2015 年的电影是一次很有趣的探索，也是用 VR 电影这种方式讲故事的一场试水。电影在技术上并不复杂，效果也不花哨，就是一部简单的 360° 视频，而且也没有那种能让我们大开“脑洞”的东西。

没错，这部电影就是告诉我们一段简单的 VR 视频能做什么，通过类似的作品，无论是成年人还是孩童都能了解到真正的难民生活是什么样的。生活中人们常常会自动过滤掉有关难民危机的新闻报道，但在 VR 中，没有这个选择。

随着 VR 头显的普及，用 VR 电影讲故事可能会成为人们了解时事的通用做法，影片《锡德拉头顶上的云朵》也证明了这种办法确实有效。在 2015 年的筹款大会上，这部影片筹集到超过 38 亿美元的款项，比预期高出 70%，而联合国的统计显示，看过这部影片的人的捐款意愿比没看之前提高了一倍。

图 10-6 所示是观众在 VR 电影《锡德拉头顶上的云朵》里的系列旅程。

图10-6 影片《锡德拉头顶上的云朵》的系列截图

本影片支持 WebVR、Google CardBoard（iOS 和 Android）、Samsung Gear、HTC Vive、Oculus Rift 和 PlayStation VR。

Apollo 11 VR

《阿波罗 11 号 VR》（*Apollo 11 VR*）讲述的是阿波罗 11 号宇宙飞船的故事，用户能够身临其境地参与这一历史事件。这款 App 从 NASA 拿到了音视频资料的原始存档，能够根据历史精确重现飞船的内部结构和外部环境。

《阿波罗 11 号 VR》属于互动纪录片的类型，观众不仅能看到正在发生的事情，还能自行操控、着陆和四处探索。

从被动倾听到主动参与正是当今教育行业的发展趋势，事实证明，主动参与学习对于增进理解和改善记忆也有着显著的效果。

观众在《阿波罗 11 号 VR》的体验过程中既能看又能动，这可能正是 VR 引发教育行业“地震”的先兆，同时也表明哪怕是对历史题材的学习，VR 也能发挥积极的作用。

图 10-7 所示是《阿波罗 11 号 VR》的部分截图。

图10–7 《阿波罗11号VR》的部分截图

《阿波罗 11 号 VR》支持 Vive、Rift 和 PlayStation VR，其移动版支持 Daydream 和 Gear VR。

娱乐行业

普华永道（PwC）最近一份有关未来 5 年内娱乐和媒体行业前景的报告指出，这个行业的增长很可能跟不上 GDP 的增长。这家全球头号会计师事务所还特别指出，到 2021 年，电视和电影等传统媒体在全球经济中所占的比例可能出现增长乏力的情况。娱乐业的下一个增长点很可能来自 VR 等新兴技术，但这波浪潮来得有多快，应该如何利用，才是真正的问题。

VR 会用什么方式改变我们的娱乐生活，读过本节就会知道。例如，有些 App

可以让我们在家中舒舒服服地参加外面的活动，而有些则是让我们前往从前根本不敢想象的地方。

记住比较好

VR 介入娱乐领域面临的首要问题是这个市场能以多快的速度成熟起来。VR 作品的竞争力离不开高质量的内容，同时还要让创作者赚到钱，但是 VR 市场仍未成熟，内容的创作者们仍在探索可行的赢利模式。

Intel True VR

体育赛事直播和 VR 之间的关系一向很纠葛。一方面，现场观赛天然具备社交性质，与 VR 的“孤独”本性相去甚远；另一方面，即便是假的，VR 也能给用户带来前所未有的“身临其境”感。

接下来提到的是英特尔的 True VR 技术。True VR 是英特尔的 VR 现场直播平台，配备了全景立体摄像机，能够从以往想不到的视角拍摄画面。英特尔在美国职业棒球大联盟（MLB，Major League Baseball）、美国职业橄榄球大联盟（NFL，National Football League）、美国职业篮球联赛（NBA，National Basketball Association）和奥运会赛事中都采用了这种技术。

True VR 让人们在虚拟世界中梦想成真，球场上方的任何位置都可以成为视角。在棒球比赛中人们可以待在本垒板的后面，本垒打结束之后，也可以跑到休息区近距离观察选手的反应。除此之外，英特尔还设计了一些大多数游客根本去不了的拍摄地点，如亚利桑那州大通球场（Chase Field）的游泳池和波士顿芬威球场（Fenway Park）的“绿怪”（Green Monster）。

英特尔也给 True VR 系列 App 加上了深层次的功能，包括实时统计、分类视图、VR 评论、高亮显示等。总而言之，True VR 不仅把现场完完全全地重现了出来，还增加了个性化元素和更多的功能。

我们猜不到 VR 和现场直播之间关系的最终走向，而且 True VR 自身也在不断地演化，但是，有了这项技术，未来我们戴上头显欣赏体育比赛可能就像现在打开电视一样自然，也许效果还更令人满意。

图 10-8 所示是 NBC Olympics VR 和 NBA on TNT VR 的屏幕截图，这两款 App 都采用了英特尔的 True VR。

图10–8 NBC Olympics和NBA on TNT（基于True VR技术）

Intel True VR 系列 App 都支持 Gear VR、Daydream、Windows Mixed Reality。

现场活动的未来

Kalpana Berman 是英特尔的一名产品经理，负责利用 Intel True VR 技术设计和构建应用程序。作为英特尔 True VR 技术理念的践行者，她对其技术路线图、需要克服的挑战以及现场直播的未来有自己的看法。

True VR 今后的发展路线图目前仍然保密，但 Berman 从更广泛的角度讨论了她对这项技术未来走向的见解。

- 我认为未来应该是这个样子……VR 中会出现新的海量视频处理技术，用户想在哪里看就在哪里看，视角不会固定不变。想象一下能从任意角度回放比赛画面的样子，我们希望球迷在观赛时不仅有身临其境的感觉，还能体验到他们在现实生活中无法体验到的东西。
- VR 能以一种全新的可视化方式摄取信息。关于如何在 3D 空间中呈现这类数据，我们正计划开展各种试验，打算给用户带来真正个性化的体验。
- 最后，我们认为 VR 最有价值的地方之一是实现了用户之间的远程连接。运动是球迷的社交。如果人们可以与散落在世界各地的大学校友一起来一场比赛，那会是什么样子？未来，我们的着眼点不仅是 VR 头显用户之间的体验共享，怎样让那些没有头显的人参与分享更是我们前进的目标。

利用 VR 技术实现这一目标仍有许多障碍需要克服，Berman 女士补充道：

- 市场份额并不是我们现在的目标，原因有很多：造型不舒服、计算强度不够、带宽不够，以及 VR 体验太过孤独。但最重要的是，我们需要达到这样一个水平——VR 直播的质量要与电视直播持平——甚至更好才行。要做到这一点，不仅是视频捕获技术，整个内容产业链（包括创作、生产和销售）都必须取得重大进步，恐怕至少还需要 3 ～ 5 年的时间。

关于现场直播的未来，Berman 女士说道：

» 现场直播和体育比赛是仍在维持传统电视 / 有线电视行业运转的少数领域之一。我认为，如果我们能够解决 VR 普遍存在的一些问题，VR 就能够改变人们观看现场活动的方式。未来可以想象的是，人们戴上头显就能和不在身边的朋友一起去听音乐会；一周参加一次篮球联赛；少年棒球联盟的教练能通过 VR 观看和点评比赛；球迷能戴着头显一边看球，一边观看梦幻选手排名的更新，同时在赛场上东奔西跑。

碎片大厦

碎片大厦，也叫“摘星塔”，是位于伦敦南华克区的一栋 95 层的摩天大楼，高达 1 016 英尺（约 310 m），是英国最高的建筑。

在大厦最高层的天桥上有两台特殊的 VR 观光娱乐设备，分别叫作“滑滑梯”（The Slide）和“迷魂机”（The Vertigo）。在“滑滑梯”中，游客被固定在一把会动的椅子上，然后从虚拟世界中的碎片大厦屋顶沿着滑梯一跃而下，观看从未目睹过的伦敦天际线。

图 10-9 中展示用户在 VR 世界体验“滑滑梯”，一个可以 360° 调整的座椅给用户带来观看伦敦天际线的体验。

在“迷魂机”中，游客会穿越到碎片大厦建造的时期。在现实世界中，游客走在离地面几英寸（1 英寸≈ 2.54 厘米）的一块薄薄的平衡木上；但在 VR 世界里，他们是在建造碎片大厦时工人安装的钢梁上，身处 1 000 英尺（约 304.8 m）的高空。

像“滑滑梯”和“迷魂机”这种特殊地方的特殊应用，利用了 VR 技术吸引游客去感受他们在家里根本无法体验的东西。它们也常常用来解决 VR 体验的孤独感问题（有些时候是开发真正的多人体验模式，有些时候是让其他人在一边看某个人玩），所以我们才会经常看到一群人围在玩“滑滑梯”的人旁边，边笑边讨论他们的反应。博物馆和旅游景区之类的地方常常利用这种技术给游客带来更深入、更吸引人的体验。

图10-9
用户在碎片大厦体验“滑滑梯”

碎片大厦官方网站友情提供。

特殊地点的 VR 体验

Brad Purkey 是西雅图流行文化博物馆（Museum of Pop Culture，前身为 EMP）的互动项目主管，擅长运营各种针对特殊地点开发的 VR 体验，其中最著名的一款是从《权力的游戏》中衍生出来的“登上绝境长城”(Ascend the Wall)。下面是他分享给我们的经历。

» 我们的 VR 体验项目一直都需要大量的人力，我们需要摆放设备的地方，也需要人来监控运行，因为 VR 不像 iPad 那样，人们拿起来就知道怎么做。当然，随着它越来越普及，情况会发生改变。但这个问题很有意思：吸引游客要靠自己的特色这个道理没有错，但使用人们熟悉（甚至自有）而且懂得怎么操作的硬件会很有优势，因为会更容易上手。而且也许我们没必要提供硬件，毕竟轻易就能得到的东西反而会丧失吸引力。

» 我认为，如果把 VR 当成体验的全部，其实没多少亮点，但如果把 VR

置于更宏大的背景下去体验，如我们的世界，它就会变得强大。《权力的游戏》里面还有 4D 元素（如升降机和用风扇吹冷风）——甚至那些简单的小玩意也能丰富用户的体验。特殊地点的 VR 体验确实只能作为整体的一部分，这样才更能引人入胜。博物馆这些地方就是这样做的，VR 只作为一种特色项目存在，是整个观光体验的一部分。

» 至于 VR 何时成为主流有没有时间表，看看 iPhone 的演变就知道了。iPhone 大概是在 10 年前发布的，这 10 年它的发展速度非常惊人。我相信 VR 也会有相似的速度，比许多人想象得要快。5 年后，VR 就将无处不在。我可以想象 10 年后……某种与谷歌 AR 眼镜很相似的东西，可以迅速发展为 VR 头显——内容的闸门旋即打开，带我们走进一个魔幻的世界。当然，这一切要靠内容创作人员们的拼搏。几年前当我们在博物馆里谈论 VR 时，我们会想："它这么罕见，肯定会有很多人来看。"现在呢，几乎每个博物馆都有——不再罕见，现在的关键是要有吸引人的内容。

当被问及 VR 有没有可能与博物馆（或其他实体机构）平起平坐甚至取而代之的时候，Purkey 说：

» 我觉得数字世界的未来会让人们深陷其中，人们实际上会更想看到更真实、更客观存在的东西。每次在博物馆里看到这些真实的艺术品时，我常常会惊异于它们对我的影响。举个例子，假设我们正在举办 Jim Henson（美国布偶大师）的作品展，然后看到 Grover（一款布偶形象）就在我面前，真实的 Grover——这与看照片真的太不一样了，看照片不会有这种感觉，总会有一些东西让你觉得不同。所以我认为，VR 永远都不会取代现实，它只是用来丰富我们的现实生活。

医疗保健行业

有些人可能会觉得把医疗保健与 VR 放在一起很奇怪，但它还真是最早探索 VR 用途的行业之一。早在 20 世纪 90 年代，医学界的科研人员就已开始研究如何将 VR 应用于医疗，但这项技术现在才刚刚开始在医疗领域发挥作用。

本节涵盖了 VR 技术在医疗领域的几种应用，包括出于同理心的目的开展的疾病模拟，通过构筑难以复制的培训场景来给未来的医学专业人员授课，还有处理心理问题的新方法，如抑郁症和创伤后应激障碍（PTSD）。当然，这些内容只触及 VR 在医疗领域用途的皮毛，随着 VR 的日益成熟，它能做到的事会越来越多。

记住比较好

在医疗领域，VR 的世界是一个令人目眩神迷的新世界，云集了很多新想法。举例来说：一是为外科医学生构建能让他们获得更多手术经验的训练场景，大幅改善患者的治疗效果；二是包括存在帕金森氏症和截肢等各种问题的潜在患者的治疗方案，都使 VR 在医疗领域大有可为。

Beatriz：阿尔茨海默病之旅

Beatriz 是 Embodied Labs（角色代入技术实验室）开发的系统，这家实验室专门研究如何利用 VR 技术帮助医疗专业人员真正了解患者，用户在系统中的名字即为 Beatriz，用户要全程体验阿尔茨海默病（也叫老年痴呆症）早、中、晚 3 个阶段的病情变化。

这段经历涵盖了 Beatriz 十年的人生，从 62 ～ 72 岁，在每个阶段，你，代表着 Beatriz，要与日益严重的认知障碍进行斗争。在早期，Beatriz 会逐渐意识到大脑正在发生变化，并开始在工作和生活中应对这些变化，工作时会犯糊涂，分不清方向，在其他地方也是，如在杂货店里。

在中期，你要观察阿尔茨海默病如何在宏观层面影响大脑。Beatriz 的角色开始出现幻觉，你在家里变得困惑和害怕，需要帮助和照顾，还会发现家人开始为如何照顾你产生冲突。

最后你会经历阿尔茨海默病的晚期症状。虽然在节日聚会中能感受到一丝快乐，但你会看到 Beatriz 的家人因为她越来越严重的病情产生情感挣扎。

Beatriz 融合了真人 360° 视频、游戏互动和 3D 医学动画等多项技术。Embodied Labs 首席执行官 Carrie Shaw 表示：“项目的目标是获取大量的真人数据，然后把数据与身体内部正在发生的事情背后的科学性结合起来研究”。

Beatriz 项目针对的是阿尔茨海默病患者的医护人员和其他承担照顾任务的人，目标是让他们亲历患阿尔茨海默病的真实全过程。拥有与患者一样的眼睛，才能够亲身体会患者看不清楚也听不清楚的痛苦，才能更好地与他们交流，更深入地理解他们的困难，也才能更好地完成自己的医护工作。

图 10-10 显示用户正在通过 Beatriz 体验阿尔茨海默病的病情变化。

"我不知道为什么所有人都在这里，我做得很好。"

图10-10
通过Beatriz体验患阿尔茨海默病的用户

Embodied Labs友情提供。

医疗保健行业的新生

Carrie Shaw 是 Embodied Labs 的创始人和首席执行官，这座实验室专门研究如何利用 VR 技术开展医疗培训，帮助人们理解患者。笔者曾经与她谈过 Beatriz 以及她本人与阿尔茨海默病的关系。

» 我 19 岁时，母亲被诊断出患有早发性阿尔茨海默病。从那时起，我们就踏上了照顾她的旅程，这是我绞尽脑汁想弄明白的事情。因为随着她的变化，我无法理解她现在如何通过新的认知方式看待这个世界。但是，我发现，如果能想办法看到她看到的世界，就能瞬间突破语言、文化和教育的障碍。

» 我和她一起搬回家，承担起照顾她的主要任务。当时她的右脑已经萎缩，导致她的左眼视觉有缺陷。我做了一副简单的眼镜，中间有部分视野用东西遮住，然后试着向其他的护理人员解释她正在经历什么。其实根本就不需要口头解释很长时间，只要戴上这副防护眼镜，他们马上就能明白她正在经历什么，这东西虽然很粗糙，但真的很直观。

Embodied Labs 开发的软件主要是让医疗专业人员模拟患者的日常生活，帮助他们理解患者的世界，从而更好地同患者沟通，也更好地理解他们的生活和痛苦。

Shaw 还说：

» VR 技术模拟的不只是简单的视觉损伤，还是患者的整个世界。我们的目标是利用这项技术帮助人们更好地了解疾病，不再把它当成不可知的神秘事物。

» 事实证明 VR 可以减少人们对其他群体根深蒂固的负面印象。在用了我们的软件之后，经过调查发现对老年人的歧视和负面印象有所减少，我们在抽样分析中看到了可喜的变化。

» 最后，我们也会跟踪了解系统使用前后分别对护理人员有何影响。在评估工作中，我们会跟踪采集相关数据，并将数据与我们的 VR 系统高度关联，从而更好地遵守医疗领域的相关规定，达到更高的安全等级，并降低医护人员的流失率。

虚拟手术室

VR 技术作为一种教学手段在医学领域有着巨大的潜力。在医学领域，不管学哪个专业，要得到适当的培训都很困难，接触不到病人就无法和同行开展学习和研究，就成不了医生或其他医疗专业人员。

Medical Realities（医疗现实公司）是一家专门研究如何利用 VR 技术从事手术训练的公司。按道理，观摩手术是需要待在手术室的，这家公司希望能用 VR 技术使观摩能在世界上任何地方进行。2016 年，公司的联合创始人 Shafi Ahmed 医生在伦敦给一名病人切除了癌细胞组织，他是第一个允许 VR 进入自己手术室的人，有将近 55 000 人收看了这台长达 3 小时的手术。

Medical Realities 的目标是让用户在手术过程中有如亲临，还能按他们最感兴趣的事情改变视角。Medical Realities 现有的平台可以在不同的摄像机视频源之间切换，如腹腔镜或显微镜，还有手术台的 3D 特写。平台内置的教学模块都有 VR 解剖画面和问题列表，用户可以在前后对比检查，保证学习效果。

VR 不仅仅是一种观摩手术的新手段，一家名为“3D Systems”（3D 系统）的公司甚至还开发出了外科手术模拟模块，复制了外科手术的环境。LAP Mentor VR 是一套完全沉浸式的腹腔镜手术培训系统，用户身处虚拟手术室，耳边有完整而真实的声音干扰，再现了手术室的工作压力。与常规的 VR 运动控制器不同，“3D 系统”公司在自己的产品中用的是 LAP Mentor，一套用于模拟实际手术中的人体组织反应，具有真实触觉反馈的控制器。

心理治疗

创伤后应激障碍（PTSD）是一种精神健康问题，一般与军队有关，但也可能发生在任何经历过生命威胁的人身上，如搏斗、车祸和性侵。有关该问题的起因和治疗手段，医学界没有达成共识，但暴露疗法很有希望。暴露疗法是一种帮助人们克服恐惧的心理疗法，已被证明对治疗包括恐惧症和经常性焦虑障碍在内的心理疾病很有帮助。

暴露疗法有几种变体，既可以活灵活现地想象和描述让人恐惧的东西，又可以撕开创伤直面恐惧。但有治疗师在旁边看着，让一个人直面恐惧是不现实也不可能的，但这个正是 VR 擅长的方向。有了 VR 技术，就可以不再通过病人的想象来面对创伤，人们可以构建可控的模拟环境，让病人和治疗师共同体验虚拟场景。由于体验是完全模拟的，治疗师能够把恐惧场景的数目控制在适合患者的范围以内，而患者可以在整个过程中与治疗师交谈。

心理治疗并不局限于 PTSD。发表在《英国精神病学杂志》（*British Journal of Psychiatry*）公开版上的一项研究表明，VR 疗法可以通过减少自我批评和增加自我同情来缓解抑郁症的症状。

在这项研究中，一些患有抑郁症的成年人接受了治疗，医生告诉他们要让一个正在哭泣的孩子（当然是虚拟影像）安静下来，他们照做了，孩子也确实渐渐停止哭泣。然后，病人被代入孩子的形象中，他们就能听到“成人版”的自己是如何安抚“化身版”的自己的。研究成果只能算是初步结论，但大多数患者说他们的抑郁症状有所缓解，而且接受治疗后，他们发现在现实生活中对自己不再那么挑剔了。

人们也在研究如何将 VR 用于改善饮食失调和“身体畸形”（认为自己身体有严重缺陷的强迫症）。最近有一项研究邀请了一些女性，让她们估计自己身体各部位的尺寸，然后让她们进入 VR 世界，在里面她们的头部被替换成自己的头像，腹部稍微平坦一些。然后，研究人员要求她们再次估计自己身体部位的尺寸。结果显示，参与者在拥有虚拟身体后对自己身体尺寸估计得更准，作为对比，那些未用虚拟形象替换的情况大不一样。从本质上讲，VR 能够让参与者更好地了解自己的真实模样。这就可能使 VR 成为一种非常有效的治疗方法，用于治疗那些深受饮食失调或“身体畸形”困扰的人，这些人经常错误地看待自己的身形，并以不健康的方式加以调整。通过帮助这些患者树立真实的自我形象，VR 技术可以让他们养成更健康的生活习惯。

游戏行业

VR 与游戏行业显然是天生一对，游戏玩家往往是相当精通技术的群体，所以游戏行业是最早认识到 VR 的潜力并推动其发展的行业之一。

本节讨论的内容有点超出正常的 VR 游戏场景。从《大陆尽头》（*Land's End*）等简单的益智游戏，到《生化危机 7》（*Resident Evil 7*）等恐怖游戏，再到《超级火爆》（*SuperHot*）或《机械重装》（*Robo Recall*）等激情的射击游戏，精彩绝伦的 VR 游戏真是数不胜数。人们不需要花太多的时间就能搜索到很好的 VR 游戏，所以正相反，本节讨论的内容是比较低调的游戏类型：社交游戏和 VR 游乐场。

记住比较好

在某种程度上可能是由于游戏行业“很早就采用”了 VR 技术，VR 在游戏市场上最大的问题是 VR 的爆红到底能不能满足游戏消费者的期望。玩家对 VR 技术的接纳其实早在 2012 年 Oculus DK1 Kickstarter 发布的时候就已经开始了。只不过从那时到现在，虽然 VR 技术取得了巨大进步，但还没达到全面占领大众消费市场的水平，这个行业中有些人已经开始失去耐心，不知道 VR 什么时候才能实现突破。

Rec Room

Rec Room 常常被叫作“VR 版的 Wii Sports”，这个称号可是来之不易。Wii Sports 被广泛认为是任天堂 Wii 系统最好的游戏之一，深受玩家的欢迎。这款游戏不仅没有花哨的画面，甚至连真实的故事情节都没有，可它就是做到了这一点，依靠的正是两个字——有趣，而且用户可以从中学会使用新的运动控制器。

在这方面，Rec Room 与 Wii Sports 可以相提并论。Rec Room 有一系列简单的迷你游戏，如彩弹、躲避球、字谜和其他冒险游戏，玩家可以从中掌握 VR 的基本控制方法。每个迷你游戏的控制都很简单，大都玩起来很轻松，但是它们足够有趣，让玩家可以几小时不罢手。

Rec Room 的亮点是玩家之间可以相互交朋友，它的空间很大、很开放，玩家可以一起聊天，一起玩飞盘飞镖，不一而足。而且使用麦克风语音聊天很方便，玩家也可以进入各个游戏室参加派对。另外还有一些其他特色（如任务模式、私人房间等），但都属于社交范畴。

图 10-11 所示是多人游戏 Rec Room 的屏幕截图，其中有很多迷你游戏可以真人对战，如彩弹、激光枪战和板球。

小贴士大用途

正是“简单”成就了 Rec Room 的卓越，VR 游戏的开发者都应该认识到这一点，其实一款游戏既不需要有多炫，又不需要复杂的故事情节，一样能收获成功。

《反重力》（*Against Gravity*）是 Rec Room 里面的一款小游戏，其开发人员费了很大功夫研究多人 VR 游戏究竟因为什么让人觉得好玩，终于明白如何把游戏创意变成数小时不间断的愉快体验。

图10-11
多人VR游戏
Rec Room的
屏幕截图

VR游乐场

有些人喜欢舒舒服服地待在家里用 VR 设备到处转悠，而有些人喜欢的正相反。美国有很多购物中心现在正流行 VR 游乐场，VR 游乐场和主题公园在日本遍地开花，中国也在贵阳建了一个大型 VR 主题公园——东方科幻谷。

另外一个例子是东京的 Adores VR 乐园，它在 2016 年 12 月开始试营业，人太多的时候，经营方甚至不得不限制游客人数。游乐场巧妙地把各种技术结合在一起，提升游客的 VR 体验。例如，“飞行魔毯”的玩家站在一个能对自己的动作做出同步反应的平台上，那种感觉真的就像在飞。有趣的是，VR 技术并不仅仅是 HTC Vive 和三星 Gear 这种让人购买后在家里用的设备。

游乐场的成功之处在于把本来是一个人玩的 VR 变成了社交活动：有些游戏是多人玩的，但多数游戏是邀请朋友在大屏幕上看自己与怪物或机器人战斗。Adores VR 乐园把一个人玩的游戏变成了社交。

同样在东京，万代（Bandai）和南梦宫（Namco）这两家游戏厂商联手打造了名为“VR 特区”（VR Zone）的一家 VR 游乐场，有多种 VR 游戏，而且大多是多人游戏，有专门的设备增强用户的 VR 体验，例如，极受欢迎的“马里奥赛车 VR”（Mario Kart VR）就配有真正的卡丁车，在赛道中能转能动，非常逼真。它与 Adores 一样，用的也是 HTC Vive 头显。

事实证明，VR 游乐场确实燃起了公众对 VR 的兴趣。对一些消费者来说，高端头显实在是太贵了，所以人们才竞相到游乐场体验 VR，这也说明公众确实对 VR 很感兴趣，有很多大公司正在其中寻找商机。这个行业还在探索家用 VR 的合适价位，而与此同时，VR 游乐场已经开始赚钱了。也许就算消费级 VR 头显得到普及，VR 游乐场依然能够保持生命力，因为它的社交性和互动体验在家中根本无法复制。

本章内容包括：

- 了解 AR 技术目前的用途；
- 分析 AR 在各行各业的作用；
- 预测 AR 对各行各业的影响。

第11章 增强现实技术的实际应用

2016 年，《精灵宝可梦 Go》让很多玩家首次见识到了增强现实（AR）技术，这款游戏具备最基本的 AR 体验，宝可梦的形象可以叠加在手机实时捕获的画面上。但 AR 技术本身可不是这个时候才问世的，实际上它早就在制造、维修等工业领域有了广泛的应用。虽然消费者可能是通过游戏才知道 AR 的，但业内通常把 AR 看作是未来的工作帮手，相比之下，VR 才是娱乐之王。

目前，微软和 Meta 等厂商把 AR 更多地投向了工作领域，因为 AR 不同于 VR，它更开放，更适合协同工作环境。而 VR 天然具有封闭的特性，如果想把它用在工作场合，恐怕需要颠覆人们目前的工作格局——包括开发全新的软硬件系统。

但是，如果由此就认为 VR 和 AR 永远都是老死不相往来，那就太过简单了。VR 在工作和实用领域有很多用途（见第 10 章），AR 在游戏和娱乐领域亦然。如果给予足够长的时间，这两个领域也许都会把工作和娱乐融合在一起。

本章来分析 AR 技术目前的一些实际应用。由于 AR 仍是个新兴领域，有些东西消费者可能买都买不到，所以，本章还是给读者举了一些可以用移动设备体验的现成应用。

记住比较好

为了更好地说明问题，本章列举了一些 AR 应用的例子，但例子本身不重要，重要的是把例子当成启迪思维、放飞梦想的跳板。而且由于 AR 实在是太年轻，书中举的例子无论是功能还是造型都不见得是最理想的。所以应该尽量用批判的眼光看它们，同时问问自己：是什么东西使之与众不同？在其他类型的设备上能不能运行得更好（如移动版的 App 在可穿戴设备中表现如何）？拥抱 AR 对该技术的未来意味着什么？

艺术行业

前面我们说过 VR 世界已经开始涉猎艺术领域（见第 10 章），AR 同样如此，而且同样有人在质疑 AR 艺术到底算不算艺术。

艺术领域向来如此，总有人在为这种问题争来争去，AR 也不例外，而它的本质甚至会使这个问题更严重。很多人认为艺术是个很高深的领域，真正的"艺术品"也只能在画廊或博物馆里见到，但现在 AR 再一次把艺术的本质问题抛了出来，上一次做这件事的人是街头的涂鸦艺术家，已经几十年了。其实，AR 能让那些根本没时间去画廊或艺术展的人更容易接触到艺术。有了 AR，艺术可以无处不在——只要我们知道怎么找。

Facebook总部的20号大楼

走在由 Frank Gehry（译注：弗兰克·盖里，美国国籍，当代著名的解构主义建筑师，因设计具有奇特不规则曲线造型和雕塑般外观的建筑而闻名）设计的 Facebook 总部 20 号大楼里，常常有人透过手机摄像头盯着一面看上去什么都没有的又高又大的白色墙壁看。肉眼看上去确实什么都没有。但一旦打开 Facebook Camera 这款 App，就会发现墙上是一幅 AR 画作。

Heather Day 就是创作这幅画的画家，生活在加州，工作也在加州，从 Dropbox 到 Airbnb，很多知名的科技公司都有她的作品，她主要用颜料及一些非常规材料来创作抽象的壁画。

Facebook 显然被 Heather Day 之前的作品打动了，所以邀请了她，摄制组还用视频记录了她的创作全过程，于是双方就这样把一笔一笔的绘画过程构筑成了一座数字资料库。结合墙的 3D 模型，Facebook 和 Heather Day 又把动画标记置入背景中，通过 AR 技术就可以让它们动起来。

最终的创作成果就放在 Facebook 的总部。马克·扎克伯格是在 F8 开发者大会上为这幅作品揭幕的。他说："有了增强现实技术，你就能在整个城市中创作和发现艺术"。

至于 Heather Day 的这件作品，由于具备与环境的互动能力，被扎克伯格称为"这是现实中不可能做得出来的东西……"接下来发生的趣事谁都没想到：在 Facebook，常有人聚集在一起盯着空白的墙壁看。这，很有未来感。

图 11-1 所示是用户在 AR 中欣赏壁画的屏幕截图。

图11-1 用户在AR中欣赏壁画的屏幕截图

Jeff Koons和Snapchat

Snapchat 走了一条与 Facebook 差不多的 AR 艺术道路，但能看到 Snapchat 的人更多。

2017 年秋，Snapchat 和画家 Jeff Koons 共同花了几个星期的时间给他的作品制作了一个 AR 版，叫作 Snapchat World Lens（环球镜头）。Snapchat 用户可以在很多城市（包括芝加哥、纽约、巴黎和伦敦）利用 AR 解锁 Koons 最著名的作品。用户必须在距离"展示"这幅作品的位置 300 m 以内，而且 Snapchat 要保持打开状态，才看得到作品。距离足够近的时候，会有箭头把用户指到正确的位置，作品随后就会以"3D 环球镜头"的形式出现在手机上。

这叫技术支持

所谓"3D 环球镜头"，其实就是 Snapchat 的 AR 滤镜，用户玩 Snapchat 的时候，可以在身边的环境中使用它。AR 滤镜的主要作用是把简单的全息影像，如跳舞的热狗或 Bitmoji，放到用户身边的环境中。像百威轻啤和华纳兄弟这样的品牌也在试着研发“植入自家广告”的镜头，使用户能够在环境中添加虚拟啤酒店或未来派汽车。

图 11-2 显示了用户如何在现实世界中发掘 AR 艺术作品（左），以及作品在移动设备上是什么样的（右）。

图11–2
Jeff Koons的Snapchat作品

有趣的是，这件事遭到了圈内一些人的强烈反对，他们认为这是商业机构悍然渗入公共空间的恶劣行径。设计师 Sebastian Errazuriz 甚至对 Koons 的作品进行了破坏，当然也是虚拟的。

Errazuriz 在 Instagram 上说：“我们进入 AR 生活太快了。一家公司，想在哪儿贴 GPS 标签就在哪儿贴，这太过分，我们不应该无偿让出我们的虚拟公共空间，这是属于大家的。” Errazuriz 说，大家要有能力向这些公司收取租金。数字空间，不管是公共的还是私人的，能不能贴标签，取决于公众。

图 11-3 所示是 Sebastian Errazuriz 模仿 Jeff Koons 的作品做出来的虚拟涂改版。

虽然受影响的只是数字公共空间，但确实给我们提出了一些有趣的问题，AR 的本质到底是什么，人们究竟应该怎样对待这个新世界的公共空间。现在似乎有一个简单的解决办法：“你不喜欢，那就关掉！”但在未来，事情可能没这么简单。10 年后，当我们戴上 AR 眼镜的时候，会不会被遍布公共空间的数字广告淹没？

很难说这种反乌托邦式的论点会不会就是 AR 的未来，但如果要讨论有关 AR 的本质，现在正是时候，不要等到未来已经来临的那一天。

图11–3
Jeff Koons作品的数字涂改版

Sebastian Errazuriz友情提供。

教育行业

教育工作者一直想方设法提高学生的注意力，学生对教材越专注，就越能记住其中的知识。AR 可以通过帮助学生提高注意力来改善他们的学习，而且在专业培训领域，提高受训员工和技师的注意力同样有好处。

本节揭示了 AR 在传统和非传统教育环境中的几种应用方式。

Google Expeditions

Google Expeditions（谷歌探险）是一个在 2015 年发布的沉浸式教育平台，在课堂上就能到处旅行，因为是虚拟的，所以花不了多少钱。 Google Expeditions 也有 VR 版，支持谷歌 Cardboard 设备（见第 10 章）。AR 版的 Google Expeditions 主要是用智能手机的 AR 功能畅游增强现实世界。

Google Expeditions AR 利用教室的室内场景作为数字背景放置 3D 全息影像。全息影像会显示在学生的移动设备上，学生既能近距离观察细节，又能从远处浏览概貌，负责操作 App 的老师既可以带着学生猎奇，又可以让他们自行探索。

Google Expeditions AR 的亮点在于它能让孩子们以从未有过的方式了解这个世界，学习的内容可以因人而异，有的学生四处走动研究火山或 DNA 链，有的学生则坐在一起听讲甚至观看视频。不管什么方式，都有助于激发学生的兴趣。

图 11-4 所示是学生利用 AR 技术研究火山的数字全息影像。

图11-4
学生利用AR
研究火山

AR 技术在教学领域的黄金时代尚未到来，必要的硬件设施依然是学校的沉重负担。但即使像计算机那种曾经是教室里的稀罕东西，现在，学生也大都人手一个，很多人自己也有移动设备。

随着价格的逐步降低，AR 设备可能会像计算机一样很快在课堂上得到普及，也许有一天，孩子们已经想不起来没有它的时候是什么样子。

MLS赛事回放

美国职业足球大联盟（MLS）和西雅图的 POP 数码科技公司最近就如何将 AR 技术用于专业体育训练环境开发了一款名为“MLS 赛事回放”（Major League Soccer Replay）的 App，目的是让教练和球员能够以一种全新的方式回顾和检讨球场上的动作。

这款 App 能让用户从整场比赛的所有关键画面中挑选出需要的部分，并以全息影像的形式投射到真实背景中，配上比赛和选手的统计数字，然后球员和教练可以通过 HoloLens 从任意角度观看回放，距离不限。

能从任意角度回看比赛可以让球员和教练回顾比赛的情况，对球员的动作和比赛进展进行更深入的检讨和点评，因为球场上的视角很可能与教练在场外看到的截然不同。

对运动队来说，回看并不是什么新鲜事，教练常常会因为在边上看到了一些球员没有注意到的东西大吼大叫，这本来就是运动员成长的必由之路，但 VR 和 AR 给他们带来了全新的视角，这可是巨大的改变。美国职业橄榄球大联盟最近对此提出了一个新想法，他们希望不久以后球迷也能通过 AR 欣赏比赛（见第 15 章）。

大多数教练也许会继续使用文件夹，但上面这种 App 还是有可能改变传统，说不定要不了多久，我们就会看到教练、运动员和球迷都在利用 AR 分析动作的场面。

如何设计 AR 体验

DI Dang 是西雅图 POP 数码科技公司的用户体验高级设计师，她与笔者详细讨论过如何在一个快速发展的行业中设计出一款完美的 AR，下面是她的原话。

- 技术需要有用户才能创造完美的体验。我们注意到移动设备上已经有了消费级 AR 内容，但在其他形态的设备上，情况很不乐观，而且预计未来几年，业内对 AR 的投入绝大多数还是面向移动设备。
- AR 目前正处于一个很有趣的状态。它与 VR 不一样，硬件的造型丰富多彩，没有形成事实上的标准。我们有 Meta 2 和 HoloLens 这样的头盔造型，也有 Magic Leap 这样的护目镜造型，有手机，有平板电脑，还有智能眼镜，无论选哪种，行业都不可能替消费者来做这个决定。而既然市面上有这么多种不同造型的硬件，那所谓的完美体验怎么可能就只有一种？所以，这个问题应该分门别类。
- 网页和手机基本上都是传统的 2D 用户界面，而 AR 领域的用户体验设计师要考虑的情况却是无限的。在哪里用？沙发上还是外面，或者是街上？与谁一起？还有其他人吗？是白天还是晚上？ VR 环境是封闭的，不用考虑这么多，但 AR 不行。
- 作为一名用户体验设计师，我会从用户的角度出发努力解决这些问题。想毕其功于一役是很困难的，所以最好从小处着手，一步一步来。应该先把我们的注意力集中到一个问题上，解决好之后，再乘胜追击。
- 我喜欢先了解用户想要什么。先问问自己“用户凭什么要先用我的东西？”，一定要想清楚，因为这是后面所有决定的前提。否则很容易陷入无休无止的“如果”：“如果这么做会怎么样”“如果那么做又会怎么样？”

» 设计工作要以用户为中心，常问自己“为什么？”一遍又一遍地问，直到清楚用户要的是什么。

» 虽然 AR 设备的造型实在太多，但我们还是要想方设法配合，一个都不能少，万一有什么新东西出现，也要能想得到。我从工作中学到一点经验，就是不要管手上任务支持的是哪个平台，保证做出来的东西全都支持就对了。在设计作品原型的时候，要懂得亲自体会（自己拿手机或头显来试试），要会用 3D 软件模拟，这样有助于弄明白 AR 世界里各要素之间错综复杂的空间关系。

医疗保健行业

与 VR 一样，AR 很可能通过多条战线进军医疗行业，其中就有医学院学生的培训和手术台上的手术。

作为医生，可能都要解剖尸体。几百年来，解剖教学方法一直未变，然而医生为了了解人体内部各系统如何协同工作又必须进行解剖，毕竟学生们在解剖实验室里得到的实际操作经验往往是无可替代的。

然而，在解剖实验室经常会遇到各种各样的问题，不但维持实验室的运转开销太大，而且由于尸体数量有限，不是每个学生都有机会亲自动手。所以，凯斯西储大学（Case Western）和克利夫兰医学中心（Cleveland Clinic）合建了一个“医学培训校区”，希望能颠覆这种传统的解剖教学模式。

在新校区就读的医学院学生现在可以利用 HoloLens 学习解剖。软件开发人员正在构建解剖课用的虚拟人体——从此不再需要真正的尸体，校方也试验性地上了几堂 AR 解剖课，并与传统的实验课进行了对比。上过 AR 解剖课的学生全都表示会继续上，很多人说通过 HoloLens 能看到在真正的尸体上看不到的东西。

这一切引发了人们对数字化未来的憧憬，开始热切地讨论 AR 能在哪些领域充当辅助教学和培训手段，而学生又在什么时候需要实际动手操作。全息影像永远都不可能完全取代实际操作，但确实可以解决（或改善）后者的匮乏问题。

除大学外，AR 也被用来开展针对外科医生的手术培训。华沙心脏病研究所的

Maksymilian Opolski 博士长期以来一直倡导将新技术带进手术室，他启动了一个有 15 名患者参与的试点项目，利用 Google Glass 将病人的心脏图像投射到医生佩戴的 AR 眼镜上（通常情况下是用监视器）。心脏病专家能用语音命令浏览和切换全息影像，这样在手术过程中就可以腾出手做更重要的事。参加项目的外科医生对该技术极其满意，还说很想把它用到日常工作中去。而且，有了 AR 的帮助，医生在病人身上可以减少使用显影剂，手术过程中也更容易挑出合适的导线。

当然，AR 用于医疗领域仍有一些问题需要得到人们的回答。医疗领域很敏感，改变必须是为了病人的福祉，不能为改变而改变。同时，这些研究也表明 AR 可能很快就会进入主流医疗领域。

工商业

工业是 AR 应用最成功的领域之一，企业级头戴式显示装置价格昂贵，一般消费者根本承受不了，但对企业来说则不然。

在大规模生产领域，无论是发动机还是智能手机，任何能节省时间的东西，哪怕只能节省一点点，都能大幅降低开销。为了了解如何节省时间和成本，波音（Boeing）、通用电气（General Electric）和沃尔沃（Volvo）等公司都在装配线上或工厂车间里试验过 AR 技术。

记住比较好

很多专家预测 AR 将在工业部门实现巨幅增长。AR 技术在劳动力培训方面能发挥很大的作用，相比之下，软硬件的开销真的不算什么。

接下来我们介绍部分公司如何在建筑和制造中将 AR 技术用于通信、维护和培训。

蒂森克虏伯

蒂森克虏伯（Thyssenkrupp）这个名字我们可能并不熟悉，但要知道我们其实每天都在使用它们的产品，有时候甚至一天使用多次。蒂森克虏伯是一家生产电梯、自动扶梯和自动人行道的制造业公司。

为提高技术人员的现场作业速度和效率，蒂森克虏伯已经用 HoloLens 开发出了多种应用场景。以维护电梯为例，一名技术人员被派到现场，抵达现场之后，戴上 HoloLens 就可以提取电梯的历史维护记录，同时还能打开电梯的 3D

视图，设法找出是哪个部件出现了问题。

同样的工作以前是依托笔记本电脑来做，而有了 HoloLens 之后，技术人员的双手就得到了解放。另外，技术人员还可以通过 HoloLens 向专家远程求助，而专家不在现场也能实时看到现场视频。专家可以指挥现场技术人员对电梯进行彻底检查，找到问题之后利用 HoloLens 的全息标注功能指导技术人员调整或处理。

试验证明，这种办法能为蒂森克虏伯节约大量的时间和精力，以前需要几位专家花 2 小时（出差另算）才能完成的工作，现在只需要一名专家用 20 分钟就能办妥，还不用去现场。蒂森克虏伯首席执行官 Andreas Schierenbeck 在公司拍摄的利用 AR 技术维修电梯的主题宣传片中表示："HoloLens 将使我们两万多名现场工程师更好、更高效地完成工作"。

图 11-5 显示了蒂森克虏伯对未来现场工作场景的展望。

图11–5
蒂森克虏伯现场技术人员对AR技术的应用

WorkLink

Scope AR 是一家专门利用 AR 技术帮助工业企业降低成本、提高效率的公司，利用该公司的产品 WorkLink，用户不需要懂编程，就可以给现场操作人员编制 AR"智能"说明书和培训教材。"智能"说明书会把数字全息影像直接投射到工厂的机器上，然后指导操作人员完成工作或参与培训。

从传统的纸质变成 AR 说明书后，操作人员会更容易理解和记住上面的内容，这有利于今后的实际工作。而研究也表明，与使用纸质说明书的对照组相比，使用 AR 说明书的这一组总体上犯错误要少。

WorkLink 用户不需要懂编程，他们可以利用计算机辅助设计（CAD）导入 3D 模型数据，然后绘制说明书的 3D 动画版，将复杂的任务分解为一个一个的简单步骤。说明书的编制人员还可以添加文字、图片和视频，使受训人员更容易理解。

说明书可以通过无线网络传送到 iOS、Android 甚至 HoloLens 设备上，供操作人员现场使用。从纸张变成 AR 的说明书可以把数字全息影像全程直接投射到操作台上帮助完成工作。

图 11-6 显示 WorkLink 利用 AR 技术进行手把手培训。

图11-6
正在使用的 WorkLink

“制造现实”

英国制造技术中心（Manufacturing Technology Centre）的高级工程师 David Varela 和笔者详细讨论过 VR 和 AR 技术如何改变制造业的格局。下面是他的原话。

» 我们为整个企业界开发 VR 和 AR 应用，但重点是高价值制造业。我们都做过 VR 和 AR 的项目，相对而言，我们觉得 AR 更适合我们的项目，尤其是微软的 HoloLens。

» AR 和 MR 技术的特点是真实和虚拟场景的融合，更适合厂房、车间等地方。通过与客户密切合作，我们发现具备环境交互能力的 AR 和 MR 解决方案似乎更合理一些。事实证明，就视觉效果而言，HoloLens 的平均质量（综合考虑图形、视场、全息影像稳定性、跟踪和定位、视线障碍物等因素）最能达到我们的要求。

» 我们在工业领域面临的最大挑战是数据的重复利用问题。在工业环境中，新数据的生成方法很重要，既有数据的管理方法也很重要。客户已经在产品设计方面耗费了大量的精力和金钱，他们不想为了把它们放到 AR 上面而重做那项工作。

» 想象一下汽车。新车问世之前首先是设计，然后设计方案要得到制造商和设计部门专家的批准才能投入生产。如果要为车子开发一款 AR 软件，首先得把汽车的 CAD 模型导入 AR 环境，然后减少多边形的数量以便在 AR 中正常运行等，如果有必要，还得请美工美化（当然用自动美化工具也行），接下来再把结果导入 Unity 或 Unreal 这样的开发环境，最后导出来交给操作人员。

» 但如果模型发生改动怎么办？如果生产都已经启动了，这个时候发现换一种支架可以节省成本怎么办？就那么一瞬间，已经上线运行的 AR 软件就过时了。对于制造商来说，最重要的事情是找到一种方法对既有数据进行重复利用——数据只能有一套，所以我们只能从现成的模型和数据中想办法，但这些问题都是可以解决的。

Varela 最后谈了谈他对 AR 前景的看法。

» 我认为制造业会是最早实现 AR 大规模应用的地方。开始会很慢，3 年后会逐步扩大。但这些行业发展缓慢，实施这些计划需要时间，不像消费端，什么东西都可能瞬间就流行起来。而且在制造业中，有 IT 部门、安全部门、人体工程学部门，整个既有的管理体系，牵扯到的方方面面实在太多，因此，起步没问题，但是步伐不可能很快。

» 撇开挑战不谈，制造商、服务提供商和整个 B2B 市场将获得巨大的投资回报。AR 和 MR 技术能缩短一半的装配时间，对劳斯莱斯这样的公司来说，意味着每台发动机可以节省数百万美元的成本，这可是一个很庞大的数字。而且我们还没有把质量的提高算进去，要知道除缩短装配时间外，新技术还使装配的首次成功率提高了 90%。更惊人的是，这些数字是波音公司在平板电脑上实现的，如果使用头显，甚至会更高。新技术还有很多其他好处，包括培训的速度和效率比原来更高、实现了两代工人的技能传承、工人数量的编配更加灵活、团队之间的协作得到加强、可以远程支持现场维修等。总之，工人什么时候需要数据和帮助，什么时候就能得到。

娱乐行业

我们只知道 AR 头显和 AR 眼镜用于制造业已经有一段时间了，其实 AR 技术在娱乐行业也得到了广泛的应用，只是我们可能想不出它会以什么样子出现。

本书第 1 章曾经描述过，在电视上看橄榄球比赛的时候，球场画面中不仅会出现黄色的首次进攻标记，还会有球员的数字图像和赛事数据，而它们非常自然地融入球场环境中，毫不突兀。而欣赏奥运会分组赛的时候，我们也可能会注意到分界线和赛手的“重影”，上面的时间表示双方正在激烈争夺第一名。新闻广播和气象站也经常使用 AR 图像来显示某些话题进一步的信息。

图 11-7 所示是半岛电视台报道 2018 年冬奥会的新闻，电视台用 AR 图像向观众显示关键信息。

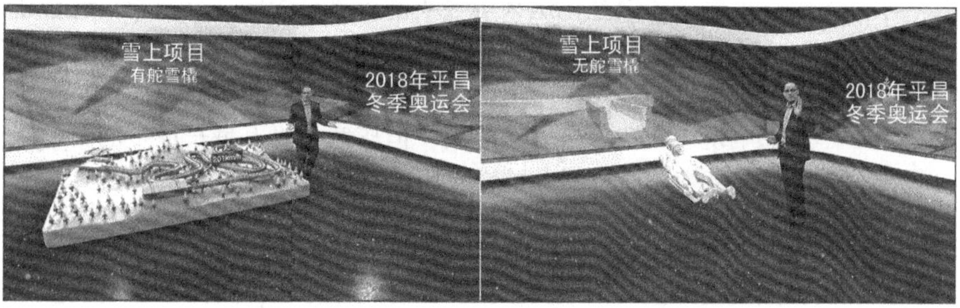

图11-7 半岛电视台利用AR技术报道2018年冬奥会新闻

与 VR 一样，娱乐行业也是 AR 的重点领域，而且已经有很多游戏在使用 ARKit 和 ARCore。接下来会介绍 AR 技术在游戏和娱乐行业中的一些特殊应用，也谈一谈在娱乐体验过程中它们对 AR 的未来意味着什么。

记住比较好

AR 和 MR 并不只有头显、眼镜和移动设备，任何在真实环境中利用数字信息增强用户现实感的东西都叫 AR。

星球大战：绝地挑战

“星球大战：绝地挑战”是联想推出的一款“移动型”AR头显，是任天堂Virtual Boy（见第1章）之后第一批声称自己属于消费级的AR头显之一。联想推出这款产品是为了让用户能玩《星球大战》电影衍生的游戏，如在光剑大战中与大反派达斯摩对决，或是在全息国际象棋比赛中与对手对弈。

“星球大战：绝地挑战”配备了体验星战游戏所需的一切：AR头显、追踪信标和光剑控制器，玩家只要有支持的移动设备即可。好在联想还是很重视支持老款移动设备的。

联想的这款AR设备是用智能手机驱动的，有3种玩法：光剑交战模式、策略战斗模式和全息象棋模式，但后两种模式相对而言不如第一种好玩。在光剑交战模式下有各种各样的战场，玩家可以与一群机器人战斗，也可以用光剑对抗达斯摩。

移动设备是游戏的关键，先在手机上下载安装游戏，然后把手机放在头显内。头显会利用反射原理显示画面，令游戏中的角色看起来就像真的一样。光剑通过蓝牙与手机配对，追踪信标放在地板上。全部准备好之后就可以开启自己的星战之旅了，相信我，这是有史以来感觉自己最像绝地武士的一刻！

“星球大战：绝地挑战”也不是没有缺点——设置很麻烦；光剑和追踪信标会掉信号；关键是花这么多钱买的头显只能玩一个游戏，这会让很多消费者裹足不前。但是如果我们换一种思路，把它当成玩具的AR版，感觉就完全不一样了，它真的很棒——追踪效果够好，大多数玩家不会抱怨；设置再麻烦，也不影响玩游戏；价格虽然略高，但毕竟是“万里长征”的第一步，并不过分；而且游戏会不断更新，是物有所值的。

很难说其他公司会不会效仿联想推出自己品牌的AR游戏。《星球大战》的狂热影迷数量庞大，其中很多人有足够雄厚的财力来证明购买“星球大战：绝地挑战”是值得的，而其他品牌很少能做到这一点。

但是，我们很难想象用户会为不同的游戏购买不同的AR头显，“星球大战：绝地挑战”的头显就只能玩这一个游戏。所以，未来更有可能是这样的：消费者只需购买一部标准的AR头显就什么游戏都可以玩，就像现在的游戏机一样。

图11-8展示用户用“星球大战：绝地挑战”体验AR。

图11-8
“星球大战：绝地挑战”的头显和光剑

《纽约时报》冬奥会AR特别活动

2018 年冬季奥运会在韩国举办，《纽约时报》（*New York Times*）为此推出了一项 AR 特别活动，邀请了 4 位不同项目的运动员参加，分别是花样滑冰选手陈巍（Nathan Chen）、速滑选手 J.R.Celski、曲棍球选手 Alex Rigsby 和滑雪选手 Anna Gasser。

打开 iOS 版《纽约时报》并启动“冬奥会 AR 特别活动”，从 4 位奥运选手的数字全息影像中选出一位，就可以在家里看到他 / 她了，用户可以在他 / 她周围四处端详，远看近看都没问题，细看还有更多的信息。正面能看清陈巍怎么旋转、后退或是到他后面也可以看到他能跳多远。在 Alex Rigsby 身后的时候，用户可以从她的视角直面对手射门，而从前面可以观察她如何守门。

这次特别活动是《纽约时报》在其 App 中增加 AR 功能的一次尝试，活动很成功，充分说明了 AR 的用途：深度的参与远远胜过一张照片。

《纽约时报》在发布会中是这样描述的：

> ……智能手机是一个“窗口”，通过它我们把故事扩大到屏幕之外，让数字物体在空间中以真实比例呈现。物体可以是一堵边界墙，也可以是一件艺术品，由于靠得很近，所以能了解到很多东西。而且通过 AR 技术，我们还

可以从本质上认识我们分享想法和讲故事的方式是如何演进的。

AR 在传统媒体中的使用并不新鲜（见第 8 章），但《纽约时报》带来的感受明显与其他先行者不同。《纽约时报》把 AR 功能内置在自己的头号新闻 App 中，使用起来当然要容易得多，更何况它们还选了一个非常适合 AR 的主题——奥运会，奥运选手的出色表现也通过 AR 技术给我们带来了身临其境的独特体验。

至于不久以后我们还能从《纽约时报》或其他报纸上看到多少 AR 版的新闻报道，让我们拭目以待，但最能说明问题的也许是广告商对这个领域的 AR 广告产生兴趣的速度有多快。《纽约时报》冬季奥运会 AR 特别活动表明，这种业务模式是有生存空间的，我们可以期待在未来会有越来越多类似的项目出现。

图 11-9 所示是《纽约时报》利用 ARKit 技术报道 2018 年冬奥会的画面，用户可以在自己的家中研究奥运选手的 3D 影像。

仔细观察 Chen 的身体，从这个角度可以看出，他的手臂和腿部紧贴着旋转轴心，这样才能达到每分钟 400 圈以上的转速。

图11-9 《纽约时报》利用AR技术报道2018冬奥会新闻

Kinect Sandbox

除头显和手机等常见设备外，AR 也有其他的运行方式，Kinect Sandbox（Kinect

沙盒）就是其中一种。Kinect Sandbox 其实就是一般的沙盒，与游乐场常见的沙盒没什么区别，但它利用了 3D 视觉技术（通常由 Microsoft Kinect 或类似设备提供）来帮助用户生成工程结构的局部视图，然后再用这些信息把生成的数字地形图投射到沙子上，形成积雪覆盖的山峰（高点）、河流和湖泊（低点）以及它们中间的一切。

这叫技术支持

微软的 Kinect 本来是一款为 Xbox 设计的体感器，包含一个 RGB 摄像头、一个用于探测深度的红外感应器，价格较低，所以很受欢迎，2010 年上市，2016 年停产。

Kinect Sandbox 的理念其实并不新鲜，从技术角度讲，这是一种相当旧的 AR 应用方式。早在 2011 年，Robert Eckstein 老师和他的学生 Peter Altman 就已打造出他们称之为 SandyStation 的类似沙盒。

图 11-10 展示了用户玩 SandyStation 的不同阶段。当用户把沙子堆成不同形状（沟槽和山丘）时，SandyStation 能探测到地形的变化，随后根据变化将不同的视觉效果投射到场景中。

图11–10
使用中的
SandyStation

SandyStation 包含了一部 Kinect、一台投影仪、一盒沙子，以及由师生共同编写的特殊软件程序。Kinect 负责探测沙子高度和深度的变化，软件负责解析探测到的数据，将处理结果发给投影仪。用户可以把沙子堆成山川或河流的样子，然后观察水怎么从高处流到低处，当然，水是虚拟的。堆成火山观察喷发出的岩浆当然也没问题。

SandyStation 既不用头显又不用眼镜就把现实世界与数字信息融合到了一起，这更重要，因为这个想法能实现的东西远远不止沙盒。

还有一个例子，卡内基・梅隆大学的“未来界面课题组”做出了一种可以把交互式内容投射到任何表面上的 AR 投影系统，名字叫作“桌面地形”(Desktopography)，配备了一台紧凑型投影仪和一台小到可以放进灯座的深度摄像头。在视频演示中我们看到，利用简单的手势就可以调出 Desktopography 的全息影像，地图、计算器还有更多东西的数字影像都能通过 Desktopography 投射出来。

更重要的是，Desktopography 投出来的虚拟影像可以与真实物体实现相当复杂的互动，因为投出来的数字影像实际上是真实物体的即时捕捉和回放。举例说明，用户在真实计算机上“放置”一台投出来的全息计算机，移动计算机时，全息计算机也会随之移动。Desktopography 把全息影像放到桌子上的时候很智能，全息影像会被真实物体遮住，会避开真实物体的位置，而且为了节省空间，还会改变自己的大小。

图 11-11 所示是 Desktopography 宣传片的画面。Desktopography 投出来的程序界面会调整大小和位置，增强效果很好。

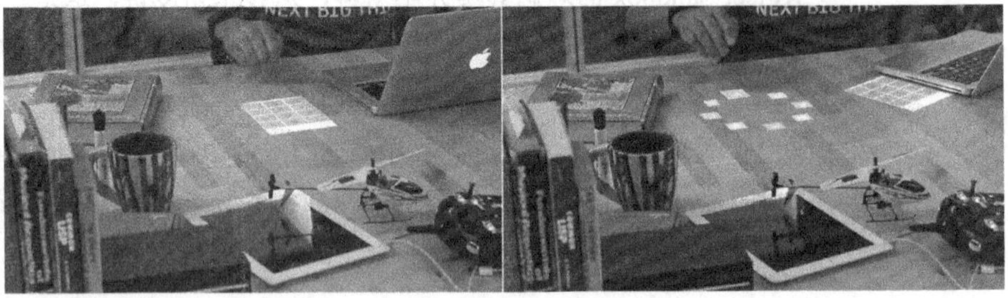

图11–11 Desktopography 投出来的AR 图像

与之类似，一家新成立的计算机视觉硬件公司 Lightform 也做了一台专门投射 AR 影像的计算机。Lightform 计算机使用纵深感应器扫描周边环境，使用投影仪把全息影像投射到真实物体上，也没有用头显。这种投影式增强现实技术被称为“光雕投影”（Projection Mapping），“光雕投影”本来是一件很复杂的事，但有了 Lightform 计算机之后，这个过程变得相当简单，两个世界的融合再无困难。

这叫技术支持

“光雕投影”，也称为立体光雕，是一种投影技术，可以将任意物体（多半是不规则外形的物体）变成影像投影的显示表面。这种技术可以产生视觉错觉，使静态物体看起来在运动。

Lightform 目前投出来的影像在交互性上还做不到“开箱即用”，但是如果把 Lightform 的实体感应功能与 Desktopography 的互动能力结合起来，结果一定会非常有趣。随着投影仪的尺寸越来越小、价格越来越低、亮度越来越高，投影式 AR 技术在头显式 AR 技术以外开辟了另外一条发展道路。

图 11-12 所示是 Lightform 的一个简单例子。投影仪能探测出菜单板和花瓶的不同形状，分别调整投影的内容。

图11-12 Lightform在真实物体上的投影

Lightform友情提供。

实用程序

人们普遍认为 AR“实用性强”，从某些方面讲是因为采用 AR 技术的实用程序的数量比较多。由于 AR 技术的本质就是对外界开放，所以利用数字影像增强现实世界的实用程序有很多也很正常，其中既有用来测量距离的简单 App（见第 15 章），又有下面要讨论的复杂应用程序。

本节重点介绍一些实用程序，AR 可能会以某种形式在它们当中发挥作用。

Perinno-Uno

Perinno-Uno 是一个具有 AR 功能的远程协作平台，由两款应用程序构成：Uno 是一款基于浏览器的 App，可以利用 WebRTC 进行通信；而 Perinno 是微软 HoloLens 目前支持的一款应用。

这叫技术支持

WebRTC 是 Web Real-Time Communication（Web 实时通信）的缩写，它是一个开源项目，通过应用程序编程接口（API）在 Web 上实现实时通信。简而言之，它能在 Web 上实现免费的音视频通信，无须安装额外的插件或应用程序。

Perinno-Uno 能通过音频和视频实现端对端协作：运行 Uno 的桌面用户可以直接与运行 Perinno 的 HoloLens 用户通信；Web 端用户能接收 HoloLens 用户眼中的实时视频，HoloLens 端用户也能接收 Web 端用户的 Web 摄像头视频（如果有）；如果需要，Web 端用户还可以共享屏幕。

Perinno-Uno 的优势在于它能够在用户之间实现更深层次的协作，Web 端用户可以在从 HoloLens 端收到的视频上添加注释，向 HoloLens 用户发送图像、文字和全息影像，还可以直接在视频上写写画画并指给 HoloLens 用户看，后者都能在眼镜中看到。最后，双方可以一起操作 3D 的 CAD 模型，在 3D 空间中选择和移动物体，相互之间都能看到。

Perinno-Uno 只是众多想要征服 AR 远程通信领域的应用之一。它们很成功，现场工作人员可以利用头显与不在场的专家直接通信，解决问题。目前这种事大都通过视频聊天进行，由于手上要拿着手机，所以有时候会忙不过来，而 Perinno-Uno 等应用由于实现了“免提”功能，再加上 3D 模型的协同编辑能力和 3D 空间中的标注能力，所以很有吸引力。

这项技术在制造业和建筑业等领域有很多用途。主管或其他员工远程协助解决现场的问题，而现场人员利用头显得到明确的指导，可以节约时间和金钱。机器的某个部件有问题怎么办？主管可以在操作员的头显上叠加建筑信息模型（BIM）的 3D 图像，指导其准确找到需要修复的部件并修复。在家中，其用途也很广。如果你想给汽车换机油或是安装石膏墙板但不知道怎么开始，没关系，给父母打电话，让他们通过头显从头到尾地教你。

这叫技术支持

建筑信息建模（BIM）是实体空间的三维数字模型。BIM 文件经常被建筑师、工程师和建筑工人用来给建筑物或工程项目保留一份精确的数字档案。由于最近人们对 BIM 模型越来越感兴趣，产品也越来越多，建筑业的信息化程度达到了前所未有的水平，非常适合在 VR 和 AR 中使用。

虽然这款应用目前仍处于 beta 测试阶段，但人们对加强协作的愿望已经在很多 AR 应用中得到实现。毫无疑问，这将是 AR 的先机。

“这是谁”

“这是谁？”（Who is it?）是瑞士 Cubera 公司开发的一款概念验证实用程序。利用 HoloLens 和人脸识别技术，这款 App 可以对周围的人脸进行检测，锁定某个人后显示出他的相关信息，显示的信息还可以根据应用场景的不同加以改变。

Cubera 的研发主管 Dominik Brumm 谈到了这个项目的一些用途。

这款应用程序我们开发了两个版本。一个版本用的是微软的人脸识别 API（Microsoft Face API），另一个版本用的是自己开发的人脸识别软件，可以离线工作。我们首先用 HoloLens 构建了一款应用程序，可以识别 Cubera 公司的人并给出相关信息，如名字和职位。然后我们在瑞士议会也做了同样的事情，我们从报纸上拍照片并输入我们的数据库，它能够识别 HoloLens 中显示的政界人士。最后，我们在附近的咖啡店做了一次概念验证，HoloLens 识别出了店里的常客和他们的喜好——这个人想要一杯卡布奇诺，那个人想要一份报纸和咖啡，等等。对于新员工来说，如果在顾客刚刚走进来的时候认出他们，是一件很棒的事情。这很简单，但是代表着未来。

“这是谁”这类 App 的动人之处正在于它的简单，戴上 AR 眼镜，人们的眼前就会立即出现周围所有人的信息，这就是 AR 与其他技术相结合的实用之处。随着 AR 头显的价格不断下降，其体积也越来越小，每个人都能瞬间获取其他人的数据（至少在表面上），这样的未来不是不可能。

于是问题来了。有人可能会赞同这是一个技术奇迹，也有人可能会指出这给个人隐私带来了严峻的挑战。与 AR 广告界提出的问题类似，最重要的是要走在技术发展的前沿，同时问问自己，在技术引领我们飞速发展的“美丽新世界”里，究竟什么合适，什么不合适。

5

第五部分
前景

本部分内容包括：

评估 VR 和 AR 未来的市场动向；

分析 VR 和 AR 的“周期”并寻找其“杀手级应用”；

预测即将来临的变革对 VR 和 AR 市场的影响。

本章内容包括：

- 分析 VR 未来的市场动向；
- 评估潜在的市场情形；
- 预测未来变化有何影响。

第12章 虚拟现实的前景

自 2013 年 Oculus DK1 Kickstarter 问世以来，虚拟现实（VR）一直是一个炙手可热的行业，而且从那时起就奠定了 VR 今时今日诸多成就的基础。随着第二代硬件的发布，第一代产品会完全退市，VR 才会真正走进现实。

那么第二代产品是会与第一代一样继续沿着爆炸性的轨迹发展，还是会因为更新颖的科技产品夺走早期玩家的注意力而开始降温？或者是因为度过了炒作阶段进入爬坡期（见第 1 章），VR 会沿着一种介于两者之间的路线继续前行，而且随着其用途越来越广泛，慢慢被消费者接受。

这一章分析 VR 在未来可能会发生的一些变化，无论结果是好是坏。当然，为了给读者关心的问题找到答案，市场调查也是要做的。此外，本章也会谈谈如何为即将发生的变化做好准备。

未来的变化趋势

应对未知的最佳途径是回顾已知。为了更准确地判断市场的下一步走向，我们可以做的事情有：研究第二代 VR 头显（见第 4 章）、分析市场的新趋势、评估发布的新硬件，以及关注前沿企业的新动向。

市场情形

现阶段的 VR 市场受到很多质疑，其中就包括第一代头显的普及率。有人认为与 VR 领域得到的资金和关注度相比，投资回报太不对等；持批评态度的人也说，正是因为消费市场普及太慢才导致了 VR 的失败。这个论点还算公平，但也可能是人们对技术不切实际的期望而不是技术本身导致了失败。毕竟人们很容易被炒作诱惑，什么事都希望马上就能看到结果。

过慢的普及速度同样也让业内人士心灰意冷，无论是硬件的发明者还是内容的创作者，都迫不及待地想与全世界分享他们的作品，但世界首先得赶上他们。第一代 VR 设备的销量其实不算低（见第 2 章），只不过大都是中低端产品。中低端设备本身没什么问题，但 VR 划时代的意义在于它能带来身临其境的体验，而只有高端（甚至顶级）设备才能发挥威力。

于是，我们又陷入了“先有鸡还是先有蛋”的局面。普通消费者在等待高端产品降价，而内容创作者在等待高端产品走进千家万户。这显然是一个死循环：高端设备的市场份额小，导致面向高端设备开发的应用软件少，而应用软件少又进一步压缩了硬件市场份额的增长空间。更可怕的是，这个循环很难被打破。

记住比较好

科技总会经历成长的阵痛，不经历千锤百炼，哪来的功成名就？消费级 VR 在第一代就已证明了自己的不可思议，第二代产品又开始摩拳擦掌、跃跃欲试了。

现在的问题是 VR 究竟能不能找准自己的市场定位。市场需要什么样的功能？能承受什么样的价格水平？或者说，当然也最有可能，会不会存在多个市场，每个市场都由不同档次的产品加以满足？

小贴士大用途

把 VR 视为一种仍在寻找自身定位的产品可能有点奇怪，毕竟第一代设备的销量和日常使用频率都要以百万来计算。但要记住，VR 可是 Facebook 首席执行官马克·扎克伯格希望有 10 亿人体验的东西。远大的目标必然伴随着殷切的期望，要让这个数量级的用户接受，VR 就必须找准自己的市场。

了解即将面世的软硬件

下一代头显的硬件都有哪些，我们之前已经详细说明过（见第 4 章），但是下一代的软件和配件呢？另外，还有没有其他选择？它们又会给消费者带来怎样的影响？

VR 的兴起推动了相关产业的爆发式增长，不但头显越来越精致、越来越先进，而且软件和配件也跟着迎来了大发展。被 VR 点燃的行业不少，但谁能生存、谁能发展，还不确定。有些由第三方公司开发出的功能（如无线适配器）很受市场欢迎，所以硬件厂商直接把它们集成到下一代头显中。也有些功能，如眼动追踪，虽然也在 VR 头显的发展道路上，但至少在不久的将来，它们还是会继续由第三方提供。另外，像嗅觉这样的功能恐怕会长期留在第三方配件市场上。

至于下面这些，虽然大都不会成为第二代头显的标配，但肯定会在不久以后掀起一股热潮。

触觉

听觉和视觉体验已是 VR 的囊中之物，触觉很可能是其亟待征服的下一个目标。HaptX、GoTouch VR 和 UltraHaptics 等公司有着完全不同的触觉体验解决办法，这标志着 VR 体验沉浸感的下一个巨大飞跃。

图 12-1 展示的是用户正在使用 HaptX 手套。

图12-1 用户正在使用HaptX手套

HaptX友情提供。

触摸未来

Jake Rubin 是 HaptX 公司的创始人兼首席执行官，这家致力于为数字世界开发触觉技术的公司有一个宏伟目标，而且“不到辨不清虚实那一刻，绝不停止”。公司目前的拳头产品是 HaptX 手套，这是一款能为 VR 带来真实触感和力反馈的划时代产物。但 HaptX 的技术几乎在什么部位都能用，包括全身套装。HaptX 的智能纺织品可以通过嵌入的微流体空气通道提供真实的质感、大小和形状，甚至还有利用冷水、热水让用户感受温度的第二层织物（可选）。

Jake Rubin 就 HaptX 和触觉技术的未来提出以下观点。

- 触觉技术的战场其实比 VR 大得多。触觉体现了模拟和数字两个世界的融合，不应该局限于 VR 或 AR 中的一种，应该是两种都可以用，也都从中受益。现在大家都在共同努力使触觉技术在 VR 领域有用武之地，对此，VR 用户一开始可能会大吃一惊，但 5 分钟后，他们就会回过头来说：“好吧，下一个是什么？”
- 我们已经解决了听觉和视觉问题，但还未解决触觉问题，所以体验仍不完整，这也正是我们努力的方向。
- 目前的触觉技术公司大多走的是同样的路线——振动触觉反馈。最大的问题就在这里，这是“恐怖谷理论”的触觉版本（译注：恐怖谷理论是 1969 年提出的一个关于人类对机器人和非人类物体的感觉的假设。这个理论认为，当机器人与人类的相似度超过一定程度的时候，人类对它们便会极其反感，机器人与人类哪怕有一点点儿的差别都会非常刺眼，从而使整个机器人产生非常僵硬恐怖的感觉）。目前还没有一种技术能以低于 1 000 美元的造价做出理想的触觉传感器，因为光是振动还不足以欺骗大脑，而这些产品的跟踪效果大都很糟糕，手指跟踪也不精确。
- 我们走了一条不同的路线。从高端起步，再慢慢想办法降低价格。从本质上讲，就是制造了一个产量有限、出货量也有限的东西，然后把它搞定。今年（2018 年）我们会开始向客户供货，重点是企业级市场。人们对这项技术在医疗、国防、工业和急救领域的应用很感兴趣，在设计和制造领域也是如此。
- 我们在技术层面才刚刚越过“恐怖谷理论”阶段。这个领域离市场大范围接受还有大约 5 年的时间。过程很缓慢，但是很稳定，而如果把时间跨度放得足够长，百分之百的沉浸感才是终极目标。在那一天来临之前，我们恐怕还是得走出家门，到 VR 游乐场或其他什么地方才能体会到 VR 和 AR 的触觉感受。而 10 年之内，普通用户应该能开始在家里配备这套系统。

注释：“恐怖谷”（Uncanny Valley）这个词，用来指代计算机生成的角色或机器人与真人几乎完全相同的现象，但由于他们之间的相似度极高，开始引发真人的反感。想想那种非常逼真的人体模型，脸上有生动的表情，再想想腹语表演用的人偶，它们如果靠近你，是不是会让你有一种不安的感觉？这就是“恐怖谷”。而技术上的“恐怖谷”通常用来描述试图模拟现有“真实”感觉的任何问题。

眼动跟踪

第 2 章提到过眼动跟踪技术及其用途。眼动跟踪技术可能带来的好处主要是增加了虚拟影像的表现力，提高了选择物品的速度和精度，以及利用焦点渲染功能大幅度降低图形运算的工作量。

虽然眼动跟踪功能可以内置到头显中，但恐怕没有几家厂商会在自己的第二代产品中这样做；但再往后推上一两代，这个事基本上就成定局了。没办法，其中的好处太大了。

与此同时，瑞典托比（Tobii）和北京七鑫易维（7Invensun）等第三方公司也会继续改进各自的眼动跟踪技术，毕竟这也是 VR 技术的下一个重大突破。

社交和沟通

虽然 VR 世界也有不少社交应用，但社交互动功能仍是它的短板。像 Rec Room（见第 10 章）中的《反重力》游戏在“纯社交”应用和游戏之间实现了完美的平衡，玩家如果不想社交还不行，Rec Room 会强行要求玩家与别人一起玩游戏，这就消除了在 VR 中遇到陌生人的潜在尴尬的情景。

有些应用，如 Pluto VR，采用的是另一种思路：跳出特定的应用。即用户无论用什么 App，都可以通过 Pluto 与其他人交流。Pluto 的做法是在当前运行的 VR 程序之上叠加一层画面，于是任何一款 App 都变成了与朋友见面的区域。但 Pluto 的发明者认为它根本不是一款社交程序。没错，Pluto VR 联合创始人 Forest Gibson 就是这么说的：“Pluto 不是社交程序，我们认为 Pluto 是一款用于直接沟通的 App。”

在任何 VR 程序中，用户都可以通过 Pluto 联系朋友，然后他们就会以悬浮的虚拟影像出现在当前的 VR 环境中与用户聊天。无论用户启动什么 App，都不会影响 Pluto 的运行。

图 12-2 所示是 Vive 家庭环境中的 Pluto VR。

图12-2
Vive家庭环境中的Pluto VR

连接虚拟世界

Forest Gibson 和 Jared Cheshier 是 Pluto VR 的联合创始人，他们坐下来（当然是虚拟的）和笔者讨论过 Pluto VR 的话题，也讨论了未来混合现实世界中的沟通问题。

关于 Pluto 的目标，Forest Gibson 说：“我们正在建立下一代通信体系。用它是否可以做一些现实中的事情，如上班下班、上学放学，它能克服很多障碍，为我们打开新世界的大门。我们希望它能帮助人类突破地点的限制。”

Jared Cheshier 还说：“我们的想法是，不应该让所处的位置影响人们之间的交流，不管相隔多远，都应该像在同一个房间里一样。”

Forest Gibson 也提到了沟通在 VR 世界中面临的一些困难：“VR 目前面临着应用运行的单进程问题，即一次只能运行一个 App，这个问题很复杂。如果一次只能运行一个应用，人们就会希望一个应用能够满足所有需求：能交流、能娱乐，还能工作，这瞬间会有很大压力。但我们对 Pluto 采用的是直接沟通模式。”

Jared Cheshier 说："Pluto 运行在其他 VR 应用之上，以叠加方式呈现，比如，它有点像传统 2D 界面下的 Skype，而用 Skype 聊天是看不到对方运行的其他应用的。"

Jared Cheshier 还说："Pluto 是最早可以与其他 VR 应用同时运行的 App 之一，这也是我们对未来混合现实世界的设想。不再受一次只能运行一个应用的限制，Pluto 将与其他应用一起工作，也就是说无论用户运行什么应用，如果需要，就可以随时把它调出来，我们相信这就是未来。我们希望我们正在做的工作能对 OpenXR 等标准有所贡献，不要只考虑完整环境式的应用，也考虑一下这种分立式的应用。想象一下 VR 手表这种简单的 App，它应该随时都能与其他的 App 一起运行。我们希望通过我们的努力，将来可以用 OpenXR 这种开放标准来实现它。"

关于这个话题，Forest Gibson 说："希望在未来一两年内，我们能拿出初步作品给第一批用户尝鲜，虽然 VR 并未真正进入主流市场。至于沟通的原理是什么，我们如何通过沟通感知这个世界，我们才刚刚开始有了自己的想法，最早进入我们视线的是位置跟踪技术。我们对世界的真实感知在很大程度上依赖于我们如何移动，这是感知世界的关键。凡是不具备位置跟踪能力的硬件平台，我们认为都不足以支撑未来的计算。而当我们移动的时候，能以自然的方式感知世界非常重要。"

Jared Cheshier 补充说："事情一旦到达某个门槛，一切就顺理成章了，一旦真的实现，必是人类的巨大飞跃。但是硬件的发展轨迹就是如此。好在随着各大平台开始支持多程序并行，随着有些 App 开始利用硬件实现一些功能，我们终于看到这一天了。"

Forest Gibson 最后总结道："新事物总是与人们过去的习惯完全不同，所以需要很长时间才能接受，接受的过程也会相当缓慢，但最终一定能实现我们想象中的未来：无论置身何地，宛如当面交谈。我们现在做出来的虚拟影像虽然还很粗糙，但随着技术的不断进步，会越来越接近真人。我们坚信，在未来的世界，位置问题不再重要。"

注释：OpenXR 是一个由大量 VR/AR/MR/XR 专家和公司组成的机构，致力于为 VR 和 AR 设计一套标准，这些标准会使构建和开发 VR 和 AR 软硬件更简单，还可以跨平台工作。

社交和沟通是影响 VR 未来的重要因素，虽然头显厂商有办法实现用户之间的互动（无论远近），但它们不可能独自解决问题，所以，VR 社交的发展路线应该由软件开发人员来决定。

此外，VR 社交很可能会在未来几年实现大幅增长，因此，在不久的将来，这个难题还是应该交给软件开发人员来解决。

虚拟现实技术的“杀手级应用”

我们可能常常会听到权威人士在琢磨 VR 的“杀手级应用”到底是什么，他们会问，究竟需要什么功能或什么软件才能把 VR 推到无数狂热爱好者希望的那个高度？

毕竟，如果没有一款能吸引用户蜂拥而至的“杀手级应用”，要达到 10 亿的数量级会很困难。

这叫技术支持

“杀手级应用”（Killer App）是用来描述某种极受欢迎的应用程序的术语，由于它们得到了用户的广泛认可，配套的硬件或软件在市场上成为主流，后者也因此取得了巨大的成功。像 Lotus 1-2-3 和 Microsoft Excel 这样的电子表格软件在早期的 PC 办公领域常被认为是“杀手级应用”，而 Web 浏览器也是互联网时代的“杀手级应用”。

如果能有一款直接证明 VR 价值的“杀手级应用”使 10 亿用户接受，这当然是一件好事。有些功能如果能实现，应该会在未来几年内推动 VR 的发展，例如，给头显加上内置式外侦型跟踪技术以减少穿戴的障碍；更好用的运动控制器；以更低的成本实现更好的体验效果，吸引更多的消费者；能帮助 VR 减轻孤独感的强大的社交应用；也许有些开发团队会打造出前所未有的 VR 体验模式，被市场广泛接受。

但真相很可能是，并不存在单独一款能掀起 VR 热潮的“杀手级应用”，而是上述功能全都在推动 VR 慢慢被企业和个人接受。对于 A 来说是杀手级的 App，对 B 就不一定。所以，VR 一定会以各种各样的方式逐步渗透到人们的日常生活中。无论是用来工作还是用来上课，无论是对于购买头显的朋友还是对于附近出现的游乐设施，VR 都会变得相当普遍，只不过消费者不会同时对某个情景发出惊叹。慢慢地，我们身边的 VR 会越来越多，直到我们再也想不起它曾经不存在的那一刻。

预测影响

本书不断提到"Gartner 技术成熟度曲线"这个概念，就是想确定 VR 在"成熟度曲线"中所处的位置。随着第一代 VR 产品尘埃落定，红透半边天的 VR 炒作虽然不会完全消亡，但也逐渐归于沉寂。

这是一件好事。在科技领域，炒作很容易，很多科技产品甚至整个科技产业都是靠炒作支撑起来的，它们会在很短的时间内光芒万丈，风头一时无两，但通常也会很快化为灰烬。

炒作会影响产品，无论是好是坏。赛格威（Segway）和谷歌眼镜（Google Glass）在上市之前都经历过大量的炒作，以至于人们开始怀疑它们到底能不能实现炒作中吹嘘的一切。连苹果公司 CEO 乔布斯这样的技术权威都说："只要有足够多的人见过，就根本无须费力说服他们相信它能建成自己的大厦，它就是能建成。"

把 VR 与它们放在一起对比可能会让一些人感到担忧，毕竟赛格威远未达到预期的普及率，而谷歌眼镜也是在市场搏杀的过程中经历了百般挣扎，最终被赶出市场，回炉重铸。同样，VR 也深受技术预言人士的褒扬，他们认为，无论 VR 技术目前是什么状况，都深具"未来潜力"。相似之处到此为止。

随着炒作开始降温，围绕 VR 只剩下产品的实际表现和使用效果。判断一件产品，要看它实际上能做什么。虽然 VR 目前还做不出《星际迷航》（*Star Trek*）里像全息甲板（尽管无数人希望它能做到）一样的东西，但仍是一项划时代的技术，考虑到现在市场上只有第一代设备存在，未来的它一定会更加不可思议。

也许在不久的将来，VR 的进步会给我们带来更像全息甲板的东西，但到目前为止，VR 最大的增幅还是在娱乐和游戏行业，只不过已经有很多行业发现了 VR 的潜力，正在想方设法加以利用。VR 在教育、医疗和工业领域（见第 10 章）的初步应用已经把它进一步推到了聚光灯下，而随着质量的提高和成本的降低，这些行业（乃至更多）肯定会把它用到更多的地方。

很多人是在特殊的地方接受了平生第一次 VR 洗礼。有人认为 VR 的兴起意味着人们不需要离开家就可以体验一切！可事实正相反，目前，大多数消费者始终对购买顶级效果的 VR 硬件犹豫不决，他们更愿意花钱在其他地方体验最前沿的 VR 技术。而且这种情况未来几年内可能还不能被改变，因为这种专门的 VR 体验在家中根本无法复制。

增强 VR 的现实感

Jeff Ludwyck 是西雅图高科技创业企业 Hyperspace XR 的创始人，这家企业开发的扩展现实（XR）技术不仅具备标准的 VR 功能，还让它拥有了与真实物体交互的能力。Jeff Ludwyck 说："我们正在研究一种比家用 VR 更深入的体验。我们想把沉浸感推向极致，让虚拟和现实融合在一起。"

Hyperspace 擅长构建大范围的 XR 体验，用户可以在其中移动专门为 VR 体验设计的真实物体，同时在头显中可以看到整个过程。头显负责看，环境负责其他，触觉、听觉、嗅觉以及风、热、冷等元素的效果都经过精心制作，以配合 VR 的视觉效果。当身处森林中时，你能伸手触摸树上的苔藓；向营火走过去会闻到烟味。

Jeff Ludwyck 说："VR 一直存在接受度的问题，那是因为大多数人根本就未选对硬件。不要说很多人只用过入门级头显，就算那种专业的 VR 设备大多也只有 100 平方英尺（不到 10 m^2）的体验空间，怎么可能给人留下深刻印象？我们想改变这种状况。"

他还说："完全沉浸在现实中需要刺激所有的感官，这正是我们想用 Hyperspace 做到的事情。家用 VR 可以很好地实现听觉和视觉效果，但也仅限于此。我们希望能够刺激所有的感官，让隆隆声、热气、冷风和气味都成为体验的一部分。而家用 VR 要达到这种靠专门设备才能体验到的沉浸感水平，还有很长的路要走。"

目前，只有少数几家公司在研究这种大范围的 XR 专门设备，但 Jeff Ludwyck 认为，即使在这少数几家公司中，Hyperspace 也是佼佼者。"我们的思路与大部分公司不太一样，我们所有的环境跟踪都是利用内置式外侦型技术实现的，玩家用自己身上的设备就够了，无须考虑外部感应器对体验区域的限制。不管系统运行什么软件，内置式外侦型跟踪设备的设置、安装和修改都更容易，用户换地方玩也更简单。"

"我们目前只在西雅图太平洋科学中心设有展厅，但我们的目标是明年（2019 年）再设 4 个展厅，而我们的内置式外侦型跟踪技术让我们很容易就能做到这一点，剧院、主题公园、博物馆，我们在很多地方都大有可为。"

"家用 VR 肯定会一直处于追赶地位，但这种专业设备也要继续努力，总得用新的事物来保住优势地位。大视角头显也好，全套跟踪配件也好，触觉套装也好，都很难走进家庭，所以总有新的事物让我们优选家用 VR。"

“5 年后这种体验可能到处都是，人们也许会在里面待几天。现在我们还需要背着背包，但这样的场景我已经能想象到——戴着比现在小得多的头显，带上计算机，人们在 VR 世界中流连忘返长达数日。而且 VR 还有一个重要的组成部分——社交，家用 VR 显然做不到这一点，但这是我们的强项。想想看，如果什么地方能够让你和家人、朋友到火星上去玩几天，是不是很酷啊？”

移动型和一体机厂商普遍认为消费者想要的其实是便携而廉价的产品，尽管性能不见得最强大，沉浸感也不见得最好。当然，总会有一部分消费者追求最前沿的体验，也一定会出现专门为这群人设计的产品。

但是，现在大部分厂商都把注意力放在中端独立头显上了，看看它们到底能不能在独立设备上取得突破也是一件有趣的事情。如果摩尔定律成立，也许我们的移动设备很快就会强大到足以自己实现效果极佳的 VR 体验，但是随着下一代产品的重点转向独立头显，目前最受欢迎的手机 VR 的时代也可能会谢幕。

这叫技术支持

摩尔定律是英特尔公司联合创始人戈登•摩尔（Gordon Moore）提出来的概念。他认为，集成电路中的晶体管数目差不多每两年就增加一倍，换句话说就是计算机的处理能力会每两年翻一番。摩尔定律过去一直很适用，但在今天不一定。尽管如此，它仍被视为一条经验法则。

最后要说的是，尽管消费者不可能总是对的，但他们永远是消费者，供应商能带领他们找到水，但不能强迫他们喝。消费者才是技术普及的关键。至于未来路在何方，最能说明问题的很可能是人们对第二代设备的接受度。如果中端的硬件大受欢迎，那么软件公司也会相应把更多的注意力放在中端硬件上，内容创作亦然。

如果我们把时间轴拉长，一直拉到遥远的将来，很容易就能想象出未来派产品的样子——VR 和 AR 功能在同一台设备中共存——用于 VR 场景时会彻底封闭且完全不透明，而用于 AR 场景时恢复透明并叠加数字影像；体积很小而便于携带，但性能强大又效果惊人。当然，这样的产品目前还只是黄粱美梦，但回首 5 年前，消费级 VR 头显不也是这样吗？看看我们今天创造的奇迹，一切便明白了。

无论是创作还是消费，第二代设备上市之日都是介入这个市场的最佳时机。虽然 VR 头显还没有发挥出最大的潜力，但已经能带来不可思议的体验，大胆入手对两个群体都恰逢其时。要说两个群体的区别，创作群体进入这个市场够早，有时间试错和改进，以便在大规模普及那一天到来之前巩固自己的阵地；而消费群体进入这个市场刚好够晚，第一代产品的很多问题届时都会得到解决，而且经过磨砺之后，无论是硬件还是软件市场都会更健康。

本章内容包括：

- 分析 AR 未来的市场动向；
- 寻找 AR 的“杀手级应用”；
- 预测未来变化有何影响。

第13章 增强现实的前景

虚拟现实（VR）第二代消费级硬件的发展势头很猛，许多产品会在 2019 年发布，而与此同时，大多数增强现实（AR）硬件甚至第一代产品都还没普及。已发布的 AR 设备很多还是“开发者预览版”，只对开发者发售，这主要是为了在公开发布之前先把市场建起来，而且部分公司目前也只接受顾客预订尚未发布的 AR 硬件。

在 AR 头显大规模面向消费者发售之前，我们无法准确评估 AR 硬件的普及率。而且，AR 头显厂商自己也可能还在研究到底什么才算是大规模普及。

本章利用已知的信息来分析判断 AR 未来的模样。由于很多 AR 产品仍处于“炒作”阶段，我们也可以看看炒作是否合理，了解它对未来到底意味着什么。最后再来讨论 AR 的未来对内容创作者和消费者的意义。

未来的变化趋势

AR 未来的变化很难预测，有些可能比较准确，有些则不然，整个市场简直就是一首冰与火之歌。分析它的未来既是一门科学，又是一门艺术。不进行一番调查研究，还真不知道哪些东西应该认真对待，哪些东西可以直接丢弃。

小贴士大用途

分析 AR 市场是“一场恶梦”，各种各样的预言和承诺太多了，需要好好理一理。对行业动态和市场新品一定要做到了然于心，只是各种谣言和猜测很容易使人分神，所以还是应该多关心已确定发布的软硬件，至少可以把噪声过滤掉。

市场情形

AR 市场可能会在不久之后分成主流的移动型和企业级两类，它们应该支持各种造型的硬件，但更可能是某种类型的头显或眼镜。

此外，对大多数人来说，AR 是一种需要适应的新事物。智能手机就是很好的例子，它刚刚进入市场的时候也是新技术，消费者也是要先学再用。直到几年过去后，多数消费者才完全习惯了智能手机。但这种转型即使在那时难度也就与大屏幕换小屏幕差不多。虽然很多人此前从未用过触屏设备，但到底怎么用，他们多少还是知道一点儿的。

相比之下，AR 完全是一种与我们周围世界交流的新方式。即使明天发布一款廉价的入门级 AR 设备，消费者无疑也需要一段时间才能学会怎么用。各大厂商自己都还没有就极佳的体验或标准的交互达成共识。我们在计算机（单击、拖曳、复制、粘贴）和移动设备（缩放、单击和按住选择）上习以为常的操作在 AR 领域仍是未知数。

学习复杂加上硬件奇缺（其实软件也奇缺），所以大众消费级 AR 头显仍是这个行业的一种出路。如果不是因为新的竞争对手意外加入，这一进程至少要花 2 ～ 4 年时间。

AR 头显的出路还是存在希望的。苹果公司和谷歌公司发布的 ARKit 和 ARCore 不仅把消费者带进了 AR 世界，还让开发人员有了试水的用户基础。移动设备的 AR 体验也许并不完美，但可以帮助消费者开始学习使用 AR，这样，当消费级 AR 头显大批量上市时，人们买单时需要跨越的心理障碍就会小得多。

而企业领域的 AR 正在迅速升温，尤其是部分行业。第 11 章探讨过一些工业领域的应用。工业是一个能快速普及 AR 技术的领域，AR 技术在工业领域的实际应用虽然千差万别，但大都集中于压缩生产（或维护）时间和降低出错率等环节。在普通消费者眼中昂贵无比的 HoloLens 和 Meta 2 在工业领域根本不算什么，工厂有足够的能力承担这个费用，因为哪怕在生产力方面极小的进步，累积起来也是一个惊人的数字。

这叫技术支持

关于 AR 在工业领域产生的效益，业内有很多研究案例，例如，通用电气的工人在使用了 Skylight（“天窗”，是一款为智能眼镜提供支持的 AR 平台）系统后发现，生产力比以往基于纸质流程时提高了 46%，出错率也降低了；车间工人通过 Skylight 系统获取货品位置的实时信息，可以更快地完成订单。

增强现实技术的“杀手级应用”

《精灵宝可梦 Go》是一款基于位置的手机游戏，很成功，所以被称为 AR 的“杀手级应用”。先不说《精灵宝可梦 Go》到底算不算“真正”的 AR，在笔者眼中它可从未达到“杀手级应用”的标准。所谓“杀手级应用”，要么马上吸引消费者购买，要么值得消费者为它购买对应的硬件或软件。

《精灵宝可梦 Go》虽然是一款精心设计的手机游戏，市场反映也很棒，但它既未大范围普及，也没有促使人们购买新的移动设备。事实上，《精灵宝可梦 Go》的成功很大程度上是因为手机的普及率本来就很高。硬件的普及显然也给软件的成功铺平了道路。

AR 硬件（不含移动设备）在消费市场上市的时候，可能会面临一个大不一样的问题：软件要有足够的吸引力，人们才会购买硬件。这可不是一件容易的事，因为 AR 肯定会是用户体验的范式转移（译注：长期形成的思维习惯、价值观的改变和转移，也叫“命律转移”）。

AR 市场可能不会出现一款能立即向消费者证明其价值的“杀手级应用”，也无法让他们冲出家门购买人生中第一台 AR 设备。更可能发生在 AR 身上的事情是填补各种各样的利基市场（译注：即“小众市场”或“缝隙市场”），而用户购买它也恰恰是因为它能满足自己特定的利基需求。

如果真的出现 AR 的“杀手级应用”，那很可能不是一个应用，而是工业领域的多个应用。AR 在企业领域的快速增长与 VR 有着明显的不同，后者（旧产品的迭代除外）简直就是直接跳进了消费市场。从长远来看，把关注重点先放到工业应用上对消费者也是一件好事。发布大众消费品变成了一种微妙的平衡术，厂商需要努力满足消费者的所有潜在需求——技术可靠、价格公道、百万规模、软件支持、使用教程等。而且与小范围的企业级情况不一样，在大众消费市场，厂商面临的审查更严，（百万数量级的）顾客的期望值也更高。

图 13-1 所示是 Meta 2 众多商业用途中的一种——3D 空间的建筑设计。

把企业级市场放在消费市场之前，是为了尽量解决潜在的问题。高价格吓不走企业客户。产量不需要急剧扩大（或缩小），软件一般是行业定制（按订单生产），至于其他的（如培训）通常会作为一部分纳入整体服务。所以，AR 先在这个市场中充分试验和完善，然后再推向消费市场，这也不错。

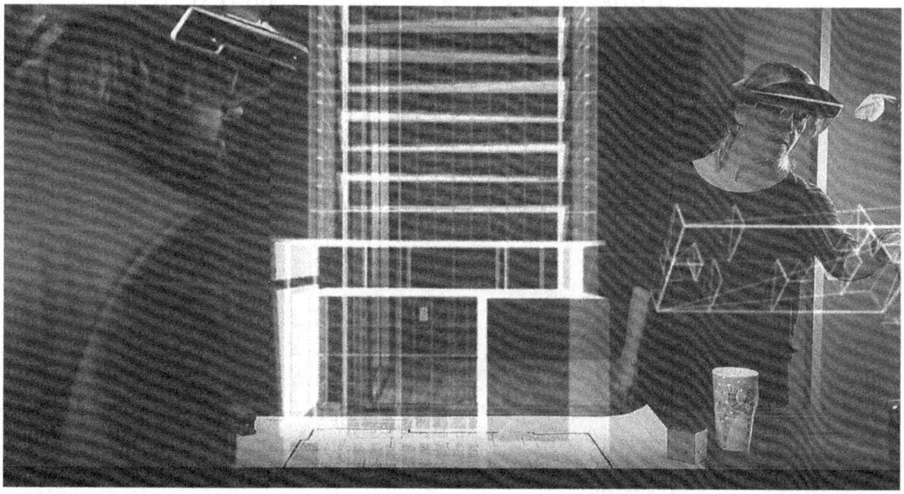

图13-1 Meta 2用于建筑设计的连续镜头

Meta友情提供。

预测影响

前面提到过，AR 未来的变化很难预测。厂商们的第一代消费产品还没上市，未来是什么样子还有些看不清。毕竟如果连现在都不确定，怎么能预测未来呢？

回顾一下“Gartner 技术成熟度曲线”（见第 1 章），我们会发现 Gartner 根据分析结果已经把 AR 的大规模普及时间放到了 5 ～ 10 年后。就 AR 目前的状况而言，这个预测还算准确。

炒作是很容易做到的。简单、不用花费大量金钱，激起人们对产品的兴趣也非常快，但橡胶接触路面之时正是产品接受实际考验之日。再伟大的产品，如果从来没有在现实世界中使用过，就没有意义。

不开玩笑！危险

不要被产品（指任何产品）的炒作迷惑，几乎所有的产品都会把自己称作是“划时代之作”。另外，也不要让客观存在的炒作影响自己的判断，有时候，炒作是合理的；但有时候，炒作只是炒作。

在 AR 领域中，消费者其实也是变数。有时是因为营销，有时是因为欲望，消费者会在无意中促成行业的发展方向，但他们不会永远如厂家所愿。

这也是为什么 VR 虽然也是新兴技术，却比 AR 的未来更容易预测的原因之一，VR 至少有部分产品已成功打入大众消费市场，反过来也使厂商通过消费者在市场上的反应，掌握了自家产品的亮点和缺陷，有利于下一步的改进和升级。

这种事情对 AR 来说还太奢侈了。它虽然已从实验室和研究中心走了出来，但还没迈出自己的大门。移动产品和企业应用都是 AR 技术的“试验气球”，就像我们把手伸出窗外试探外面的天气一样。

外面是一片广阔的天地，而现在，是时候让 AR 走出温室闯荡天下了！

孵化未来

Elizabeth Scallon 是华盛顿大学 CoMotion 实验室的负责人，这个地方是高科技、高增长创业公司的孵化器，也是华盛顿大学整个 CoMotion 计划的一部分。2016 年，CoMotion 实验室专门为 VR 和 AR 领域的创业公司开辟了空间。

Elizabeth Scallon 曾与笔者讨论过 VR 和 AR 的未来发展方向及可能面临的问题。既然是创业企业的孵化器，实验室自然是近水楼台先得月，知道哪些创意被业内接受，哪些未被接受。笔者问她：这个行业目前一般会接受哪方面的创意？她说：“就 VR 和 AR 目前的状况而言，现在是看不出在市场上能不能取得成功的，还早。”“我们这边的创业公司也在测试它们的市场。VR 和 AR 的实用性还很不成熟，即使是一家规模比较大的创业公司，在市场面前也可能相当脆弱。我们还需要 3 年的时间才说得清楚哪些想法会成功，哪些不会成功。”

Elizabeth Scallon 还说：“但现在就能看出我们这里的合作意识非常强，只要有新技术，你就会发现整个圈子都会围着你转。HTC、Valve、Microsoft、Magic Leap、Oculus，概莫能外。平台离不开软件，也离不开创新，所以我们能看到这些公司都收获了很多出色的合作伙伴。”

在被问及头显的普及问题时，Elizabeth Scallon 说：“每一款头显都需要‘杀手级’的内容，资本显然对硬件，也就是‘镐和铲子’更感兴趣，对软件的兴趣还较少。我们这个行业需要清楚的是：谁在创造内容？资金从何而来？你如何展示它？这些都是大问题。这就是为什么现在有那么多

B2B 项目的原因，公司愿意聘请开发人员创作内容。但就消费者而言，我们仍在等待更多更好的内容。”

“那一天会来的，内容创作现在越来越容易，屏幕正在慢慢从我们的世界里消失，每个行业都会受到影响。我认为 AR 的转型会首先发生，手机正在消失，这会使转型更容易过渡到 AR 时代，现在的手机迟早会被整合到 AR 设备中，2D 屏幕会成为历史，现在长大的这一代孩子会嘲笑我们和我们的手机的原始技术。”

最后，Elizabeth Scallon 提及了 VR 和 AR 的重要性：“要保证我们能给每个人都带来加入这个生态圈的机会，这样才不会把任何人甩在后面。也千万别出现什么典型的事物，VR 和 AR 未来怎么走，业内需要不同的想法和声音。另外，任何群体都不能被技术转型抛弃，技术，不仅仅属于精英。”

“利用新技术，我们有能力创造更理想的世界，让我们对此更包容”。

AR 已经有了一点普及的迹象，消费者在手机上尝到了一点儿 AR 的味道，他们的反应还很积极。就 AR 技术而言，微软、亚马逊和苹果等成熟的科技公司都在大力发展，Magic Leap 和 Meta 等新创公司也跃跃欲试，投资总体上呈方兴未艾之势。

在一切才刚刚开始的时候就去揣测未来，虽然是有那么一点儿不负责任，但还是让我们大胆地猜一次吧！

不久的将来，AR 得到普及看起来很有希望，但速度肯定很慢。随着各公司努力把硬件打造成它们心目中适合大众消费的样子，预计 AR 的造型和软件都会取得进一步的突破。

多数第一代 AR 设备要么是企业版，要么是开发版，普通消费者可能还要等上一到两代才能买得到。现实世界中到底会怎么样很难说，但 Gartner 有关“5 年”的预测应该不会有意外。但没人确切地知道。

如果时间轴足够长（如第 12 章所述），很容易就能想象出未来派产品的样子——VR 和 AR 功能在同一台设备中共存。毕竟人们本来就希望大部分 AR 设备和 VR 设备可以完成同样的任务（3D 视觉、音频、运动跟踪等），AR 只是增加了额外的复杂性。如果一款 AR 设备的效果能让人满意（也就是说全息影像看上去与真实的没区别），那么用它来运行 VR 肯定也没问题。

当然，这种“二合一”头显仍有许多问题需要解决（例如，视觉效果如何？尤其是因为 AR 图像大都是反射投影模式。不透明的 VR 与透明的 AR 之间怎么切换？）。但也可以设想，几年前还是纯科幻的东西如今居然很可能就要成为现实。

图 13-2 所示是用在设计场景中的 Microsoft HoloLens。设计师在 2D 屏幕上修改模型，但可以在 3D 实体空间中随时看到修改效果。

图13–2 设计场景中的 HoloLens

微软授权使用。

大家都知道 AR 的前景，感觉 AR 很可能会成就一个比 VR 更大的市场。AR 具备两个世界的融合能力，更容易用到大多数工作场景中；VR 则不然，它牵涉的变动太多。虽然两者都有希望，但 AR 更适合工作，也有很多好处。

AR 的发展周期还很长，现在正是进入内容创作市场的好时机，但你要对它心里有数。不要忘了，这个市场除了移动型产品，其他的都还是“镜中花，水中月”，也许还要几年才发展得起来。当然，即使是“移动型”AR 和企业级应用，也还是有很多机会的。所以，了解你的目标市场很重要。

不开玩笑！危险

不管什么技术，都要我们了解市场，AR 亦然。如果谁指望依靠在 App Store 销售 99 美分的全息部件就能在明年成为 AR 领域的百万富翁，那是做梦。

普通消费者可能还要几年才会大规模进入这个市场，但 AR 头显在近几年走进工作场所没多大问题。如果我们刚好在这个问题上说得上话，现在就应该好好评估一下自己所处的行业打算如何在工作流中运用 AR 技术。无论我们是否觉得现在就是那个“好时候”，这些技术都很快会出现，比我们想象得更快。

也就是说，如果我们确实对它感兴趣（特别是准备做内容创作的），那么除了现在，恐怕就没有更合适的时间让我们全身心投入了。更早地进入市场既有机遇，又有风险，要学会边走边调整。但更早地进入市场确实能让我们积累经验，也增加了在垂直方向上垄断市场的可能性。

AR 是一种能改变人类生活方式的技术，投入时间和天分必能赢来独一无二的地位。但 AR 仍很年轻，成熟度可能与早期的互联网差不多。如果让你回到过去并率先把自己的时间和天分投入像互联网这样能改变生活的科技中去，你愿意吗？

第六部分
“十大”

本部分内容包括：

回答新用户常问的十大问题；

了解因 VR 和 AR 引发剧变的十大行业；

认识移动设备目前可用的 10 款 AR 应用并分析其未来变化。

本章内容包括：

- 分析常见的十大问题；
- 认识 VR 和 AR 在未来如何影响我们；
- 探讨如何介入 VR 和 AR 市场。

第14章 十大常见问题

对虚拟现实（VR）和增强现实（AR）感兴趣的人，或多或少都会问出本章列出的一些问题。这些问题在很多情况下是给不出明确答案的，所以在这里只能分享笔者的想法和两个领域诸多顶尖级专家的说法。

VR和AR如何影响我

想不想知道 VR 和 AR 技术对生活会有什么样的影响？放心，想问这个问题的人有很多。未来是不确定的，回答这个问题只能依靠猜测，无非是猜多猜少而已。

有一些信息是：短时间之内，只要我们不愿意，谁都不能强迫我们使用 VR 和 AR，也不要指望明天来上班的时候就会发现自己的计算机变成了 AR 眼镜。

但是，VR 逐步渗透到我们的生活中是大概率事件。附近的购物中心可能在某天会突然出现一家 VR 游乐场，朋友也许会送给你一个头显，甚至随着廉价头显的上市，我们自己都会下手买单。很多事情取决于我们从事哪个行业。如果说 VR 会通过娱乐、游戏和专门的设备慢慢产生影响，还可以；如果说它会强行闯进我们的生活，还真不大可能。

AR 具有更大的颠覆性，因为它比 VR 更适合工作。很多人第一次接触 AR 时的样子就像 PC 刚刚发明出来那个时候一样。然而，AR 在行业领域的全面普及应该还要一段时间，除非发生重大技术突破（而且取决于所在行业），否则AR眼镜取代PC那一天至少也在5年以后。

不开玩笑！危险

VR和AR行业绝不是一成不变的，它们都能实现跨越式的发展，预测它们需要不断根据实际变化加以修正，这才明智。2013年，Oculus凭借DK1颠覆了VR世界；HTC用Vive在2016年又做了一次；谷歌公司和苹果公司2017年凭借ARCore和ARKit颠覆了AR世界；Magic Leap希望用自己的“创作者版”在2018年再来一次。情节又精彩又曲折对不对？唯一不变的是变化，所以，如果不想被甩在后面，就一定要跟上变化。

VR和AR谁会赢

随着VR和AR的话题在公众中越来越热，这个问题经常有人问：在第四波技术浪潮中，它们谁会胜出？在这个问题上，厂商想知道的应该是把开发资源投向哪种技术；而消费者想知道的应该是购买哪种设备。

现实的答案是，从长远来看，两者都有可能胜出（也就是说，都会成为我们科技生活中不可缺少的一部分）。VR和AR是两种不同的技术，虽然它们属于同一个领域，但它们之间并没有直接的竞争，所以不会有输赢，两者也都有各自的优缺点。未来，人们也许在白天用AR眼镜完成工作，晚上回家后戴上VR头显进行娱乐。

话虽如此，但两种技术的终极产品很可能是合二为一。尽管目前有多款VR头显配有不止一个前置摄像头，按照想象应该能用于AR体验，但还没有哪种设备真正做到“二合一”。微软把自家的VR头显命名为“Windows混合现实”（微软使用这个名字是因为这款头显属于微软打造的Windows混合现实平台，这个平台包括HoloLens），众人纷纷猜测微软认为这些技术最终都会融合在一种设备上。

能让消费者趋之若鹜的终极产品应该是一款能在VR（完全沉浸）和AR（混合世界）之间自由切换的无线头戴式显示装置。

记住比较好

VR和AR之间没必要竞争，它们之间实际上是取长补短的关系。

没有头显怎么办

有些网站使用WebVR（在浏览器中体验VR的一种方式），也有些应用程序支持计算机或手机，都不用戴头显，例如，YouTube 上有很多视频支持 360° 观看。但这称不上真正体验 VR，只是通过二维屏幕欣赏 360° 的世界而已。

要真正体验 VR，还是需要头显。像 Google Cardboard 这种最基本的头显有很多，价格也便宜（一般不到 20 美元）。我们还是鼓励大家去找自己能找到的、效果最好的 VR 体验。当然，这并不意味着我们要马上去买能买到的最昂贵的硬件，而是去找那种专门的 VR 设备，甚至在附近的购物中心或零售商场都可以看看有没有 VR 演示区。Google Cardboard 这种简单的 VR 观看设备与高端头显的效果差别很大，还没有感受过高质量 VR 的用户，千万不要错过如此美妙的体验。

想简单一点的，就把自己的苹果或 Android 手机（平板电脑）升级到具备 ARKit 或 ARCore 功能的最新版本。App Store 和 Play Store 中有很多应用是用这两种技术制作的，第 16 章会推荐一些供读者下载。

VR和AR的消费市场有多大

这两个市场未来会怎么样，它们的规模甚至到现在都很被预测，其原因包括市场分析不够精准、产品造型复杂多样，还有市场呈碎片化态势等。但我们还是可以利用部分产品和技术粗略地估算一下。

现在正是分析 VR 市场走向的最佳时机。不仅第一代设备到达消费者手上已有相当长的时间，第二代也开始上市，慢慢地，无论是远期计划，还是市场调整，围绕厂商们都会有更多的细节浮出水面。

所有这些都会让我们知道得越来越多。厂商们正在大力推动 VR 头显，特别是中端头显的销量，第二代产品的销售情况也有助于预测 VR 消费群体的规模。VR 市场也许会出现爆发性的大规模普及（也许不会），但大多数人更希望随着时间的推移，VR 的软硬件品质能稳步提高，对提振市场产生积极作用。

而 AR 市场，未来几年里除了移动端，可能还是不会有太多进展。大多数 AR 设备的销售目标是企业而不是消费者，如果你的梦想是让自己开发的 App 未来几年里达到 10 亿级的销售额，那么可能会失望。但也没什么好怕的！消费级 AR 的规模虽小，但企业级用户的需求足以弥补其不足，未来几年内很可能会有大量的公司涌进 AR 市场大肆采购。

不开玩笑！危险

一般情况下我们是根据现有市场规模、消费者心理价位，以及是否具备全面普及能力来进行预测和判断的，这些数据通常也足够让我们推断出未来一两年内的市场规模。但总有黑马颠覆游戏规则，也许某一天就有哪家公司推出一款量产的AR头显。

消费者的消费市场有多大

进入VR或AR市场并不存在所谓“正确”或“错误”的时机，两种技术都有自身的优点，哪种适合自己就买哪种。

目前，在消费市场，VR比AR成熟，厂商之间的竞争白热化，各自的应用商店也有很多内容供应，不同质量和价位的选择也很多。

相比之下，AR在消费市场的表现与VR相差甚远，只有一两家厂商有能力随时实现AR硬件的规模化生产，而价位远远超出了大多数消费者的支付意愿。但用户仍然可以通过移动App体验AR。

最后，硬件和软件怎么用，要自己决定。极品沉浸式游戏体验的追求者当然适合高端VR头显；而如果只是想一瞥未来的工作场景，AR头显才是最佳选择。

消费级AR头显走进大众还需要几年的时间，在这段日子里，大多数消费者的需求要靠“移动型”AR来满足。

相比之下，VR已经完全准备好了。有兴趣在家里舒舒服服体验VR的人，现在已没有理由拒绝下手买单。与大多数科技产品一样，到了这一步，在用户面前只是一道选择题。

小贴士大用途

只不过在做这道选择题的时候，不仅要考察市场上现在有什么，还要关心马上会出现什么，例如，某个潜在的买家可能会把注意力放在现有的产品上，但科技产品每隔几年就会更新换代。所以在购买之前一定要想好了，以免将来后悔。

公司该何时入场

刚才说过，消费者进入VR或AR市场并没有什么“正确”或“错误”的时机，但公司有。太早（或没有明确方向），市场还没有培育起来，一招不慎就满盘皆输；太晚，市场上已是巨头扎堆，则可能连汤都没得喝。

如何利用VR和AR技术促进公司的长远发展，现在考虑，正是时候。VR市场成熟得很快，未来两年在大众消费和企业应用两个领域都会实现快速增长。

AR 在大众消费领域稍落后些，“移动型”AR 会在未来几年继续扮演重要的角色，之后会被可穿戴 AR 设备取代。但在企业应用领域要好得多，大部分行业都能稳步增长，部分行业（如医疗、工业、设计和制造）甚至会迎来爆发。

小贴士大用途 一般来说，利用新技术开辟新市场，太早介入面临的风险与太晚介入要承受的损失比起来简直微不足道，虽然早期进入市场也太小，但太晚的时候已被竞争对手垄断。

到了这个时候，读者应该已经在分析这两种技术会如何撼动自己所在的行业。如果还不确定，可以考虑在公司内部利用 VR 或 AR 技术做一两个试点项目，创意试验也行，帮助自己下决心。

记住比较好 莎士比亚写过：“宁可早到三小时，也好过迟到一分钟。”早期进入市场虽然有风险，但总比太晚的时候付出惨痛代价要好得多。我们都喜欢刚好把握住市场时机，不早也不晚，但那是不可能的，宁可因主动犯错，不可因被动错过。

哪款VR头显适合我

如何在众多 VR 头显挑选出适合自己的那一款，是一个有很多变数的问题——没有普适的正确答案。第 2 章对市售产品进行过对比，具有很好的参考价值，并且高屋建瓴地把 VR 硬件分成以下 3 个不同的层级。

- **高端“桌面型”**。追求极致效果又不担心计算机性能的玩家，当然适合购买高端头显。这个类别也是目前市场上能买到的最具沉浸感的 VR 硬件，大都依托个人计算机强大的 CPU 和足够的内存，保证最好的图形质量。高端头显普遍采用了房间式的跟踪技术和功能强大的外部控制器，玩家的活动范围更大，在游戏和娱乐软件方面也有更多的选择。

  至于缺点，一是昂贵，二是要依托计算机才能运行。

  市场上的高端头显主要是 Oculus Rift、HTC Vive Pro 和 Windows Mixed Reality。

- **中端“移动型”**。中端（也叫移动设备驱动型）头显的 VR 体验效果也不错，价格则远低于高端产品。这类设备多数仍然需要外部硬件，但符合要求的手机也可以，偏偏这种手机很多人都有。（即将上市的中端头显包括

HTC Vive Focus 和 Oculus Santa Cruz 等设备，都是一体机，不需要连接外部设备。一体机更加便携，不依赖外部硬件，也不需要外置感应器，这意味着带着它们哪都能去）。

中端“移动型”头显的缺点是体验效果要差些。由于移动设备算力有限，中端设备的沉浸效果肯定不如高端设备，用户跟踪的同步感比不上，控制器也太过简单。

喜欢 VR 但又舍不得花大价钱的玩家，可以考虑中端产品，性价比很不错。

在售的中端头显主要包括三星 Gear VR 和 Google Daydream。

- **入门“移动型”**。入门级头显主要是指 Google Cardboard 及其类似产品，都靠移动设备驱动，便于携带。

  与中端设备不一样的是，入门级设备大都没有控制器，也没有另配硬件和软件，就是一种仅能够让我们感受什么是 VR 的简单设备。人们通常也把它们叫作“查看器”——这个名字很贴切，它们确实就是拿来“看”的，几乎没有互动能力。

  除 Google Cardboard 外，同样属于入门级的设备还有 View-Master VR 和 SMARTvr。

  入门级头显是使更多人能接触到 VR 的好办法，Cardboard 相对便宜，贴牌销售成本极低。《纽约时报》就是这么做的，它们把 100 多万台印有自己标志的 Google Cardboard 和报社 App 一起提供给自己的读者。另外，Cardboard 替换成本很低，也不担心损坏，很适合学校这种应用场景。

记住比较好

无论选择哪种 VR 头显都不会有“错”。与手机和电视根本就是两种东西一样，中端头显也有不同于高端产品的优缺点。比如，我们喜欢在家里用 60 英寸的液晶电视看橄榄球赛，但我们不可能随身携带它。便携性是一个巨大的优势，我们花在手机上的时间甚至比看电视还要多，即使电视机能带来“更好”的体验。

俗话说得好：“一分钱一分货。”廉价的 Google Cardboard 用来入门很好，但是千万不要以为它就能代表 VR 技术的沉浸水平。它们与高端设备之间的差异，就如同用手机看视频和在影院里看环绕立体声电影的区别。

至于 AR，消费者现在基本上还没有购买头显的理由。消费级 AR 应用市场很小，而且除了移动端，实际上能见到的应用真不多。但在企业领域，购买 AR 头显的理由很充分，因为无论是商业还是工业用途，AR 都很有帮助，而且这两个领域最有可能迎来 AR 的巨幅增长。这个领域的用户值得好好研究一下，找出最能满足任务需求的 AR 头显是哪一款。

小贴士大用途

Oculus 和 HTC 都将发布专门的无线设备，Magic Leap 发布的时间估计也差不多。物色 VR 或 AR 设备的时候，一定要把各厂商最新款产品的优缺点放在一起对比。市场是不断变化的，所以一定要找到满足任务需求的设备。

阻碍VR和AR发展的因素是什么

两种技术的发展都无法阻挡，但我们应该意识到，前进的道路上总有障碍会使它们偏离轨道。

VR 已经走出了低谷期（见第 1 章）。它是否存在巨大的健康风险虽然一直缺乏相关的研究，但这个问题并未阻碍它的发展。现在最糟糕的情况其实是其发展速度缓慢，如果第二代头显不能使大部分消费者接受，头显和应用市场变得更加分散和混乱，那么 VR 在大众消费市场的发展速度可能会更加缓慢。虽然这不会使 VR 消亡，但市场发展缓慢就意味着投资减少，投资减少会导致技术进步放缓，进一步减缓增长速度，反过来又影响技术进步，形成恶性循环。

除移动端外，AR 的发展目前受到的限制更多：开发人员面前有限的硬件品类会导致开发资源奇缺，进一步导致内容匮乏；头显价位太高，内容生态圈还未建成，缺乏标准化的体验指标，这些都是 AR 未来几年面临的问题。

对身体会有永久影响吗

很多新兴技术都曾面临过医学方面的问题。计算机快速普及的时候，医学专家曾质疑过人们整天盯着计算机屏幕会不会对身体造成长期影响；移动设备也一样，对手机和信号塔电磁辐射的担忧一直促使医学界研究手机辐射和癌症发病率之间的关系。

如今 VR 和 AR 也不例外。屏幕离眼睛这么近会对视力造成永久损害吗？长时间从事 VR 工作会不会感觉恶心？长期待在虚拟世界里会给我们的行为带来持久影响吗？

据悉，这些影响大都不过是短期问题，当然针对它们的长期研究还是应该开展起来。

大多数专家认为目前可以对潜在的风险持谨慎和理性的态度，但这种谨慎不应该阻止我们使用我们认为合适的技术。如果你感到恶心，就摘下头显，每隔半小时休息一下，让视力有时间重新适应现实世界。其实只要是屏幕（包括 VR 头显、计算机屏幕和移动设备），都有这种要求。

VR和AR的未来怎么样

所有革命性技术都有引发变革的潜力，正面负面都有。由于 VR 技术有身临其境感，其他技术存在的问题它也有，而且更严重。技术成瘾就是其中之一，意思是用户花太多时间待在虚拟世界，忘记了现实世界。另外，由于人们在虚拟世界中的行为是没有后果的，导致他们在现实世界中对同样的行为不敏感，这也是一个问题。

AR 面临的有些问题与 VR 一样，有些是自己独有的。数字世界的所有权属于谁？任何人都可以在任何地方展示 AR 内容吗？我们的 AR 体验会不会变得过于逼真？我们会不会分不出真实世界中的虚拟元素？

这些担心或是想法其实都很有意思，但是被技术的巨大威力盖住了。

VR 具有跨越国界的能力。互联网前所未有地把人们连接在一起，而 VR 不仅继承了这份力量，还给它加上了自己的色彩——真正有同理心的全球社交空间。VR 有能力彻底改变我们的学习和娱乐，当然还有最重要的社交。

AR 有能力增强我们在现实世界中的日常活动。它可以帮助人们利用获取信息的能力做出更明智的决定；可以让人们与周围的世界互动；可以通过体验分享与他人建立新的联系，改变人们现有的工作方式。我们都知道，凡是说得出名字的行业，10 年之内，必然会被 AR 技术颠覆。

本章内容包括：

探讨因 VR 和 AR 导致转型的部分行业；

分析 VR 和 AR 技术现在如何影响这些行业；

预测 VR 和 AR 未来对各行各业的影响。

第15章 十大转型行业

重大技术变革很少有不破坏现有行业格局的情况，虚拟现实（VR）和增强现实（AR）也不例外。有些行业受到的影响是显而易见的（如娱乐行业），但更多的行业可能根本就没意识到 VR 和 AR 会把它们推到不利的境地。现在它们知道了，VR 和 AR 是颠覆者。

小贴士大用途

每个行业都应该好好分析 VR 或 AR 最终会给自己带来的影响，毕竟没有哪个行业愿意对即将来临的变化做出迟钝的反应。就算我们目前从事的行业没有列在下面这个名单中，也并不意味着就一定能躲开变局。在思考 VR 和 AR 的未来时，我们要把各种各样的可能性尽可能广泛地囊括进去，无论从现有技术的角度看有多荒谬。

本章讨论即将被 VR 和 AR 重塑的 10 个行业，看看技术现在发展到哪一步，也看看在更极端的情况下未来会发生什么。

记住比较好

不管想法听起来有多疯狂，现在把它纳入研究和论证范围，总比纹丝不动甚至错失先机然后拱手让人付出的代价要小得多。

旅游业

旅游业是最有可能因 VR 和 AR 的出现发生剧变的行业之一，而且很难准确说出这股浪潮会以什么样的方式冲击旅游业。VR 和 AR 革命可能会给这个行业带来巨大的好处，但也可能是其最大的威胁。

好的方面，VR 和 AR 为潜在的游客打开了一个前所未有的世界——先通过 VR 技术如蜻蜓点水般环游世界，对那些感兴趣又意犹未尽的地方，不用多想，可以直接去。

至于 AR，早已开始帮助游客在不熟悉的环境中获取他们需要的信息，例如，一款叫作 Yelp 的社交评论 App，一直都有一个名为 Monocle（意思是“单片眼镜”）的内置功能，可以用来获取附近商家的叠加信息，如图 15-1 所示。还有一些 App，如“英国历史名城”（England’s Historic Cities），能充当虚拟导游，将各个旅游景点和文物的信息叠加在一起供游客参考。

图15-1 Yelp的Monocle功能

不好的方面，VR 或 AR 会不会彻底打消人们的旅行欲望？在第 10 章中我们讨论过包括谷歌地球在内的一些 VR 应用，用户可以穿越到各大旅游景点，无论是在群山上空遨游还是在城市中心漫步。如果把谷歌地球当作是实地旅游的替代品，效果确实很差，可一旦它们的未来版本融合了 VR 和 AR 技术，谁又敢说一定不会创造奇迹呢？

有一些旅行类的 AR 应用（如 HoloTour），在 HoloLens 的助力之下，让用户可以尽情享受罗马或马丘比丘的全景视频、全息风景和空间音效。这款 App 不仅能担任虚拟向导，还内置了丰富的历史资料，拥有优秀的视觉效果。在有些地方（如罗马的罗马斗兽场），游客甚至还可以回到过去，以实地旅行都不可能做到的方式见证历史事件。

随着 VR 和 AR 在逼真度和活动能力方面的问题不断得到解决，这样的旅行体验只会越来越好。到这些地方旅行是很昂贵的，相比之下头显的价格根本不算什么，也许迟早有一天虚拟旅行的逼真度会在很多人眼中达到与实地旅行“几乎一模一样”的水平。当然，也可能不会有这一天。但无论如何，旅游业现在都应该开始评估即将来临的变化，否则将很难继续保持活力。

“旅”而不“行”

有人认为，利用 VR 技术建立的虚拟世界，逼真度永远比不上亲自实地旅行，这种观点可能没错，但仍有很多公司投入巨资研究 VR 和 AR 在这方面的潜力。Rendever 是一家专门为承受不了旅途劳累的老年人提供类似体验的创业公司，利用 360° 的图像和视频，使老年人不用离开扶手椅就可以去考察法国乡村或是探索海洋深处。

博物馆业

与旅游业很像，博物馆的实地体验也是在家中无法复制的，可在个人计算机和互联网时代，多样化的参观需求同样促使了博物馆的成长和改变。人类现在可以通过手机获取全部知识，所以博物馆也在想方设法为观众带来更深层次的体验，它们想出了一些能把数字技术与实地参观结合起来的办法，既新颖，又有趣。也确实有很多博物馆在布展的时候采用了一些新奇的办法将技术融合到观众的互动过程中，给他们以别致的感受。

VR 和 AR 为旧的技术挑战带来了新的转折。在这个 VR 和 AR 技术给人们带来存在感的世界，博物馆要怎样做才能不被淘汰？依靠仍然认可博物馆的那一小部分人吗？

史密森尼国家自然历史博物馆的“皮肤和骨骼展”正是一次让展品拥抱技术的尝试，从中我们可以一瞥博物馆业的未来。这次展览放在了博物馆最古老，早在 1881 年就已开业的“骨骼厅”（Bone Hall），在那里依然能看到很多 100 多年前就已对外开放参观的骨骼标本，但观众现在可以利用 AR 应用将动物的皮肤和动作覆盖到标本上。蝙蝠从骨架变成小飞兽，响尾蛇可以吃掉虚拟老鼠。展览，赋予了标本新生。

图 15-2 以观众的视角显示了博物馆推出的应用 Skin & Bones（皮肤与骨骼）使用 AR 前后的对比效果。更棒的是，博物馆同意安排一部分展品让观众在家中就可以观看。AR 不仅给古老的展览赋予了新生，还可用于博物馆的对外宣传，用引人入胜的内容吸引观众来参观，告诉他们现场还有更深层次的体验。

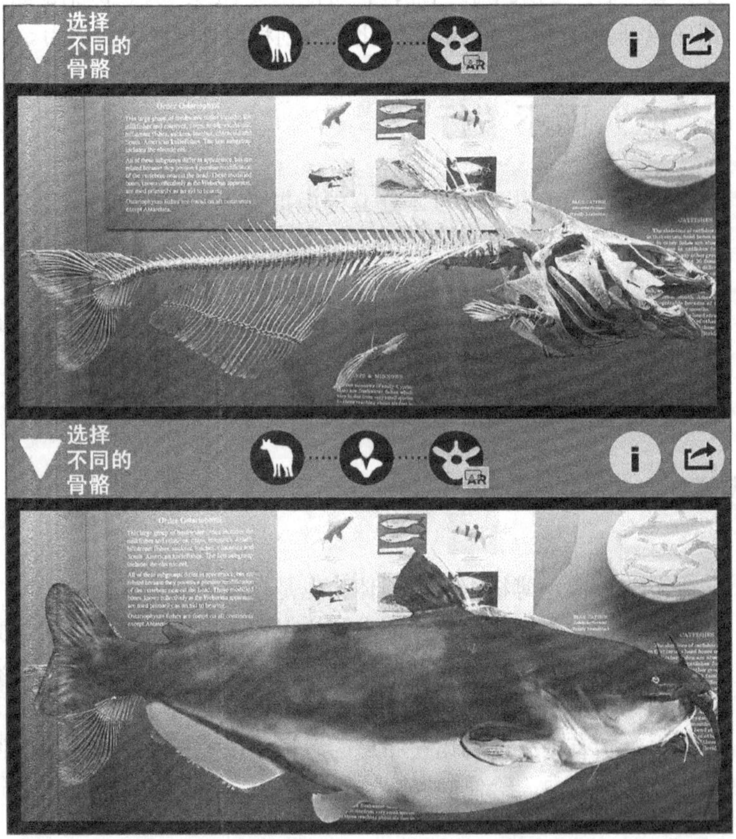

图15-2 史密森尼国家自然历史博物馆推出的Skin & Bone界面（使用AR前后）

记住比较好

博物馆一直希望在如何应对技术变革方面走在前列，实地参观与超感官数字信息相结合，正是它们能始终跟上技术节奏的不二法门。

宇航业

太空探索目前正处于十字路口。一方面，过去 20 年里美国国家航空航天局（NASA）等机构在联邦预算中的占比稳步下降；另一方面，新生代企业家们正在挤进 NASA 留下的空间。Blue Origin、SpaceX、Orbital 和 Virgin Galactic 等新公司正在努力让太空采矿、太空旅游甚至火星之旅在不久的将来成为可能。

SpaceVR 希望能与太空旅游同步发展。该平台宣称是第一家实现“实时虚拟太空游”的平台，正计划发射一颗具备高分辨率、全沉浸式实时视频捕获能力的卫星，并将捕获的视频发回地面上的任何一款头显——既包括入门级的“移动型”VR 设备，又包括 Oculus Rift 这样的高端设备。根据关注程度的不同，虚拟太空旅游可能会造就一门完整的家庭产业。

也许几年以后就会有太空旅游公司登陆火星，同时有数百万人在地球上一起观看整个过程，不像 1969 年大家挤在电视机旁边，这次只需戴上 VR/AR 头显就可以完全沉浸在 360° 的现场视频中围观宇航员首次登陆火星。

预算问题

由于预算逐年下降，NASA 开始借助 VR 替代那些开支不菲的训练。NASA 早已开始利用 VR 技术给宇航员开展太空行走的模拟训练，让他们在飞上太空前先把太空中的行进路线演练几百次。他们还研发了各种各样的 VR 模块，用来训练宇航员如何在紧急情况下操作 SAFER 喷气背包，VR 可以非常逼真地模拟这种情况，一次又一次，无须额外花销。

在 NASA 内部，VR 的前景很明晰。对 VR 技术不断增加的投资使他们能够更好地训练宇航员，用比以前少的预算实现更多更好的结果。很多行业（组织培训要么危险，要么昂贵）都可以这样做。VR 能把绝大多数训练场景模拟出来，而费用只是实训费用的一小部分。

零售业

零售业已发生巨变。购物中心在竭力填补沿街商铺的市场空间，传统的实体品牌因铺面租金难以为继而把重心放在了网店上。

虽然这难以置信，但 VR 有可能成为购物中心的救星。目前，各地购物中心和其他商场都在推出玩家可以在其中自由活动的大型 VR 设备，也称 VRcades，供顾客上门体验。由于这类体验在家里不可能复制，所以成为很多人体验高端 VR 的理想场所。HTC 已经宣布计划在不久的将来向市场推出 5 000 台 VRcades，VOID 和 Hyperspace XR 等公司也在做这方面的考虑。这种专门的娱乐设备其实不见得能无限期维持商场的繁荣，但至少可以暂时延缓。

另外，宜家、亚马逊和 Target 等大型零售商已经开始利用 AR 技术帮助顾客掌握家具摆放在家里的样子。顾客挑选到心仪的产品后，可以先用虚拟的方式摆在家里看效果哦！

AR 也进入了时尚界。Gap 推出了一款名为 DressingRoom（试衣间）的试验性 App，在手机上利用 AR 帮助顾客“试穿”服装，全息影像配上现场环境，点评衣服的上身效果绝无问题。

虚拟世界的“血拼”

许多零售商（包括中国零售业巨头阿里巴巴）都利用 VR 推出了各种各样的购物方式。阿里巴巴的 Buy+ 可以用手机和 VR 头显浏览世界各地的商店，从手提包到内衣，等等，甚至能看到 T 型台模特身上穿戴的东西，选好后用支付宝买单，买单也只需要一个简单的点头动作。

Buy+ 在 2016 年首次亮相，虽然只开放了 10 天，但仅这 10 天时间就有 800 万顾客用过，VR 购物从此走出了实验室，不再是昙花一现的空欢喜。

这类 AR 应用引发了人们的思考：AR 会不会最终导致实体店的垮台？如果 VR 或 AR 购物的逼真程度与现实世界足够接近，那么用户还有理由去实体店吗？

记住比较好

互联网改变了人们做生意的形式。也许现在很难想象，但 VR 和 AR 很可能会推动零售领域的技术飞跃，在巨变面前，这个行业的从业者们坐下来认真思考自己该何去何从变得尤为重要。

军队

军队始终是尖端科技的追逐者，无时无刻不在利用技术削减开支和提高效率。不管是对技术的接纳之心，还是对试验的促成之愿，都推动着军队建设不断向前发展，也由此为其他行业勾画了一张以正确的态度对待新型技术的蓝图。

虽然绝大多数企业无论是时间还是预算都比不上军队，但它们都能与军方一样在新技术面前选择勇于尝试的思路。试验的速度很重要，方案选好以后要反复测试，有成效的就留下；不适合企业做的，无论大小，直接放弃。

划时代的 Headsight

为了自身更好的发展，军队对新兴技术的资助并不陌生。现在普遍认为，第一款配备运动跟踪功能的头戴式显示器（HMD）正是军方出资开发的。1961 年，Philco 公司为军事领域制定了一项名为 Headsight（意思是“头视”）的 HMD 研究计划，这款 HMD 双眼均配有屏幕，还有能连接远程闭路电视的定制磁跟踪系统。

军队利用 Headsight 进行远距离观察，士兵在使用的过程中可以自然地移动头部，远程部署的摄像机能对其动作做出相同的反应。

军方做试验的花销虽然也很大，但从长远来看有很多好处，它们可以更好、更快地完成任务，也更节约开支。

现在的军队早已将 VR 纳入自己的训练计划。Cubic 环球防御系统（Cubic Global Defense）等公司也在开发 VR 版的军事训练系统。以沉浸式虚拟船载环境（IVSE）为例，士兵可以在近乎“真实”的模拟环境中开展训练，减少实训的花销。

然而，VR 和 AR 给军队带来的最大变化其实正是军队本身。VR 常被叫作“共情机”，在使用者当中催生了一种其他媒介无法比拟的亲密关系。那么 VR 会不会增进国家之间的相互理解？又能不能有助于结束各国之间的冲突？一些前卫人士就是这么认为的。战地摄影记者 Karim Ben Khelifa 一直在质疑自己的摄影作品到底有没有传达出他在战场上的感受。“如果不能改变人们对武装冲突、暴力，以及它们带来的苦难的态度，那战争摄影有什么意义？”Khelifa 问道：“改变不了任何人的想法，有什么意义？不能带来和平，又有什么意义？”

带着这些问题，Khelifa 启动了一个叫作“敌人”（The Enemy）的项目，利用 VR 和 AR 的混合体验，把遍布全球的武装冲突告诉大家。人们只需戴上 VR 头显就能听取冲突双方战士们分享的故事和经历；而在一款利用 AR 技术开发的 App 中，人们可以先听一位战士讲他的故事，然后转过身来听他的“敌人”讲另外一个故事。

有人会说靠 VR 或 AR 来结束冲突是一场白日梦，但技术的进步和信息的传播向来是打破壁垒的有力工具。我们现在生活在一个比以往任何时候都更加和平和包容的时代，技术毫无疑问在其中体现了巨大作用。正如 Khelifa 利用项目网站开展的试验表明：“敌人总是看不见的，一旦看得见，就不再是敌人了。”而 VR 和 AR，可以让敌对双方互相看得见。

教育行业

各大VR和AR公司已经瞄准了教育行业，理由很充分。这一代学生普遍精通技术，VR和AR能以引人入胜的全新方式呈现大量信息，完全符合教育工作者向他们传播知识的要求。老师若是能把教室变成泰坦尼克号与冰山相撞时的场景，这堂历史课会变成什么样？若是能把学生直接放到潜艇中，一堂在海底深处探索残骸的科学课又会变成什么样？

如果再扩大范围，所有能上课的地方都可以变成虚拟空间，由于各种原因（生病或距离太远）无法到校的孩子也可以上同一堂课。与孩子就读哪所学校比起来，班级的规模和学校的位置的影响要小得多，而虚拟体验也比书本或计算机更深入。

记住比较好

随着VR和AR等技术的发展，人类社会必须认真考虑如何保证所有人都能用上它们，无论他们的个人能力和社会经济地位如何。让所有人都能体验VR也正是Google Cardboard的信条之一。设法让VR和AR进入教室、图书馆和其他公共场所，保证每个人都能体验到，也应该是我们在前进过程中需要考虑的问题。

在AR领域，很容易想象它终将取代很多与教科书配套的在线课程，毕竟戴上头显，一堂生动的二战历史课就能出现在课本上。“移动型”AR的普及也意味着它们会在未来几年内成为学生体验交互式教科书内容的最常见方式：将手机对准书中的跟踪标记，AR内容就会马上出现。

我们把思路往前再推进一步，书籍会不会被AR眼镜完全淘汰？很多学校早在中学就要求学生购买笔记本电脑，不难想象在未来10年左右的时间里，购买AR或VR/AR混合眼镜也会被提上日程。眼镜呈现信息的能力远远超过传统的印刷材料，从此不再需要为每个班或每门课购买教科书。一副AR眼镜可以满足学生的所有需求，而每门课都可以为眼镜编配标准格式的课程。

娱乐行业

VR和AR与娱乐行业的契合程度显而易见。与其他行业相比，VR目前在游戏行业的应用实在太多，而在电影界，VR只是电影制作人用来讲故事的另一种工具。

Oculus DK1在2013年发布后，大量VR电影工作室随之涌现，比如Kite & Lightning和Limitless。这些工作室突破了讲故事的传统边界，它们不仅颠覆了

360° 3D 电影的 2D 制作模式，还开始研究如何让电影故事具有互动性，超越现在只能以被动形式欣赏的 2D 电影形态。

同样，AR 市场中到处都是 AR 游戏和娱乐，下载最多的 AR 应用是一款叫作《精灵宝可梦 Go》的游戏。市场上有很多款 AR 游戏和娱乐 App，像哈利·波特这样的大品牌也在研究如何用 AR 技术让粉丝们在传统媒体之外参与它们的活动。

但除了这些相对“传统”的用途外，VR 和 AR 技术还能给娱乐行业的未来带来什么样的巨变呢？举个例子，VR 技术的出现已经给现场娱乐活动开辟了一块新天地。很多人因为怕麻烦不愿意到现场参加活动，但他们不介意坐在舒适的沙发上观看大屏幕电视，如果 VR 技术在这方面实现新的突破，那么这种现场活动会发生什么？

到现场参加这种活动会成为历史吗？体育场不再是挤满 5 万名球迷的体育场，球迷会不会被 360° 的摄像头取代，而每个摄像头都提供不同的“套餐”供观众订阅？有人认为，有了足够多的摄像机和数据，人们就能从场景中获取足够多的信息，甚至能在根本没有摄像机的地方以任意角度观看。

AR 也能用于体育赛事直播。微软将 HoloLens 用于直播美国国家橄榄球大联盟（NFL）的赛事，为未来的球迷打造了一种令人目眩神迷的视觉体验。除电视上的比赛之外，HoloLens 用户还相当于利用 AR 技术拥有了第二块屏幕，赛况得以从电视机上延伸出来，可以将 Marshawn Lynch（球员名）最新的数据投到墙上，Russell Wilson（球员名）奇迹般逃过一劫的场景也能被投到咖啡桌上。

图 15-3 所示是微软对橄榄球比赛未来体验方式的设想。有了 AR 技术的助力，曾经只能依托电视机观看比赛的标准场景如今变成到处充斥着赛况和全息影像的屏幕，更重要的是，要不要显示，显示什么，全都由用户自己决定。

图15-3 微软对未来橄榄球比赛和AR技术的设想

这里还有一层更深的含义，电视机会消失吗？随着 AR 眼镜变成标配，而且不妨想得更远一点，如果 AR 隐形眼镜甚至是脑机接口（BCI）开始出现，对独立显示设备的需求确实可能消失。想不想在墙上有一台 100 英寸（1 英寸≈2.54 厘米）的电视？这非常简单，你只需要戴上 AR 眼镜，摊开双手就可以。想不想把画面移到某个不挡视线的小角落？也不是问题，只需要“抓住”图像再把它缩小或滑开。传统 2D 屏幕被淘汰那一天可能会比我们想象中来得快。

目前，这一代完全可能会是看过 2D 电视的最后一代，我们也知道这一点。电视也许能活到 2027 年，但如果由于 AR 的出现而不需要那么久，也不必感到惊讶。

这叫技术支持

脑机接口（BCI）是建立在大脑和计算机之间的通信信道。BCI 可以在无须额外硬件（如眼镜）的条件下，直接通过大脑增强人们的认知能力。它有可能颠覆我们对“何以为人”这个问题的全部认知。但是，即使把它当成遥远未来才可能实现的东西，恐怕都还要几十年。

房地产业

房地产业的名言向来是“地段、地段、还是地段”。在纽约或旧金山的理想地段，一套破旧的一居室公寓即使达不到数百万美元，也要数十万；但在北达科他州的乡下，一栋漂亮的七居室豪宅可能只需要这个数字的零头。但如果 VR 造就的世界变得足够真实，它有没有可能改变我们对房地产的一切认识？

如果说人们很快就会放弃对海景房的追求，这还是有些牵强，毕竟有些地段的设施和生活永远比不上其他地段。但是互联网已经有了这种趋势。大城市的公司招聘员工不再把通勤距离当成限制，分散式团队和远程办公不仅相当普遍，还会加剧。Pluto 等公司正在研究如何利用 VR 技术改进远程会议和通信，虽然它们还很稚嫩，但毕竟给用户带来了一种比现在的视频会议更真实的存在感。

如果 VR 能让人们在家里坐拥真实，有些人就会放弃昂贵的“理想”地段，选择更大也更便宜的住处，在那里他们同样可以用虚拟技术装扮自己的现实生活，对不对？

同样，空间的大小会不会不再那么重要？房子再小，有了 VR 头显、触觉手套甚至外骨骼，你就仿佛拥有了一幢豪宅，不是吗？

上述想法现在看起来可信程度还不高，但人们早就开始探讨这类问题，如 Ernest Cline 的小说《头号玩家》（*Ready Player One*）。在这个越来越虚拟化的世界，那些严重依赖地段的行业应该好好想想自己将会去向何方。

广告营销业

不管发生什么大事，广告营销界向来善于随大流，无论什么新技术在消费端大规模普及，营销界都知道怎么利用新平台从事广告和营销。

所以，当我们知道离不开广告收入的谷歌已经开始试验原生 VR 广告的时候，一点都不奇怪。与网站横幅广告类似，谷歌现在把 VR 广告显示为整个场景中的小物件，用户可以通过直接交互或注视操作打开它并激活广告视频，当然也能关掉。科技公司 Unity 同样也在探索 VR 广告，而且提出了“虚拟房间”的概念。所谓“虚拟房间”，是指设立在 VR 主程序之外并通过传送门进出的新地方，用户进入广告商的虚拟房间时会暂时离开主程序。

类似的广告肯定会在虚拟世界中大量出现。可以将虚拟广告空间卖给广告商，根据需要自行安排，静态广告、动态广告、互动广告，都可以。VR 广告的受众主要是那些通过 VR 观看演唱会或体育赛事的粉丝，这种广告比电视广告更能实现深层次的互动。

更有趣（也可能更邪恶）的想法是 AR 广告。随着 AR 眼镜（或 AR 隐形眼镜）的大面积普及，AR 广告行业也会迎来爆发式增长。想想看，如果现实世界中任何一个平面都能成为广告载体，各大公司一定会竭尽全力展示自己的品牌。

图 15-4 所示是松田 K（Keiichi Matsuda）的反乌托邦短片《超现实》（*Hyper-Reality*）中的画面，虚拟世界中人们身旁的每个表面都充斥着超感官数据。在主人公的视角里，透过 AR 设备看到的真实世界，几乎每个平面都覆盖着数字广告。无论走到哪里，到处都是令人窒息的视频、图表和静态广告，甚至在杂货店里面也没有喘息的机会——椰子和减肥剂的广告突然出现，整个杂货店内部都被虚拟广告牌点亮，就像时代广场一样。在影片中，当具备强烈色彩冲击力的 AR 出现故障的时候，我们看到了一个单调、灰暗的现实世界，到处覆盖着 AR 的跟踪标记。

虽然出于震撼观众的目的，这部短片以反乌托邦的视角对未来进行了夸张的描写，但广告商以各种形式向潜在客户推广自己品牌那一天要不了多久就会来临。如果我们疏忽大意，没有要求广告营销界必须以负责任的态度使用这种新力量，那么短片中的未来可能就真的离我们不远了。

图15-4 松田K的短片《超现实》的画面

未知行业

每一次大规模的技术革命或技术浪潮都会在不经意间创造出全新的行业。我们来看一些例子。

- 个人计算机的兴起导致了无数硬件和软件公司的诞生：前者有微软公司和苹果公司；后者有游戏，也有应用软件和实用工具。
- 互联网的发明诞生了大量的新行业和新公司：从亚马逊到 eBay 再到 Facebook，从电子商务到社交媒体和社交网站，再到博客，从在线文件共享到数字音乐、播客和流视频服务。
- 手机的普及则造就了整个 App 行业，也再一次普及了微交易，而得益于移动互联网的发展，手机为众多社交网络公司和社交应用的崛起铺平了道路。

但是，预测 VR 和 AR 会造就哪些行业几乎是不可能的。亨利·福特常说："如果我问顾客想要什么，他们只会说想要跑得更快的马。"这句话说明了想象未知有多么困难。我们会被已知的事物限制，我们的预测也总是突破不了已知的界限，所以我们很难想象那些真正的巨大飞跃会如何改变我们认识世界的方式。

唯一可以肯定的是，随着 VR 和 AR 的崛起，新的行业——现在根本无从揣测的行业——将会与它们一起诞生。也许从现在开始只需几年时间，把"VR 环境维修工"或"AR 大脑技术员"作为工作头衔，会变成一件寻常事。一切皆有可能！

本章内容包括：

- 认识现有的“移动型”AR 应用；
- 了解 AR 应用的用途；
- 理解它们对 AR 未来的意义。

第16章

十款移动应用

虚拟现实（VR）和增强现实（AR）现在面临的最大问题是消费者能买到的硬件设备太少，而且 AR 尤其如此。除了那些最狂热、最舍得花钱的技术控，其他人都接触不到效果最好的体验装置（眼镜和头显）。幸运的是，“移动型”AR 的兴起为大量能在移动设备上运行的 AR 应用铺平了道路，它们也许无法提供理想的效果，但至少能让用户知道 AR 能拿来做什么。

本章会向读者介绍现在可以体验的 10 款（概数）AR 应用，只需有 iOS 或 Android 设备即可。由于移动设备形态的局限性，部分应用的视觉效果不是很理想。无论如何，苹果公司和谷歌公司的工程师真是不可思议，这些设备本不是专门为 AR 设计的，如今都能无障碍地运行 AR 程序，这全依赖他们。操作这些 App 的时候，可以想象一下未来我们将会如何体验 AR：戴着一副毫不起眼的 AR 眼镜，但是眼中的世界别有洞天，一切都像真的一样。也可以想象新设备能给我们带来什么好处，又怎样锦上添花。这正是 AR 对未来的许诺。

记住比较好

“移动型”AR 的确是工程技术的杰作，它也的确有很多有趣的应用。然而，AR 终究还是要靠一种更自然、能解放双手的方式体验，我们拿着手机体验 AR 时务必记住这一点。今天用起来感觉尴尬或奇怪的东西，距离不可思议可能只差一到两代的进步。

Google Translate

Google Translate（谷歌翻译）是体现 AR 力量的一个极佳例子，但不是因为它把 AR 的视觉效果推到了极致。实际上这款应用的视觉效果很简单，复杂的是它的内部工作机制。

Google Translate 可以使用 30 多种不同的语言翻译标识、菜单和其他文字内容。打开 App 并把镜头对准要翻译的东西——就是这么简单——译文会即时叠加在原文之上。

图 16-1 所示是使用中的 Google Translate 屏幕截图。西班牙文的标识瞬间被 Google Translate 翻译成英文，字体都与原文很像。

图16–1 Google Translate翻译前后对比

当在海外旅行时，如果有一副支持 Google Translate 的 AR 眼镜，以前看不懂的标识和菜单现在完全不在话下。Google Translate 也可用于口译，还是同一副 AR 眼镜，配上一副低调的耳机（不出意料，谷歌制造），听懂外国人说话不再是难事。不管是听还是看，语言障碍从此成为过去。

Google Translate 支持 iOS 和 Android 设备。

Amazon AR View

AR 可以回答下面这个问题——“这个东西在真实生活中是什么样子？”有很多公司在用 AR 技术处理自家的库存物品，但一般都是家具这种较大的物品。而我们都知道家具这种大件物品很难放在网上销售，因为很难想象它们摆在家里的样子。

零售巨头 Amazon 在自家的购物 App 里加上了 AR 功能，叫作 AR View，用户可以用它浏览数千种商品，不仅有大型家具，还有玩具、电子产品、烤面包机、咖啡机等，当然，这是 AR 模式。打开 Amazon App，选择 AR View，找到想看的商品，利用 AR 功能把它放到想放的位置就可以了。然后可以围着它走走，看看有多大，摆好之后观察合不合适，等等。

图 16-2 所示是 Amazon App 的 AR 视图，可以把虚拟物品（Amazon 称之为 Amazon Echo Look）摆放在现实环境中。

图16-2 AR中的 Amazon Echo Look

目前，AR View 只支持一小部分商品，但这种情况很快就会改变。网上购物最大的缺点是客户无法像在实体店那样拥有真实的产品体验，而 AR 有助于缓解这个问题。可以想象亚马逊会将大部分库存货品数字化，方便用户利用 AR 查看。

Amazon AR View 目前支持 iOS，Android 版即将推出。

Blippar

Blippar 是一家有着崇高目标的公司，它希望用 AR 技术填平数字世界和真实世界之间的鸿沟。在这家公司设想的世界里，Blipp 成为我们日常用词中的一员，就与我们今天把 Google 当作动词用一样——“只需 Google 一下！”

本来 Blipp 是一个名词，是 Blippar 公司用来称呼真实世界中添加的虚拟影像。而作为动词用的 Blipp，意思是用 Blippar 的应用程序解锁数字内容，然后呈现在自己的手机、平板电脑或可穿戴 AR 设备上。

这叫技术支持

Blippar 不是纯粹的 AR，它以巧妙的方式融合了多种技术，包括 AR、人工智能和计算机视觉，能识别出数百万种物品，甚至包括人。

下载 Blippar，将手机对准某个物件（如笔记本电脑）后，Blippar 会通过扫描识别出这个物件并给出相关信息。以笔记本电脑为例，Blippar 会从维基百科（Wikipedia）中搜索出有关它的一切，包括在哪里可以在线购买，甚至还有 YouTube 上面的视频评论。如果手机对准的是某个名人，如德国总理，Blippar 会告诉我们她的名字，列出有关她的各种信息和新闻。

另外，Blippar 还可以用于品牌宣传，愿意提供 AR 产品数据的公司可以与 Blippar 合作推出带自己品牌的 AR 版本，例如，用户 Blipp 雀巢糖果棒时，App 可以打开某个 AR 游戏；Blipp《侏罗纪公园》的海报时，会跳出恐龙和预告片链接。如图 16-3 所示，用户 Blipp 亨氏的番茄酱瓶会打开 AR 版的食谱。

记住比较好

与大多数消费级移动 App 仅仅在 3D 中放置虚拟物体不同，Blippar 把计算机视觉技术的威力发挥了出来。Blippar 不仅能识别物件，还能用上 AR，这应该是 AR 技术的下一步方向。

至于“只需 Blipp 一下”这句话会不会在哪天成为我们的日常用语还有待观察，但 Blippar 的未来看起来很光明。

Blippar 支持 iOS 和 Android 设备。

图16-3
Blippar识别亨氏番茄酱瓶子的效果

AR City

AR 地图这种应用早就出现了，能够在汽车挡风玻璃或可穿戴眼镜上显示通往目的地的箭头也一直是我们的目标。

Blippar（没错，又是 Blippar！）开发的 AR City 可以利用 AR 在全球 300 多个城市中穿行，AR City 能把导航路线叠加到实时采集的环境视频上进行显示，甚至还能显示部分大城市周边的地理信息，包括街道、建筑物和景点。图 16-4 所示为 AR City 中显示的箭头。

这叫技术支持

Blippar 选了几个城市探索他们称之为“城市视觉定位（UVP）系统”的用途，称这套系统的精确度达到了 GPS 标准定位系统的两倍，高精度的数据使 UVP 系统可以在餐馆的墙壁上或名胜古迹的互动指南上准确地放置虚拟菜单。

图16-4
AR City中显示的箭头

但与提到过的其他应用一样，手机显然不是 AR City 的最佳载体，听起来利用眼镜和挡风玻璃导航还属于遥远的未来，但 AR City 已经证明未来真的快来了。

AR City 支持 iOS 设备。

ARise

ARise 与 App Store、Play Store 上面的多数 AR 游戏不同。AR 在很多游戏中都只是配角，但在 Arise 中是绝对的主角。

玩 ARise 的目标很简单：操控自己的角色到达目的地，但控制方法很少，玩家不能用触屏，也不能靠滑动操作来解决难题，视线和视角是导航的唯一办法。

图 16-5 所示是游戏过程中投射到用户环境中的 ARise。

ARise 的目标和玩法很简单，玩家只需要站起来在游戏场景中四处走动并完成任务。这很适合 AR 的初学者，但关卡既庞大又复杂，而且对准视角需要四处移动。

不可能每个 AR 游戏都像 ARise 这样要求复杂的环境互动，玩家们更愿意安安心心坐在沙发上玩，而不是四处走动。只是对不熟悉 AR 的初学者来说，ARise 这类游戏确实在玩法教程和正式游戏之间做到了恰当的平衡。

ARise 支持 iOS 设备。

图16-5 投射到桌子上的ARise游戏场景

*Ingress*和*Pokémon Go*

说起来还真的很难找到其他游戏，可以像这两款（*Ingress* 和 *Pokémon Go*）一样激发出人们对 AR 和位置类游戏（Location-based Games）的兴趣。

Ingress（虚拟入侵）的玩法相当简单，玩家要在“启蒙军”（Enlightened）和“反抗军”（Resistance）两个阵营中选择一个加入，然后开始捕获遍布全球各地的“传送门”，如公共艺术、地标、公园、纪念碑等。玩家的游戏地图上会显示出他在现实世界中的位置和最近的“传送门”。“传送门”只有在 40 m 的范围内才能被捕获到，玩家需要在现实世界中四处走动和探索才能做到，这个设计使得 *Ingress* 的体验非常棒。

Pokémon Go（《精灵宝可梦 Go》）的思路与之类似，玩法也与它的广告语一样：“把它们全部抓住”（Gotta Catch'Em All）。玩家扮成宝可梦的训练家，地图上会显示自己的虚拟影像和附近宝可梦的位置。玩家必须在离宝可梦足够近的位置才能抓住它，这一点与 *Ingress* 一样。到达位置之后，玩家要向目标投掷精灵球（Pokéball）并抓住它，对抓到的宝可梦进行训练还可以用来与来自世界各地的对手在虚拟决斗场中战斗。

这两款游戏都是 AR 领域的先行者，但纯粹主义者认为这种与现实世界缺乏互动的数字影像不能算是真正的 AR 游戏（*Pokémon Go* 的玩家确实可以抓住宝可梦，看上去也像是发生在“真实”世界里，但游戏的确没有与真实环境互动）。

但是，AR 并不仅仅是用来“看”的，任何以数字方式增强现实世界的方法都可以称为 AR，而 *Ingress* 和 *Pokémon Go* 两款游戏都是通过数字艺术角色来增强现实世界的。

关于什么是 AR 和什么不是 AR 的争论，最好还是留给纯粹的术语主义者决定吧，我们只需要好好玩这两款很值得玩的游戏，至于 AR 怎样才算是“增强现实”，如果没有其他原因，自己说了算。

Ingress 和 *Pokémon Go* 支持 iOS 和 Android 设备。

MeasureKit和Measure

MeasureKit 和 Measure 都是利用简单的实用程序让用户体验 AR 的强大功能。MeasureKit 是 iOS 版本，Measure 则是 Android 版本，用起来差不多。这两款 App 的理念很简单：利用手机摄像头的实时视频功能在现实世界中测量距离。用户只需把摄像头对准受测距离的起点，单击开始，再对准终点单击终止，就可以得出结果了。这个功能在 AR 的各项用途中并不起眼，但确实很实用。

利用 MeasureKit 和 Measure，我们可以测出物体的长、宽、高甚至体积，相当于在虚拟空间中把物体的轮廓绘制出来。而且，AR 技术也确实让各种各样的测量工作（如体积）更容易实现，用户还能看见整个过程。

同样，这两款 App 在迎来自己的巅峰时刻之前还有很多事情要做，但它们对车间里的工人和工地上的承包商很实用，尤其是配合 AR 眼镜使用的时候。在建筑工地上，利用这种方法测出的结果可以在所有佩戴 AR 眼镜的工作人员之间共享，数据全部以叠加的形式显示在房间各处，这有效避免了施工过程中出错或混淆的可能性。

MeasureKit 支持 iOS 设备，后者支持 Android 设备。

InkHunter

InkHunter 是一款在纹身之前用 AR 技术先把效果模拟出来的 App。先下载，然后在要纹的位置画一个标记，再选一个准备纹上去的图案。InkHunter 检测到标记之后会把纹身投射到身体上（用户甚至可以活动），各种图案都可以先试效果，包括自己的照片。

这叫技术支持

大多数 AR 应用的终极目标都是“无标记”，也就是在现实世界中没有固定的参照点。但 InkHunter 还做不到这一点，它虽然可以利用 AR 和计算机视觉技术检测用户的身体“表面”，但无法知道应该纹在哪个“表面”上。而标记，正是用来帮助 InkHunter 确定这个位置的。

InkHunter 支持 iOS 和 Android 设备。

Sketch AR

Sketch AR 是一款用虚拟方式绘制图形的 App，而且是利用真实存在的图形描摹，有点儿类似插画师用灯箱或投影机把作品显示在各种表面上。

用户先决定在哪里绘图，再调出各种草图并选出要描摹的图形，然后把摄像头放在绘图位置前，接下来，图形会被投上去，用户就可以按照线条进行描摹了。这个过程如果通过手机来做，实用性会大打折扣，但如果是用 HoloLens 把小块草图投射到墙壁上，效果会非常惊人。

与目前有些“移动型”AR 应用一样，最能发挥 Sketch AR 威力的硬件不是移动设备。因为绘图的时候，我们希望双手可以自由活动，如果还得用一只手拿着手机，那种感觉肯定很奇怪。很高兴看到这款应用不仅支持移动设备，还支持 HoloLens，本章描述的应用，即使不是全部，也是大多数应用更适合头显和眼镜。随着越来越多的消费级 AR 头显和眼镜面世，相信各大公司开发的“移动型”AR 应用也会推出相应的新版本。

Sketch AR 支持 iOS、Android 设备和 Microsoft HoloLens。

小贴士大用途

据推测，苹果公司如今面向移动设备发布的 ARKit，在给开发人员送去一套 API 的同时，也是为了管窥未来，如果传说中的苹果 AR 眼镜真的开花结果，肯定用得上。

Find Your Car和Car Finder AR

如今已有很多用来找车的 AR 应用，效果也相当不错，但类似的技术在未来具有更广泛的应用。Find Your Car 和 Car Finder AR 这两款简单的 App 都属于这一类。停车后放上一个标记，这样回来的时候会有箭头告诉我们距离和方向，帮助我们找到自己的车。

这种办法确实帮很多人解决了找不到车子的难题，但这种利用标记定位汽车的技术其实早就有了，只不过是另外一种形式。利用 AR 找车的感觉很棒，但如果还能更进一步呢？

目前，还真有一个叫作 Neon 的概念验证应用程序正在这样做。Neon 号称是“世界上第一个社交增强现实平台”，用户利用它在现实世界中给朋友留下自己的 3D 全息信息，朋友则利用 Neon 的映像功能来找到这些信息。这样，一旦我们身处拥挤不堪的体育场或任何其他用得上 Neon 的地方，找到同样使用 Neon 的朋友会非常容易（Neon 尚未在任何应用商店上架）。

父母利用 AR 眼镜可以在拥挤的游乐场找到自己的孩子；社交网络上的朋友或熟人在附近出现的时候我们能收到提示；我们将永远不会忘记其他人的名字和长相，因为我们的 AR 眼镜可以利用计算机视觉技术认出每一个人并把他们的个人资料显示在眼镜上。

Find Your Car 支持 iOS 设备，Car Finder AR 支持 Android 设备，至于 Neon，目前还只有 beta 测试版。